基本単位

長さ	メートル	m	熱力学温度	ケルビン	K
質量	キログラム	kg			
時間	秒	s	物質量	モル	mol
電流	アンペア	A	光度	カンデラ	cd

SI接頭語

10^{24}	ヨタ	Y	10^{3}	キロ	k	10^{-9}	ナノ	n
10^{21}	ゼタ	Z	10^{2}	ヘクト	h	10^{-12}	ピコ	p
10^{18}	エクサ	E	10^{1}	デカ	da	10^{-15}	フェムト	f
10^{15}	ペタ	P	10^{-1}	デシ	d	10^{-18}	アト	a
10^{12}	テラ	T	10^{-2}	センチ	c	10^{-21}	ゼプト	z
10^{9}	ギガ	G	10^{-3}	ミリ	m	10^{-24}	ヨクト	y
10^{6}	メガ	M	10^{-6}	マイクロ	μ			

〔換算例： 1 N＝1/9.806 65 kgf〕

量	SI 単位の名称	記号	SI以外 単位の名称	記号	SI単位からの換算率
エネルギー，熱量，仕事およびエンタルピー	ジュール（ニュートンメートル）	J（N・m）	エルグ	erg	10^{7}
			カロリ（国際）	cal_{IT}	1/4.186 8
			重量キログラムメートル	kgf・m	1/9.806 65
			キロワット時	kW・h	$1/(3.6 \times 10^{6})$
			仏馬力時	PS・h	$\approx 3.776\,72 \times 10^{-7}$
			電子ボルト	eV	$\approx 6.241\,46 \times 10^{18}$
動力，仕事率，電力および放射束	ワット（ジュール毎秒）	W（J/s）	重量キログラムメートル毎秒	kgf・m/s	1/9.806 65
			キロカロリ毎時	kcal/h	1/1.163
			仏馬力	PS	$\approx 1/735.498\,8$
粘度，粘性係数	パスカル秒	Pa・s	ポアズ	P	10
			重量キログラム秒毎平方メートル	kgf・s/m²	1/9.806 65
動粘度，動粘性係数	平方メートル毎秒	m²/s	ストークス	St	10^{4}
温度，温度差	ケルビン	K	セルシウス度，度	℃	〔注(1)参照〕
電流，起磁力	アンペア	A			
電荷，電気量	クーロン	C	（アンペア秒）	（A・s）	1
電圧，起電力	ボルト	V	（ワット毎アンペア）	（W/A）	1
電界の強さ	ボルト毎メートル	V/m			
静電容量	ファラド	F	（クーロン毎ボルト）	（C/V）	1
磁界の強さ	アンペア毎メートル	A/m	エルステッド	Oe	$4\pi/10^{3}$
磁束密度	テスラ	T	ガウス	Gs	10^{4}
			ガンマ	γ	10^{9}
磁束	ウェーバ	Wb	マクスウェル	Mx	10^{8}
電気抵抗	オーム	Ω	（ボルト毎アンペア）	（V/A）	1
コンダクタンス	ジーメンス	S	（アンペア毎ボルト）	（A/V）	1
インダクタンス	ヘンリー	H	ウェーバ毎アンペア	（Wb/A）	1
光束	ルーメン	lm	（カンデラステラジアン）	（cd・sr）	1
輝度	カンデラ毎平方メートル	cd/m²	スチルブ	sb	10^{-4}
照度	ルクス	lx	フォト	ph	10^{-4}
放射能	ベクレル	Bq	キュリー	Ci	$1/(3.7 \times 10^{10})$
照射線量	クーロン毎キログラム	C/kg	レントゲン	R	$1/(2.58 \times 10^{-4})$
吸収線量	グレイ	Gy	ラド	rd	10^{2}

〔注〕 (1) T K から θ ℃ への温度の換算は，$\theta = T - 273.15$ とするが，温度差の場合には $\varDelta T = \varDelta\theta$ である．ただし，$\varDelta T$ および $\varDelta\theta$ はそれぞれケルビンおよびセルシウス度で測った温度差を表す．
(2) 丸括弧内に記した単位の名称および記号は，その上あるいは左に記した単位の定義を表す．

JSMEテキストシリーズ

材料力学

Mechanics of Materials

日本機械学会

序

　「JSME テキストシリーズ」は，大学学部学生のための機械工学への入門から必須科目の修得までに焦点を当て，機械工学の標準的内容をもち，かつ技術者認定制度に対応する教科書の発行を目的に企画されました．

　日本機械学会が直接編集する直営出版の形での教科書の発行は，1988 年の出版事業部会の規程改正により出版が可能になってからも，機械工学の各分野を横断した体系的なものとしての出版には至りませんでした．これは多数の類書が存在することや，本会発行のものとしては機械工学便覧，機械実用便覧などが機械系学科において教科書・副読本として代用されていることが原因であったと思われます．しかし，社会のグローバル化にともなう技術者認証システムの重要性が指摘され，そのための国際標準への対応，あるいは大学学部生への専門教育への動機付けの必要性など，学部教育を取り巻く環境の急速な変化に対応して各大学における教育内容の改革が実施され，そのための教科書が求められるようになってきました．

　そのような背景の下に，本シリーズは以下の事項を考慮して企画されました．
　①　日本機械学会として大学における機械工学教育の標準を示すための教科書とする．
　②　機械工学教育のための導入部から機械工学における必須科目まで連続的に学べるように配慮し，大学学部学生の基礎学力の向上に資する．
　③　国際標準の技術者教育認定制度〔日本技術者教育認定機構(JABEE)〕，技術者認証制度〔米国の工学基礎能力検定試験(FE)，技術士一次試験など〕への対応を考慮するとともに，技術英語を各テキストに導入する．

　さらに，編集・執筆にあたっては，
　①　比較的多くの執筆者の合議制による企画・執筆の採用，
　②　各分野の総力を結集した，可能な限り良質で低価格の出版，
　③　ページの片側への図・表の配置および 2 色刷りの採用による見やすさの向上，
　④　アメリカの FE 試験（工学基礎能力検定試験(Fundamentals of Engineering Examination)）問題集を参考に英語による問題を採用，
　⑤　分野別のテキストとともに内容理解を深めるための演習書の出版，
により，上記事項を実現するようにしました．

　本出版分科会として特に注意したことは，編集・校正には万全を尽くし，学会ならではの良質の出版物になるように心がけたことです．具体的には，各分野別出版分科会および執筆者グループを全て集団体制とし，複数人による合議・チェックを実施し，さらにその分野における経験豊富な総合校閲者による最終チェックを行っています．

　本シリーズの発行は，関係者一同の献身的な努力によって実現されました．　出版を検討いただいた出版

事業部会・編修理事の方々，出版分科会を構成されました委員の方々，分野別の出版の企画・進行および最終版下作成にあたられた分野別出版分科会委員の方々，とりわけ教科書としての性格上短時間で詳細な形式に合わせた原稿の作成までご協力をお願いいただきました執筆者の方々に改めて深甚なる謝意を表します．また，熱心に出版業務を担当された本会出版グループの関係者各位にお礼申し上げます．

　本シリーズが機械系学生の基礎学力向上に役立ち，また多くの大学での講義に採用され技術者教育に貢献できれば，関係者一同の喜びとするところであります．

　2002 年 6 月

日本機械学会

JSME テキストシリーズ 出版分科会

主査　宇高　義郎

「材料力学」刊行にあたって

技術には危険が伴います．特に材料力学は，機械や構造物が破壊されずに，安全に運用するための基礎となる学問です．材料力学の知識なしに，機械や構造物を設計することが出来たとしても，作られた物の性能がおそろしく悪いか，たちどころに壊れてしまうかのどちらかでしょう．材料力学の知識は，工作機械，ビル，自動車，ロボット，航空機等の簡単に思いつくもののみならず，人工骨やコンタクトレンズといった生体関連，CPU や LSI といった電子素子に至るまで，人類が使っているありとあらゆる物の設計に関連しています．

このことから，材料力学は機械系の学生や技術者にとって必須科目となっています．材料力学に出てくる「応力」や「ひずみ」等の概念は，直接目でみることができないため，数式で表す事になり，ともすれば高度な数学の知識が必要な場合もあります．そのため，材料力学は取り付き難い学問となっています．一方，材料に触ったり，壊したりする体験が減少し，材料力学で取り扱う現象の理解にマイナスとして働いています．そこで本書では，実際の物や現象と，材料力学で出てくる数式や理論との関連をすこしでも助けるために，実物の写真やモデル図を各章ごとに配置しました．また，数式のみの説明は極力避け，図を見ながら数式を理解できるような構成となっています．

材料力学を理解するためには，力学の知識が必須です．そこで1章では，材料力学を学ぶために最低必要な力学についての解説を入れました．力学の知識が無くても，1章をしっかり学ぶ事により，材料力学を学ぶためのスタートラインにつくことができるようにしました．また，材料力学の理論を実際に応用するときの手助けとなるように，各章には例題や演習問題を沢山配置してあります．さらに，英語の問題も多数盛り込み，国際的に通用する技術者を目指せる構成としました．

本書の英名は，Mechanics of Materials としました．材料力学の英語表記として，Strength of Materials が過去日本においては多く使われていましたが，最近の欧米のテキスト等を調べると，Mechanics of Materials を使うことも多く，また，日本語名の材料力学という表記にも一致します．

編集作業の遅れのため，企画から5年の歳月を要してしまいましたが，この間，献身的にご協力いただいた多くの方々に感謝申し上げます．

2007 年 7 月
JSME テキストシリーズ出版分科会
材料力学テキスト
主査 辻 知章

──────── 材料力学 執筆者・出版分科会委員 ────────

執筆者	古口 日出男	（長岡技術科学大学）	第3章，第4章
執筆者・委員	陳 玳珩	（東京理科大学）	第5章，第6章
執筆者・委員	辻 知章	（中央大学）	第1章，第9章，第10章，編集
執筆者・委員	原 利昭	（新潟大学）	第7章，第8章
執筆者・委員	水口 義久	（山梨大学）	第2章，第11章
総合校閲者	渋谷 寿一	（日本文理大学）	

目 次

ギリシャ文字一覧

大文字	小文字	読み	英語表記
A	α	アルファ	alpha
B	β	ベータ	beta
Γ	γ	ガンマ	gamma
Δ	δ	デルタ	delta
E	ε	イプシロン	epsilon
Z	ζ	ズィータ	zeta
H	η	イータ	eta
Θ	θ	シータ	theta
I	ι	イオタ	iota
K	κ	カッパ	kapa
Λ	λ	ラムダ	lamda
M	μ	ミュー	mu
N	ν	ニュー	nu
Ξ	ξ	グザイ	xi
O	o	オミクロン	omicron
Π	π	パイ	pi
P	ρ	ロー	rho
Σ	σ	シグマ	sigma
T	τ	タウ	tau
Y	υ	ウプシロン	upsilon
Φ	ϕ, φ	ファイ	phi
X	χ	カイ	chi
Ψ	ψ	プサイ	psi
Ω	ω	オメガ	omega

数学公式

二次方程式 $ax^2 + bx + c = 0$ の解	$x = \dfrac{-b \pm \sqrt{b^2 - 4ac}}{2a}$

三角関数の加法定理

$$\sin(\alpha + \beta) = \sin\alpha\cos\beta + \cos\alpha\sin\beta \ , \quad \sin(\alpha - \beta) = \sin\alpha\cos\beta - \cos\alpha\sin\beta$$

$$\cos(\alpha + \beta) = \cos\alpha\cos\beta - \sin\alpha\sin\beta \ , \quad \cos(\alpha - \beta) = \cos\alpha\cos\beta + \sin\alpha\sin\beta$$

三角関数の 2 倍角の公式　$\sin 2\alpha = 2\sin\alpha\cos\alpha \ , \quad \cos 2\alpha = \cos^2\alpha - \sin^2\alpha$

三角関数の 2 倍角の公式の変形　$\sin^2\alpha = \dfrac{1 - \cos 2\alpha}{2} \ , \quad \cos^2\alpha = \dfrac{1 + \cos 2\alpha}{2}$

$a\sin\theta + b\cos\theta$ の変形　$a\sin\theta + b\cos\theta = \sqrt{a^2 + b^2}\sin(\theta + \alpha)$ ただし，$\cos\alpha = \dfrac{a}{\sqrt{a^2 + b^2}}, \ \sin\alpha = \dfrac{b}{\sqrt{a^2 + b^2}}$

テイラー展開　$f(a + \Delta x) = f(a) + f'(a)\Delta x + \dots = \displaystyle\sum_{n=0}^{\infty} \dfrac{f^{(n)}(a)}{n!}\Delta x^n$

重要な定義式や数式

2章　応力とひずみ

垂直応力　$\sigma_{avg} = \dfrac{Q}{A} = \dfrac{P}{A}$　　(2.4)

垂直ひずみ　$\varepsilon = \dfrac{l_1 - l}{l} = \dfrac{\lambda}{l}$　　(2.5)

ポアソン比　$\nu = -\dfrac{\varepsilon'}{\varepsilon}$　　(2.9)

せん断応力　$\tau_{ave} = \dfrac{F}{A}$　　(2.11)

せん断ひずみ　$\gamma \cong \tan(\gamma) = \tan\left(\dfrac{\pi}{2} - \phi\right) = \dfrac{\Delta\delta}{\Delta z}$　　(2.14)

フックの法則（引張）　$\sigma = E\varepsilon$　　(2.23)

フックの法則（せん断）　$\tau = G\gamma$　　(2.24)

許容応力　$\sigma_a = \dfrac{\sigma_S}{S}$　　(2.26)

3章　引張と圧縮

棒の伸び　$\lambda = \varepsilon l = \dfrac{Pl}{AE}$　　(3.3)

4章　軸のねじり

ねじりのせん断応力　$\tau = \dfrac{Tr}{I_p}$　　(4.9)

ねじれ角　$\phi = \dfrac{Tl}{GI_p} \ , \ \theta = \dfrac{\phi}{l} \ , \ \theta = \dfrac{T}{GI_p}$　　(4.18)

断面二次極モーメント（円形）　$I_p = \dfrac{\pi d^4}{32}$　　(4.10)

5章　はりの曲げ

はりの曲げ応力　$\sigma = \dfrac{My}{I}$　　(5.18)

断面二次モーメント　$I = \displaystyle\int_A y^2 dA$　　(5.16)

はりのたわみ曲線の微分方程式　$\dfrac{d^2 y}{dx^2} = -\dfrac{M}{EI}$　　(5.54)

7章　柱の座屈

座屈荷重　$P_c = L\dfrac{\pi^2 EI}{l^2} = \dfrac{\pi^2 EI}{l_0^2}$　　(7.30)

8章　複雑な応力

主応力　$\left.\begin{array}{c}\sigma_1 \\ \sigma_2\end{array}\right\} = \dfrac{1}{2}(\sigma_x + \sigma_y) \pm \dfrac{1}{2}\sqrt{(\sigma_x - \sigma_y)^2 + 4\tau_{xy}^2}$　　(8.10)

主せん断応力

$$\tau_1 = \pm\dfrac{1}{2}\sqrt{(\sigma_x - \sigma_y)^2 + 4\tau_{xy}^2} = \pm\dfrac{1}{2}(\sigma_1 - \sigma_2)$$　　(8.13)

弾性係数間の関係　$E = 2G(1 + \nu)$　　(8.53)

9章　エネルギー法

単位体積あたりの弾性ひずみエネルギー（引張）

$$\overline{U}_P = \dfrac{\sigma\varepsilon}{2} = \dfrac{E\varepsilon^2}{2} = \dfrac{\sigma^2}{2E}$$　　(9.8)

単位体積あたりの弾性ひずみエネルギー（せん断）

$$\overline{U}_s = \dfrac{\tau\gamma}{2} = \dfrac{G\gamma^2}{2} = \dfrac{\tau^2}{2G}$$　　(9.13)

引張によるひずみエネルギー　$U_P = \dfrac{1}{2}P\lambda$　　(9.5)

ねじりによるひずみエネルギー　$U_t = \dfrac{T\phi}{2}$　　(9.19)

曲げによるひずみエネルギー　$U_b = \displaystyle\int_0^l \dfrac{M^2}{2EI}dx$　　(9.23)

カスチリアノの定理　$\lambda_k = \dfrac{\partial U}{\partial P_k}$　$(k = 1, 2, \dots N)$　　(9.50)

$$\theta_k = \dfrac{\partial U}{\partial M_k} \ \ (k = 1, 2, \dots N)$$　　(9.51)

主な工業材料の機械的性質（常温）

材料	縦弾性係数 E [GPa]	横弾性係数 G [GPa]	ポアソン比 ν	降伏応力 σ_Y [MPa]	引張強さ σ_B [MPa]	密度 ρ [kg/m^3]	線膨張係数 α [1/K]
低炭素鋼[*1]	206	79	0.30	195 以上	330〜430	7.86×10^3	11.2×10^{-6}
中炭素鋼[*2]	205	82	0.25	275 以上	490〜610	7.84×10^3	11.2×10^{-6}
高炭素鋼[*3]	199	80	0.24	834 以上	1079 以上	7.82×10^3	$9.6〜10.9 \times 10^{-6}$
高張力鋼(HT80)	203	73	0.39	834	865		
ステンレス鋼[*4]	197	73.7	0.34	284	578	8.03×10^3	17.3×10^{-6}
ねずみ鋳鉄	74〜128	28〜39			147〜343	$7〜7.3 \times 10^3$	$9.2〜11.8 \times 10^{-6}$
球状黒鉛鋳鉄	161	78	0.03	377〜549	350〜1076	7.1×10^3	10×10^{-6}
インコネル600	214	75.9	0.41	206〜304	270〜895	8.41×10^3	13.3×10^{-6}
無酸素銅[*5]	117			231.4	270.7	8.92×10^3	17.3×10^{-6}
7/3 黄銅-H	110	41.4	0.33	395.2	471.7	8.53×10^3	19.9×10^{-6}
ニッケル(NNC)	204	81	0.26	10〜21	41〜55	8.89×10^3	13×10^{-6}
アルミニウム[*6]	69	27	0.28	152	167	2.71×10^3	23.6×10^{-6}
ジュラルミン[*7]	69			275	427	2.79×10^3	23.4×10^{-6}
超ジュラルミン[*8]	74	29	0.28	324	422	2.77×10^3	23.2×10^{-6}
チタン	106	44.5				4.57×10^3	8.2×10^{-6}
チタン合金	109	42.5	0.28	1100	1170	4.43×10^3	8.4×10^{-6}
ガラス繊維(S)	87.3				2430	2.43×10^3	
炭素繊維[*9]	392.3				2060	1.8×10^3	
塩化ビニール(硬)	2.4〜4.2				41〜52	$1.3〜1.5 \times 10^3$	
エポキシ樹脂	2.4				27〜89	$1.1〜1.4 \times 10^3$	$45〜65 \times 10^{-6}$
ヒノキ[*10]	8.8				71	0.4×10^3	
コンクリート[*11]	20				2, 30	2.2×10^3	
けい石レンガ[*12]					25〜34	$2.0〜2.8 \times 10^3$	
アルミナ[*12]	260〜400		0.23〜0.24		$2〜4 \times 10^3$	$2〜4 \times 10^3$	$6.5〜8 \times 10^{-6}$

[*1] （0.2%C 以下）JIS No.G3101　種別：一般構造用圧延鋼材　記号：SS330

[*2] （0.25〜0.45%C 以下）JIS No.G3101　種別：一般構造用圧延鋼材　記号：SS490

[*3] （0.6%C 以上）JIS No.G4801　種別：ばね鋼鋼材 3 種　記号：SUP3

[*4] オーステナイト系ステンレス鋼（SUS304）

[*5] 無酸素銅（C1020-1/2H）

[*6] アルミニウム（A1100-H18）

[*7] ジュラルミン（A2017-T4）

[*8] 超ジュラルミン（A2024-T4）

[*9] 炭素繊維　トレカ M-40 直径 0.8μm

[*10] 曲げヤング率，曲げ強さ

[*11] 引張強さ（2MPa）と圧縮強さ（30MPa）

[*12] 圧縮強さ

注）材料の機械的性質は，作製過程や環境により変化する．従って，ここに上げた物性値を使用する際には，十分な注意が必要である．

第 1 章

材料力学を学ぶとは？

How to Learn Mechanics of Materials?

- 材料力学を学ぶ目的は何でしょうか？　実際に材料力学が利用されている事例を挙げて，材料力学を学ぶ目的について考えます．
- この本はどのように使えば有効でしょうか？　本書の構成，読み進め方について解説します．
- 材料力学を学ぶためにはどのような知識が必要でしょうか？　必要な力学の知識の復習をします．
- 材料力学を学ぶ上で知っておくと有効な事柄，誤りやすい点について解説します．

図 1.1　宇宙の果てを観測する望遠鏡
（すばる）の設計にも
材料力学は使われている
（提供：国立天文台）

1・1　材料力学の目的（purpose of mechanics of materials）

1・1・1　材料力学と社会との繋がり（society and mechanics of materials）

　文明を誇る現代社会では，自動車，超高層ビル，化学プラント，橋梁，巨大な船舶および超音速の航空機などのように，多くの機械や構造物が使用されている．また，日本は地震国であり，建築構造物によっては震度 7 程度の大地震でも壊れないような設計が要求されるようになってきている．機械や構造物というと，自動車やビル等の大きいものを想像しがちであるが，図 1.2 に示すように，IC, LSI, CPU 等の IT 技術を支えるコンピュータの心臓部の設計にも材料力学は使われている．また，ナノ，マイクロの大きさから，地球規模の大きさに至るような機械や構造物にも材料力学は利用されている．材料力学の最終目的は，人間が使用するあらゆるものの破壊を未然に防ぎ，安全に効率よく運用できるようにすることである．

　本格的に材料力学の学修を開始する前に，これらの機械や構造物と材料力学との繋がりを垣間見てみよう．

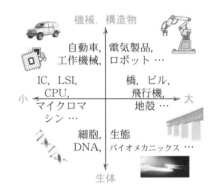

図 1.2　材料力学が使われているもの

（1）航空機や宇宙ロケット

　航空機や宇宙ロケットには，発進時に非常に大きな力が加わる．この力に耐えられるように設計し，かつ極力軽くする必要がある．相いれない要求を同時に満たすためには，材料力学の知識を基礎とした機械工学のあらゆる知識が必要である．

図 1.3　超音速旅客機（SST）
（提供：宇宙航空研究開発機構（JAXA））

（2）自動車と生体

　現在の自動車は，時速 50km 程度の速度で壁に激突したとしても，自動車自体は破壊されるが，乗車している人の生命が失われることがないように作られている．自動車自体がどのように破壊するかはもちろんのこと，人間の生命を守るためには，乗車している人間が耐えうる衝撃力を正確に知ることが必要である．例えば，頭に衝撃を加えたときに，その力が脳をどのように伝わり，ど

図 1.4　自動車（福祉車両）
（提供：日産自動車（株））

図 1.5 コンピュータの心臓部 CPU
と周辺素子

図 1.6 高層ビルの制振装置
（提供：アクトシティ・
インベストメント（有））

図 1.7 人型ロボット HRP-2 プロメテ
（提供：（独）産業技術総合研究所，川田
工業（株））

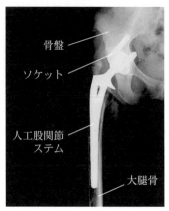

骨盤

ソケット

人工股関節
ステム

大腿骨

図 1.8 人工股関節ステムが
挿入された大腿骨

注）本書の英語名称は mechanics of
materials を用いているが，strength of
materials を用いる場合も多い.

の部分が最も損傷を受けるかといった研究も材料力学の知識を利用して行われている．

（3）電子機器

　電子機器には電流が流れ，各々の部材が熱膨張を受ける．そのため，内部に力を生じ，最悪の場合は破壊する．このようなことが起こらないようにするために，材料力学の知識が使われている．

（4）ビルや橋

　ビルや橋が破壊すると大惨事になることは疑いがない．これらの破壊を未然に防ぐために材料力学は使われている．一方，超高層ビルは，風の影響で微妙に揺れ動く．微妙といっても，100 メートルを超えるビルでは，このゆれにより船酔いと同じ症状を起こす人もいる．高層階に取り付けた振り子にこの揺れを吸収させ，揺れを緩和する制振装置が用いられている．風による高層ビルの揺れを知るためにも材料力学の知識は使われている．

（5）ロボット

　ロボットの腕には，持ったものを正確かつ迅速に移動することが要求される．ロボットアームには，掴んだものの荷重はもとより，移動による慣性力，アーム自体の重量等の様々な力が加わる．これらの力によるアームの変形を，要求される位置決め精度以下に設計するために，材料力学の知識が使われている．

1・1・2　材料力学とは（mechanics of materials）

　機械や構造物を構成している部材は一見すると複雑な形状をしているようであるが，これらは単純な構造要素に分解できるものが多く，通常は棒，平板あるいは曲面板などに分類できる．このような機械や構造物が外力を受けると，各部材は伸び，縮み，ねじり，曲げなどの変形を生じる．変形が過大になり，部材内部に生じる抵抗力がある限度を越えると，部材は使用に耐えられなくなり，ついには破壊に至る．従って，機械や構造物を設計する場合には，部材が破壊しないように十分な強さ（strength）を持ち，過大な変形を起こさないように軽量で適切な剛性（stiffness）を備え，常に形態の安定性（stability）を保持できるように，部材の寸法や形状を経済的・合理的・機能的に決定することが大切である．

　この考え方が生かされている例として生物の骨が挙げられる．人体の骨は強度的に安全な最適形状をなしている．図 1.8 は，高齢者で股関節部に障害をもった人に対して，その復元のために行われた人工股関節ステムが，大腿骨に挿入された手術後のX線写真を示す．体重が骨盤を介して人工股関節ステムに伝わり，大腿骨にどのような骨吸収や骨添加などの現象をもたらすかなど，生体力学的に解明することは大きな研究課題となっている．

　これらの問題を解決するためには，機械や構造物に作用する種々の外力に対し，各部材の強さ，剛性および安定性がどのようになっているか，理論と実験の両面から明らかにしておく必要がある．このような学問を材料力学（mechanics of materials, strength of materials）という．

1・1・3 機械工学における材料力学の位置づけ（mechanics of materials in mechanical engineering）

　材料力学は安全で高性能の機械や構造物を作るために欠かせない学問である. では, この材料力学を学ぶために必要な学問はなんであろうか. 図 1.9 に, 機械工学系分野における学問の構成を示す. 機械工学における基礎的な学門は, 数学, 物理, 化学である. 特に, 数学, 物理の知識なくして材料力学を理解することはできない. これらの基礎をしっかり修得し, 土台を固めることが材料力学を正しく理解するための近道である. 基礎を修得後, 材料力学, 機械力学, 熱力学, 流体力学等の機械工学の基礎専門分野に関する学門を学ぶ. これらの基礎専門の学門を修めた後に, 初めてロボットや自動車, ビル... の設計等に繋がっていく様々な学門にたどりつくことができるのである. ふもとでは山の頂上は霞んで見えず, まわりに何があるのかを見渡すことは困難であるが, 基礎知識を明確に理解し, 頂上を目指して一歩一歩着実に登っていくことが大切である.

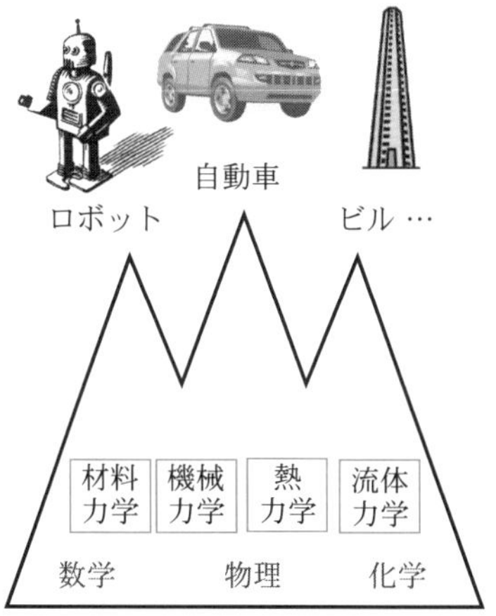

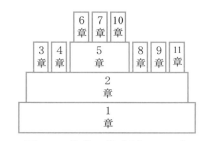

図 1.9 機械工学における学問の構成

1・2 本書の使い方（how to use this book）

　表 1.1 に, 本書の各章の概要と, その章を学ぶために最低必要な章を示す. また, 図 1.10 に各々の章の構成をピラミッドに見立てて図に示してある. 1章は, 材料力学を勉強する前提となる力学等の知識について学ぶ. 表1.1にあるように, 前提となる力学の知識が十分身についていると思われる場合には, 読み飛ばしてもかまわない. 2章では材料力学の基礎知識について学ぶ. 2章は, 以後の章すべてを理解するために最低限必要である. 材料力学を始めて学ぶ人は十分理解するように努めて欲しい. 3章以降は, 2章を基礎とすれば, すべてその応用である. 3, 4章は基礎的な応用. 5, 6章は, はりの問題としてのすこし高度な応用である. 6, 7, 10章を理解するには, 5章が必要

図 1.10 各章の構成ピラミッド

表 1.1 各々の章の概要とその章を学ぶために最低必要な章

章	題　　目	概　　　要	学ぶために最低必要な章
1	材料力学を学ぶとは	力学に自信がある人は, 後半は読み飛ばしてもよい.	1
2	応力とひずみ	材料力学の基本を学ぶことができる. 以下の章を理解するために重要.	1
3	引張と圧縮	最初の応用	1, 2
4	軸のねじり	2番目の応用	1, 2
5	はりの曲げ	3番目の応用	1, 2
6	はりの複雑な問題	はりについての基礎だけでよいなら飛ばしてもよい	1, 2, 5
7	柱の座屈	4番目の応用	1, 2, 5
8	複雑な応力	2次元, 3次元の状態を理解するためには必要	1, 2
9	エネルギー原理	数値計算手法の基礎原理となる	1, 2
10	骨組構造とシミュレーション	構造解析（骨組み構造）やシミュレーション（有限要素法）を学びたい人には必要	1, 2, 5
11	強度と設計	材料力学を設計に使うために必要	1, 2

であることを注意しておいて欲しい．残る，8，9，11章は，2章のみの知識でも理解する事は可能であるが，それ以前の章，特に3章を理解しておいたほうが無難である．

　各章中においても，極力基本的概念や基礎的な問題を章の最初のほうに配置し，後半に応用となる概念や問題を配置するように配慮してある．そのため，各章の後半を読み飛ばしても，基本的な概念や問題等を理解することができる．

1・3　材料力学を学ぶために必要な基礎知識 （fundamental knowledge to learn this book）

1・3・1　力とモーメントの釣合い （equilibrium of forces and moments）

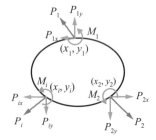

図 1.11　力とモーメントの釣合い

　図 1.11 に示すように，物体の外から作用する力がすべて平面内にあり，種々の方向から荷重 $P_i (i = 1, 2, ..., n)$ とモーメント $M_i (i = 1, 2, ..., n)$ が作用しているとする．この場合，x 方向と y 方向におけるすべての力の総和はつり合っており，物体は x 方向にも y 方向にも移動しない．従って，P_i の x 方向の成分を P_{ix}，y 方向の成分を P_{iy} とし，座標軸と一致する方向の力を正とすれば，x 方向と y 方向の力の釣合い式は次のように与えられる．

$$\sum_{i=1}^{n} P_{ix} = 0 \tag{1.1}$$

$$\sum_{i=1}^{n} P_{iy} = 0 \tag{1.2}$$

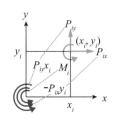

図 1.12 モーメントの釣合い

また，紙面に垂直な z 軸まわりにおけるすべてのモーメントの総和も釣合っており，物体は回転もしない．従って，荷重の作用点の座標を (x_i, y_i) とすると，原点 $(0, 0)$ を回転軸としたときのモーメントの釣合い式は

$$\sum_{i=1}^{n} \left\{ P_{iy} \cdot x_i + (-P_{ix} \cdot y_i) + M_i \right\} = 0 \tag{1.3}$$

となる．モーメントの釣合いは座標原点をどの位置に移動して計算してもよく，結果は同じである．

注）式(1.3)は反時計まわりのモーメントを正方向として考えている．そのため，P_{ix} によるモーメント $P_{ix}y_i$ は時計まわりを向くため － を付けて足し合わせている．

1・3・2　拘束力とフリーボディーダイアグラム （force of constraint and free body diagram）

　静止している物体に力が作用すると，物体は移動や回転の運動を起こす．このような場合に，物体が静止していて，自由に運動できないようにする制限を拘束 （force of constraint） という．例えば，図 1.13(a)では，質量 m の球が糸 BC で支えられ，滑らかな垂直壁にA点で接触して静止している．このような拘束力があると，球は動けない．この場合，球は糸 BC を引張るだけでなく，A 点で壁を左に押している．このように，拘束された支持物体に対する作用は，支持物体からそれと大きさが等しい反対向きの反作用を受ける．

　図 1.13(b) は，支持物体である垂直壁と糸を取り去った自由物体 （free body） である．球に働くすべての力をベクトルで描いたものをフリーボディーダイアグラム （free body diagram : FBD） という．R_A は接触点 A における壁からの反力で水平方向に作用する．T は糸 BC の張力で，BC と同じ方向に作用する．

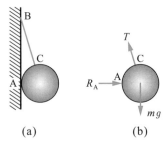

図 1.13 壁に拘束された球

これらに加え，球の質量 m による重力 mg が球の重心に鉛直下向き加わっている．未知の反力 R_A と T を求めるためには，FBD において力の釣合い式を満足させればよい．

【例題 1.1】

図 1.14 に示したベクトル $\boldsymbol{a}, \boldsymbol{b}$ 2つの力の合力 $\boldsymbol{R}$ を図式的に求めよ．

【解答】

(a) 図 1.15(a)に示すように，力の平行四辺形または力の三角形を描けばよい．また，$\boldsymbol{a}, \boldsymbol{b}$ 2力の向きが角度 θ だけ異なる場合，合力 $\boldsymbol{R}$ の大きさ R および向き ϕ はそれぞれ次式で与えられる．

$$R = \sqrt{a^2 + b^2 - 2ab\cos(\pi - \theta)} = \sqrt{a^2 + b^2 + 2ab\cos\theta} \tag{a}$$

$$\phi = \tan^{-1}\frac{a\sin\theta}{b + a\cos\theta} \tag{b}$$

(b) 図 1.15(b)に示すように，ベクトル $\boldsymbol{a}, \boldsymbol{b}$ が異なる2点で作用する問題である．$\boldsymbol{a}, \boldsymbol{b}$ の作用線を延長して，その交点 O_3 を求めた後，ベクトル $\boldsymbol{a}, \boldsymbol{b}$ を O_3 に移動させたときの合力 R が解となる．

(c) 図 1.15(c)に示すように，ベクトル $\boldsymbol{a}, \boldsymbol{b}$ は平行であるために交点 O_3 が定まらない．そこで，$\boldsymbol{a}, \boldsymbol{b}$ の作用点にそれぞれベクトル $\boldsymbol{c}, -\boldsymbol{c}'$ なる力を作用させる．このような $\boldsymbol{c}, -\boldsymbol{c}'$ は，合力として $\boldsymbol{a}, \boldsymbol{b}$ の力の状態に影響しない．したがって，$\boldsymbol{c}$ と $\boldsymbol{a}$，$-\boldsymbol{c}'$ と $\boldsymbol{b}$ の合力をそれぞれ $\boldsymbol{d}_1, \boldsymbol{d}_2$ とすると，前問の b) の手法を採用すれば，ベクトル $\boldsymbol{a}, \boldsymbol{b}$ の合力は O_3 点を通り，$\boldsymbol{a}$ と $\boldsymbol{b}$ とに平行で大きさが $a + b$ なるベクトル $\boldsymbol{R}$ として与えられる．

(d) 図 1.14(d)に示すように，2力が平行でかつ大きさの等しい逆向きに作用するとき，これらの2力を合成することはできない．このような2力は偶力（force couple）と呼ばれ，物体には力のモーメントが形成され回転作用を与える．モーメントの大きさ M は次式で与えられるが2力の合力は0である．

$$M = ah \tag{c}$$

【例題 1.2】

図 1.16 に示すような片持はりの先端に荷重 P が作用した時に A 点と B 点に生じる分力を求め，フリーボディーダイアグラムを描き，力の釣合いとモーメントの釣合い式を導け．

【解答】

図 1.17(a), (b) に示すように，A 点に作用している力 P を x 軸方向と y 軸方向とに分解し，それぞれの力の成分を P_x, P_y とする．B 点では P_x, P_y とそれぞれ等しい大きさの力 R_x, R_y が反対向きに作用しなければならない．B 点では R_x, R_y よりなる力の平行四辺形を描けば，合力としての反作用力 R が得られる．これからフリーボディーダイアグラムは図 1.17(c)のように描ける．図から明らかなように，力 P は点 A, B に偶力として作用するので，B 点ではモーメント

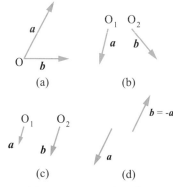

図 1.14　2つの力の作用

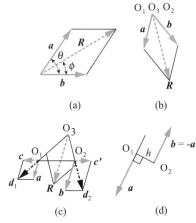

図 1.15　2つの力の合成結果

片持はり：一端が壁などに固定されたはり（細長い棒）．

図 1.16　片持はり

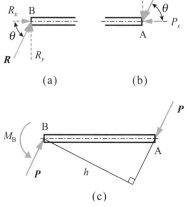

図 1.17　力の成分と FBD

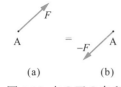

図 1.18 力の正の向き

(a)　　　　(b)

(a) 全体　　(b) チャック部
図 1.19 引張試験機

注）計測される伸びには，取り付け部や試験装置の伸びも加算されるため，正確には取り付けた試験片だけの伸びではない．正確に伸びを求めたい場合には，別途試験片のみの伸びを測定する装置を組み込む必要がある．

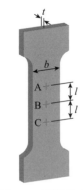

図 1.20 試験片形状

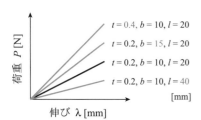

図 1.21 伸びと荷重の関係

M_B が作用しないとつり合わない．x, y 方向の力の釣合いと B 点まわりのモーメントの釣合いは，次式となる．

$$-P\cos\theta + R_x = 0 \qquad\qquad\qquad (a)$$

$$-P\sin\theta + R_y = 0 \qquad\qquad\qquad (b)$$

$$-Ph + M_B = 0 \qquad\qquad\qquad (c)$$

1・3・3　力の正の向き（positive direction of force）

　力は速度と同じベクトル量である．図 1.18 に示すように，点 A に働く力を矢印で表した場合，この矢印の方向が正の向きである．この力の大きさを F と表したとき，F の値が正の場合は，矢印の方向の力が点 A に加わっていることになる．もし，F の値が負である場合，負の力が矢印の方向に加わる，すなわち，$-F$ の力が矢印とは逆方向に加わっている事になる．すなわち，力の加わる向きは，F の値の正負によって異なることになる．しかし，問題によっては，F の正負が決まらない場合も多くある．そこで，矢印により F の正の向きを決め，F の正負を含めた大きさとして力を考えることが必要である．

　材料力学においては，物体を引張る方向を力のベクトルの正の向きにとる場合が多い．それは，一般的な材料では，圧縮より引張りによる破壊のほうが生じ易いためである．力の正の向きに不慣れな場合は，きちんと図を描き，矢印で方向を描き入れる等して，常に力の向きに注意をはらうことが必要である．

1・3・4　引張試験（tensile test）

　引張試験とは，材料の両端をつかんで引きちぎる試験のことである．材料力学に関する試験としては，最も基本的で，なおかつ，重要な試験である．図 1.19 は万能試験装置の写真である．上下のチャックに試験片の各々の端をはさむようにして取り付ける．上部のチャックは油圧やモータにより上下するようになっている．また，荷重を測定する装置が取り付けてあり，試験片に加わる荷重を測定することができる．この試験により，材料に加えられた伸びと荷重を測定することができる．

1・3・5　伸びと荷重の関係（relationship between elongation and load）

　図 1.20 に形状を示す試験片の引張試験結果を図 1.21 に示す．横軸が標点間の伸びで，縦軸が荷重である．この図から分かる事は，
　（1）伸び λ と荷重 P は比例する．
　（2）厚さ t が大きくなると，傾きが大きくなる．
　（3）幅 b が大きくなると，傾きが大きくなる．
　（4）標点距離 l が大きくなると，傾きは小さくなる．
伸びと荷重の関係は，厚さ，幅，標点距離それぞれに関係し，ばらばらに見えるが，次のように統一することができる．横軸の伸び λ のかわりに，標点距離で割った，伸びの割合 λ / l をとる．さらに，縦軸の荷重のかわりに，試験片の断面積で割った P / A（$A = tb$）をとり，グラフにしたものを図 1.22 に示す．図 1.21 でばらばらであった直線は，図 1.22 のように 1 本の直線に一致している．すなわち，

　　伸び　→　単位長さあたりの伸び

　　力　　→　単位面積あたりの力

で整理する事により，材料の変形や破壊に関する性質を統一して考えることができる．単位長さあたりの伸びはひずみ（strain），単位面積あたりの力は応力（stress），これらが比例している部分の比例定数は縦弾性係数（modulus of longitudinal elasticity）またはヤング率（Young's modulus）と呼ばれ，材料力学を学ぶ上で最も重要な概念である．これらについては，2章で詳しく学ぶ事になる．

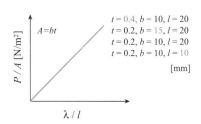

図 1.22　伸び／標点距離と
荷重／断面積の関係

【例題 1.3】

　図 1.23 に示す長さと断面積がそれぞれ異なる4種類の棒に，重りをつるした．伸びが大きい順に並び替えよ．

【解答】

棒4の伸びλ_4をλとすれば，棒3の伸びλ_3は断面積が2倍であるから，

$$\lambda_3 = \frac{\lambda}{2} \tag{a}$$

棒2の伸びλ_2は長さが2倍であるから，

$$\lambda_2 = 2\lambda \tag{b}$$

棒1の伸びλ_1は棒2に比べて断面積が2倍であるから，

$$\lambda_1 = \frac{1}{2}\lambda_2 = \lambda \tag{c}$$

である．$\lambda_2 > \lambda_1 = \lambda_4 > \lambda_3$ であるから，以下の解答が得られる．

答：棒2＞棒1，4＞棒3

注）図 1.22 や 1.23 に示した関係は，通常の材料では，長さに比べて伸びが小さい場合に対して成り立つ．それ以外の場合については，2章と 11 章において学ぶ．

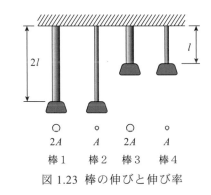

図 1.23　棒の伸びと伸び率

1・3・6　力と圧力（force and pressure）

　力（force）と圧力（pressure）はどちらも外部から物体に作用する．力や圧力が物体に作用することにより物体は変形し，破壊する場合もある．力の単位は N（ニュートン）で表される．一方，圧力の単位は Pa（パスカル）である．力 [N] も材料力学を学ぶにあたり大切な概念であるが，圧力 [Pa] は，材料力学において最も重要な概念である『応力』と親戚関係にあり，圧力について正確に理解しておくことは，後に学ぶ応力を理解するために欠くことができない．圧力に関してパスカルが発見した原理は以下のとおりである．

注）ニュートン，パスカル共に現在の科学技術の発展に欠くことができない業績を残している．これらの単位は2人の大学者の名前に由来する．

パスカルの原理（Pascal's principle）

　（1）閉じ込められた液体の一部にくわえられた圧力は，液体の各部に同時に伝わる．

　（2）加えられた圧力は，液体のどの部分にも同じ強さで伝わる．

この原理によれば，図 1.24 に示すように，断面積 A_1, A_2 の2つのシリンダーにそれぞれ荷重 P_1, P_2 が加わっている．このとき液体の圧力を p で表すと，シリンダーに加わる力と断面積の関係は，

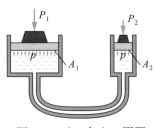

図 1.24　パスカルの原理

$$p = \frac{P_1}{A_1} = \frac{P_2}{A_2} \tag{1.4}$$

となることが分かる．圧力 p は，単位面積当たりの力であり，圧力の単位パスカル Pa は，

$$\mathrm{Pa} = \mathrm{N/m^2} \tag{1.5}$$

と表すことができる．

　パスカルの原理は，液体や気体について考えられているが，固体に対する圧力を考えてみよう．図 1.25 のように，ある圧力を持った流体と固体が接している場合を考える．固体表面の接触領域には，圧力が液体から加わっている．この固体表面の圧力は，表面に垂直な単位面積当たりの力と考えることができる．

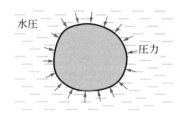

図 1.25　固体表面に加わる圧力

【例題 1.4】

　図 1.26(a)に示す半径 r のシリンダーに，半径 r のお椀状のふたがしてあり，鉛直下向き方向に荷重 P が加えられている．シリンダー内の液体の内圧 p とふたに加わる垂直方向荷重 P との関係を求めよ．

【解答】

　解答1：図 1.26(b)に示すように，ふたを半球状と考えても荷重 P は同じである．パスカルの原理によれば，この半球の下面に加わっている圧力 p と等しい圧力 p がこの半球の上面に加わっていれば，この半球に加わる力の釣合いが保たれていることになる．従って，半球上面に加えた荷重 P は上面における圧力 p に置き換えることができる．よって，圧力 p は荷重 P を半球上面の面積 πr^2 で割って，

$$p = \frac{P}{\pi r^2} \tag{a}$$

と表される．

　解答2：図 1.26(c)に示すように，ふたの下面を水平，垂直方向の面からなるように階段状に近似を行う．圧力は面に垂直に加わるから，荷重 P 方向に垂直な面に加わっている圧力 p による力の合力が荷重 P とつり合う．このとき，荷重 P 方向に垂直な面の面積 $A = \pi r^2$ であるから，荷重 P とこのふたの下面に加わる力の釣合いより，次式が得られる．

$$P = p\pi r^2 \tag{b}$$

この式は式(a)と一致する．ここで，階段状の近似を細かくして行けば球面となる．

　解答3：図 1.26(d)にふたに関するフリーボディーダイアグラムを示す．水平面から角度 θ と $\theta + d\theta$ の微小な面に加わる圧力による力の荷重 P 方向成分を考える．この微小な面の面積 dA は，

$$dA = 2\pi r \cos\theta \times r d\theta = 2\pi r^2 \cos\theta d\theta \tag{c}$$

である．一方，この面に加わる圧力 p の荷重 P 方向成分は，

$$p\sin\theta \tag{d}$$

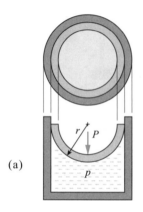

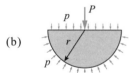

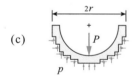

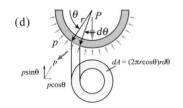

図 1.26　半球状のふたに加わる荷重

となる．式(c)と(d)を掛け合せた荷重が，微小面積 dA に加わる圧力による力の合力の荷重 P 方向成分である．この荷重を $\theta = 0 \sim \pi/2$ まで積分すれば，圧力による力の P 方向成分が得られる．従って，力の釣合いより，

$$P = \int_0^{\pi/2} 2\pi r^2 \cos\theta \times p\sin\theta \, d\theta \qquad\qquad (e)$$
$$= 2\pi r^2 p \int_0^{\pi/2} \frac{\sin(2\theta)}{2} \, d\theta = 2\pi r^2 p \left[\frac{-\cos(2\theta)}{4} \right]_0^{\pi/2} = \pi r^2 p$$

が得られる．これは，式(a)と一致する．

1・3・7　重ね合わせの考え方（idea of superposition）

図 1.27 に示すように，ばねに１つの重りを載せた場合と２つの重りを載せた場合ではばねの縮みは２つの重りを載せた時のほうが大きい．１つの重りを載せた時の変形量を λ_1 と表せば，同じ重さの重りを２つ載せた時の変形量 λ_2 は，

$$\lambda_2 = 2 \times \lambda_1 \qquad\qquad (1.6)$$

と表される．次に図 1.28 に示すように，重さの違う重り m_A と m_B をばねに載せる場合を考える．各々の重りをばねに載せた時の変形量を λ_A, λ_B とすれば，m_A と m_B を一緒にばねに載せた時の変形量 λ は，

$$\lambda = \lambda_A + \lambda_B \qquad\qquad (1.7)$$

と，各々の重りを載せた時の変形量 λ_A と λ_B を加え合わせる事により求めることができる．このような解析手法を重ね合わせ（superposition）と呼ぶ．

式(1.7)が成り立つことを，フックの法則より考えてみる．このばねのばね定数を k とすると，フックの法則によれば，

$$m_A g = k\lambda_A \qquad\text{(a) の状態}$$
$$m_B g = k\lambda_B \qquad\text{(b) の状態} \qquad\qquad (1.8)$$
$$(m_A g + m_B g) = k\lambda \qquad\text{(c) の状態}$$

であるから，式(1.8)より，

$$\lambda = \frac{1}{k}(m_A g + m_B g) = \frac{m_A g}{k} + \frac{m_B g}{k} = \lambda_A + \lambda_B \qquad\qquad (1.9)$$

となり，式(1.7)が示される．

一方，荷重 F と縮み x が比例しないばね．例えば，

$$F = kx^2 \qquad\qquad (1.10)$$

となるようなばねの場合を考えてみよう．式(1.8)は，

$$m_A g = k\lambda_A{}^2 \qquad\text{(a) の状態}$$
$$m_B g = k\lambda_B{}^2 \qquad\text{(b) の状態} \qquad\qquad (1.11)$$
$$(m_A g + m_B g) = k\lambda^2 \qquad\text{(c) の状態}$$

となるから，m_A, m_B の重りが同時に加わった時の伸びは，

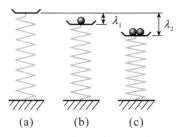

図 1.27　ばねに載せた重り

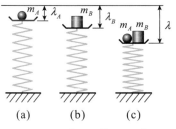

図 1.28　ばねに載せた重り

フックの法則：ばねの伸び x と加えた荷重 F が比例するという法則．
$$F = kx$$
k をばね定数という．

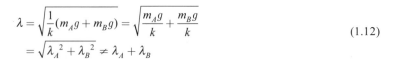

リベット：複数枚の板状のものを束ね固
定する鋲の一種．鋲の両端を潰して板等
の締結を行う．

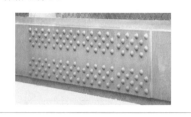

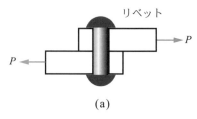

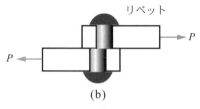

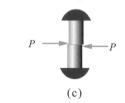

図 1.29 リベットのせん断

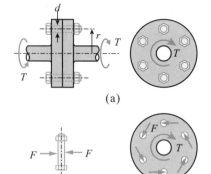

図 1.30 フランジ継手

注）≅：nearly equal 右辺と左辺の値
がほぼ等しい事を示す．≃ や ≒ を
使う場合もある．

$$\lambda = \sqrt{\frac{1}{k}(m_A g + m_B g)} = \sqrt{\frac{m_A g}{k} + \frac{m_B g}{k}}$$
$$= \sqrt{\lambda_A{}^2 + \lambda_B{}^2} \neq \lambda_A + \lambda_B \tag{1.12}$$

となり，重ね合わせた伸びと一致しない．すなわち，荷重と変位の関係が比例関係にない場合には，重ね合わせができない．

1・3・8　せん断の考え方（idea of shearing）

後に荷重の種類で説明するが，特にせん断については分かり難いので詳しく説明しておく．せん断（shearing）は破壊した状態を想像すると理解しやすい．図 1.29 は重ね継手に荷重を加えた問題である．中央のリベットが荷重により破壊した状態を図1.29(b)に示してある．リベットには，図 1.29(c)に示すように，破断面を境に，上側に右方向，下側に左方向の力が加わっている．この力の事をせん断力（shearing force）と呼ぶ．

【例題 1.5】

図 1.30(a)に示すフランジ継手にトルク T が加えられている．軸の中心からボルトの中心までの距離を r，ボルトの直径を d としたとき，ボルト一本に加わるせん断力とトルク T の関係を求めよ．

【解答】

ボルト 1 本には，図 1.30(b)に示すように，互い違いの力，すなわちせん断力が加わっている．このせん断力を F とすると，一方のフランジ部のボルト孔部には，図1.30(c)に示すような力が加わる．さらに，軸まわりにトルク T が加わっている．中心軸まわりの回転モーメントのつり合より，ボルト一本に加わるせん断力 F とトルク T の関係が以下のように求まる．

$$T = 6Fr \tag{a}$$

1・3・9　よく使う数学公式（useful mathematical formulas）

物理現象を記述するには，図や言葉だけでは限界がある．高度な数学の知識をもつ必要はないが，材料力学の理論を理解するには，微分，積分，三角関数に関する基本的な知識が必要である．目次の後に，比較的によく使用する公式を載せてある．

1・3・10　微少量の扱い方（how to treat small amount）

変形量を求める場合，種々の要素からの合計として求めることが多くある．そういった場合，微小な量まで含めて厳密に計算を進めると式が煩雑になる．さらに，求めたい値に対して重要なパラメーターが見えにくくなってしまう．そのため，式変形の過程で微少量（small amount）を無視することが多く行われる．

例えば，x に比べ δ が小さい時，

$$(x+\delta)^2 = x^2 + 2x\delta + \delta^2$$
$$\cong x^2 + 2x\delta \quad (x \gg \delta) \tag{1.13}$$

となる．δ の値が x に比べて小さい場合は，右辺の δ^2 の項は無視して扱うことができる．$x = 1$ として，δ を種々に変えた時の微小量を無視した値と無視しない値との比較を表 1.2 に示す．表より，δ の値が x の 1 割以下であれば，無視したことによる誤差は，1%以下になることが分かる．

表 1.2　微少量を無視した影響

δ	無視せず	無視	誤差[%]
0.2	1.44	1.4	3
0.1	1.21	1.2	1
0.01	1.0201	1.02	0.01
0.001	1.002001	1.002	1×10^{-4}
0.0001	1.00020001	1.0002	1×10^{-6}

【例題 1.6】

図 1.31 に示すように，縦の長さ l_1，横の長さ l_2 の板が変形して，$l_1 + \delta_1, l_2 + \delta_2$ になった．このときの面積の変化を求める式を導き，微少量を省略せよ．$l_1 = 2$m，$l_2 = 1$m，$\delta_1 = 1$mm，$\delta_2 = 1$mm の場合の誤差を求めよ．

【解答】

変形後の面積から，変形前の面積を差し引くと．

$$
\begin{aligned}
\Delta A &= (l_1 + \delta_1)(l_2 + \delta_2) - l_1 l_2 \\
&= l_1 \delta_2 + l_2 \delta_1 + \delta_1 \delta_2 \\
&\cong l_1 \delta_2 + l_2 \delta_1 \quad (l_1, l_2 \gg \delta_1, \delta_2)
\end{aligned}
\tag{a}
$$

となる．断面積の変化量および誤差は，次のようになる．

省略なし　：3001mm^2

省略　　　：3000mm^2

誤差　　　：1mm^2, 0.0333%

答：0.0333%

式(a)において省略した面積 $\delta_1 \delta_2$ は，図 1.31 のグレーで表される部分の面積である．

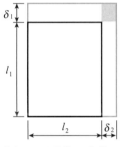

図 1.31　面積の変化

1・3・11　変形図の表示上の注意 （notation about deformation chart）

材料力学では，考えている物体の大きさに比べて，小さい変形（deformation）を主に取り扱う．こうする事により，1.3.10 項の微小量の取り扱いにより，数式が簡潔になるとともに，1.3.7 項で示した重ね合わせが可能となる．しかし，微小な変形量を実際の寸法と同じ比率で表示したのでは，変形しているかどうかを確かめることが難しい．従って，図 1.32(b)に示すように，テキスト内の図の変形図は，多くの場合，かなりの高倍率で拡大して表示してある．大きい場合は，数万倍に拡大してある事もあるので，実際の変形は目で簡単に分かる様な大きな変形はしていない事に注意しておく必要がある．

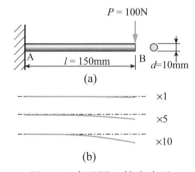

図 1.32　変形図の拡大表示

1・3・12　間違いやすい言葉や紛らわしい表現 （confusing word and expression）

（1）内径，外径

辞書によれば，

　内径：円筒などの内側の直径

　外径：円筒などの外側の直径

である．すなわち，内径，外径ともに，直径を意味している．半径と誤解する場合が多いので注意が必要である．

（2）円筒，円柱，中空円筒，中実円柱，丸軸，丸棒

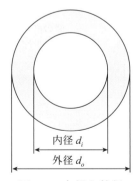

図 1.33　内径と外径

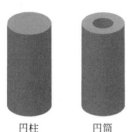

円柱　　　円筒
図 1.34 円筒と円柱

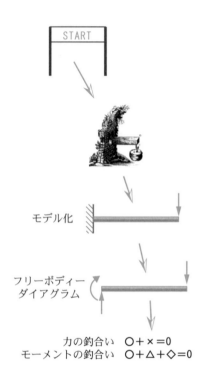

図 1.35 力学の問題の解き方

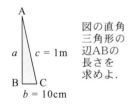

図の直角
三角形の
辺ABの
長さを
求めよ。

$c = 1\text{m}$
$b = 10\text{cm}$

悪い解き方

$c^2 = a^2 + b^2$
$\Downarrow$
$1 = a^2 + 100$

$a^2 = -99$
$a = \sqrt{-99}$
$= \sqrt{99}$
$= 9.95$

いきなり値を代入
単位を無視

数字を代入してか
ら式変形

数学の規則を無視
単位の付け忘れ

図 1.36 悪い解き方

辞書によれば，
　　円柱：まるい柱，円筒．
　　円筒：丸い筒，円柱に同じ．
であり，中空円筒，中実円柱，丸軸，丸棒は一般の国語辞典には記載されていない．

一般の材料力学に関係する書籍では，
　　円柱，中実円柱：断面が円型の柱や棒を意味する．
　　円筒，中空円筒：円形の断面の筒．軸を中心として円形の穴が開いた円柱を
　　　意味する．
　　丸棒：細長い円柱．
　　丸軸：形状としては，円柱あるいは円筒を意味する．本書においては，3章
　　　でのみこの表現を用いている．

1・3・13　力学に関する問題の解き方

（1）力学の問題を解く方法

問題をよく読む（既知の条件，未知の条件）

　問題を解く第一歩は，問題を理解する事から始まる．問題の理解が不完全であると，正解にたどり着く確率は非常に低くなってしまう．問題の中で与えられているものは何か，問われているものは何かの把握に努めながら問題を読むとよい．特に力学の問題の場合は，形状，荷重等の条件の中で，与えられているもの，ないもの，問われているものの区別をはっきりとつけることが必要である．そうして問題をよく検討することで，最初はわからなかったことが判明し，問題を解く道筋も見えてくる．

絵を描く（問題の図，フリーボディーダイアグラム）

　問題の把握を手助けするためにも，問題を図で表すことが重要である．問題自体に図がある場合も多いが，自分なりの図を描き，問題に与えられている条件と問われている値等を記号で書き加えていくことで，さらなる問題の理解と最初わからなかった問題の真実を解明することができる場合もよくある．

　問題の絵が出来たら，次は部分だけ抜き出した絵を描く．そしてその絵に力，モーメント，拘束条件等の，問題で与えられている条件を書き加えていく．これが，フリーボディーダイアグラムである．

力の釣合い（equilibrium of forces），モーメントの釣合い（equilibrium of moments）

　フリーボディーダイアグラムを用いて，力の釣合いとモーメントの釣合い式を導く．この段階までくれば，ほぼ問題が解答されたも同然である．あとは，これらの釣合い式より，問われている力やモーメント等を求めればよい．

（2）悪い問題の解き方

　以下に記す事は，力学のみならず工学全般において，問題を解く時にやってはいけない，あるいはやらないように心がけたほうがよいことである．

　　　ア）公式にいきなり値（数値）を代入！

　　イ）数字を代入してから式変形！

　　ウ）単位を無視！

　　エ）数学の規則を無視！

　ア）数式は記号で表記されていることが重要である．数式に実際の数値を代入すると，その後の式変形に支障を来すのみならず，後から見て何をやっていたのかがわからなくなることが多い．

　イ），ウ）数学の計算問題の場合，数字はただの数字という意味しかない場合が多いが，工学の問題の場合，単位とセットになって始めて数字の意味をなす．計算が正しく行われ，正しい数字が得られたとしても，単位の付け忘れや付け間違いがあっては，解いた価値は無に等しい．例えば，m（メートル）とmm（ミリメートル）を混在したりすれば，答自体も間違えとなってしまう．数式に実際の値を代入するときは，常に単位に気を配り，チェックを忘れないように細心の注意を払う必要がある．

　エ）答のみが与えられた問題を練習で解く場合によく見られるが，自分の解答と正解を合わす事に主眼をおくあまり，故意にプラスマイナスを入れ替えたりする人がいる．このような，数学のルールを平然と曲解する習慣を付けてしまうと，正しく問題を解けるようになる事は難しい．始めて学ぶ事柄に関する問題に対して，最初から正解を出す事は難しい，正解例と自分の答が合わない場合は，どこかにミスや考え違いがあるはずである．自分の解答をさかのぼって，そのミスや考え違いを発見し，修正することが大切である．そして，解答を出し直し，まだ違っていれば，答が合うまでとことん修正作業を繰り返す．このプロセスを行うことで，自分の考え違い，理解不足が修正されていくのみならず，問題を解くプロセスで犯しやすいミスの修正がおのずとできる．根気よく，合うまで問題に取り組むことが重要である．

（3）好ましい問題の解き方

以下に，様々な問題を解くスタイルの中で，やると良い方法を3つ挙げる．

　　ア）記号のままでの式変形！

　　イ）単位のチェック！

　　ウ）極限のチェック！

　ア）単位のチェックと極限のチェックをするためと，後から式の間違いを発見するために，必ず実行すべき方法である．

　イ）単位をチェックすることで，数式の間違えを発見することができる．図1.37の例では，左辺は長さの単位であるから，右辺も長さの単位になっていなければならない．c, b は長さの単位であるから，それらを2乗して平方根を取った結果は長さの単位である．例えば，計算ミスで右辺が $\sqrt{c^2 - b}$ のようになっていたとすると，ルートの中で m² と m を足し合わせるというおかしな事になるので，すぐに間違えが分かる．単位をチェックするだけで，かなりの数の計算ミスを防ぐことができるので，是非実行すべき方法である．

　ウ）極限のチェックとはどういうことであろうか．基本的な問題を除いて，大抵の問題はパラメーターが複数ある．それらのパラメーターに0や無限大等の値を入れると，答えがすぐ求まる場合が多くある．図1.37の例では，辺BC

<hr />

混同しやすい単位：

　　荷重　N ニュートン

　　圧力　Pa パスカル（N/m²）

荷重と圧力は，上に示すように，異なる単位である．

<hr />

答えが合わないその他の理由：自分のミス（考え方が違う，計算ミス）以外に，正解例が間違っていたり，問題が不完全で，答えが複数考えられる場合．正解が得られない問題もある．しかし，実社会において，材料力学を実際の設計等に利用する場合，テキストにあるような，1つの答えがキチンと出るような完全な問題は少ない．考えている構造や現象を検討し，妥当な問題を自ら作って行かなければならない．

<hr />

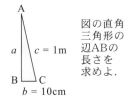

図の直角三角形の辺ABの長さを求めよ．

良い解き方

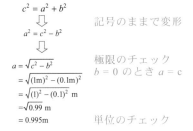

図 1.37 良い解き方

<hr />

注）問題の解答方法は無数にある．個人個人で異なったスタイルで問題を解答するのが当然で，正解が一つであっても，それに到る道のりは無数にある．また，正解が複数ある場合や，正解自体がない問題もある．

の長さを0とすれば，AC, AB の長さは等しくなる．すなわち， $b = 0$ の極限を考えれば，$a = c$ とならなければならない．得られた式に $b = 0$ を代入し，$a = c$ となる事を確認する事は雑作ない作業である．もし結果が合わない場合には，式変形の過程で間違いを起こしているはずであるから，式をさかのぼってチェックを行う．ア）に従って記号のままで式変形を行っていれば，極限のチェックおよび式の見直しが可能であるが，数字を入れて変形してしまうと，イ），ウ）のチェックをすることが出来なくなる．

1・3・14　単位について（about unit）

　本テキスト内では，基本的に SI 単位のみを使用しているから，紛らわしい単位換算は特に必要ない．しかし，質量，重量，荷重，力の関係は間違いやすいので注意しておく必要がある．力や荷重の単位は N（ニュートン）である，1N は，質量 1kg のものを加速度 1m/s² で動かす力として定義されている．従って，ニュートンの第2法則（運動の法則，力＝質量×加速度）より，

$$1\mathrm{N} = 1\mathrm{kg} \times 1\mathrm{m/s^2}$$
$$= 1\mathrm{kg \cdot m/s^2}$$

となる．一方，あらゆる物体は重力加速度（gravitational acceleration） $g = 9.81\mathrm{m/s^2}$ で地球に向かって運動（落下）しようとするから，質量 1kg の重りを天井から吊るしたときに，天井に加わる荷重，すなわち力は，地球の重力により，

$$1\mathrm{kg} \times g = 1\mathrm{kg} \times 9.81\mathrm{m/s^2}$$
$$= 9.81\mathrm{kg \cdot m/s^2}$$
$$= 9.81\mathrm{N}$$

となる．

図1.38　天井からつり下げられた重り

重力加速度 g：標準重力加速度の値は 9.80665m/s²．地球の自転による遠心力の影響で緯度や高度によって異なる．札幌 9.805m/s²，東京 9.798m/s²，大阪 9.797m/s²，鹿児島 9.792m/s²．本書では，重力加速度の値として 9.81m/s² を用いている．

【例題 1.7】
（1）　地上で 5kg の質量の重りがおよぼす荷重をニュートンで表せ．
（2）　地上で 100N の重量の重りの質量はいくらか．
（3）　質量 5kg の物の，月面上での重量をニュートンで表せ．ただし，月面上での重力加速度は地上の1/6とする．

【解答】
　重力加速度を g ，質量を m とすると．質量と重量（荷重）との関係は，
$$P = mg \tag{a}$$
で表される．
（1）重力加速度 $g = 9.81\mathrm{m/s^2}$ ， $m = 5\mathrm{kg}$ であるから，式(a)より，この物体の地球上での重量，すなわち荷重 P は，

$$P = mg = 5\mathrm{kg} \times g = 5\mathrm{kg} \times 9.81\mathrm{m/s^2} = 49.1\mathrm{kg \cdot m/s^2} = 49.1\mathrm{N} \tag{b}$$

（2）重力加速度 $g = 9.81\mathrm{m/s^2}$ ， $P = 100\mathrm{N}$ であるから，式(a)より質量は，

$$m = \frac{P}{g} = \frac{100N}{9.81\mathrm{m/s^2}} = \frac{100\ \mathrm{kg \cdot m/s^2}}{9.81\ \mathrm{m/s^2}} = 10.2\ \mathrm{kg} \tag{c}$$

図1.39　月と地球上の重り

（3）月面での重力加速度 $g' = g / 6$ であるから，月面上での荷重 P' は，

$$P' = mg' = 5\text{kg} \times \frac{9.81}{6}\text{m} / \text{s}^2 = 8.18\text{kg} \cdot \text{m} / \text{s}^2 = 8.18\text{N} \tag{d}$$

1・3・15　電卓による計算の注意点（notes of calculation with calculator）

（1）ラジアン（radian）と度（degree）

ほとんどの電卓は電源を入れた時点では，角度の単位は度（degree）で入，出力される設定になっている．試しに，数字 90 の sin を計算してみると，答が 1 になることで確かめられる．また，1 の arcsin あるいは $\sin^{-1}$ を計算すると答が 90 となる．よくみると表示画面のどこかに DEG とか D の文字が小さく出ているはずである．材料力学の計算では，多くの場合，ラジアン（radian）で答を要求される場合が多い．ラジアンと度の関係は以下である．

$$\pi \text{ラジアン} = 3.14159 \text{ラジアン} = 180 \text{度} \tag{1.14}$$

（2）ラジアンモードへの変更

RAD キーあるいはモードを変換する事により，度（degree）モードからラジアンモードへの変更ができる．ラジアンモードになっていれば，$\sin^{-1}$ 等の計算結果の単位は，ラジアンで表示される．式(1.14)を用いて答えを変更するか，ラジアンモードに設定を変更して行うかは好き好きであるが，どのモードになっているかに気を配ることが重要である．

（3）10^n の入れ方

大きい桁の数字を入力するためには，EXP キー（EE キーの場合もある）を用いる．電卓によっては，指数部分を小さく表示したり，記号 E の後ろに書いて表したりする場合がある．例えば，10^{20} は以下のように表される．

10E+20 ，10^{20}

（4）有効桁数

通常の電卓は 12 桁で計算を行い，表示される部分は 10 桁程度である場合が多い．これを確かめるには，例えば $100000 \div 3$ を計算すると

$$ヨヨヨヨヨ.ヨヨヨヨ \tag{1.15}$$

と ヨ が 10 個表示されれば，表示桁は 10 桁であることがわかる．さらにこの結果から，ヨヨヨヨヨ の 5 桁を差し引いた結果が

$$0.ヨヨヨヨヨヨヨ \tag{1.16}$$

と，ヨ が 7 個，すなわち 7 桁となっていれば，この電卓が計算している桁数は，$5 + 7 = 12$ 桁であることが分かる．式(1.15)の下には，さらに 2 桁分が隠されていたのである．同様な事は π から 3.1415 を差し引いて，残りの桁数を数えても確認できる．自分が普段使用する電卓の特性を調べ，計算道具として使いこなすことが重要である．

（5）有効数字

電卓の画面に表示される数字のすべてに実際の意味がある訳ではない．有効数字を考えて解答する必要がある．通常は 3 桁程度を解答することが好ましい．

図 1.40　関数電卓
（30 年間使い続けている電卓，道具としては完成品の極み．とはいえ，そろばんの歴史にはかなわない．）

注）ここで使用している電卓は代表的なものであるが，機種やメーカーによっては異なった表示方や入力方を採用している場合もある．その場合は，使用する電卓のマニュアルを参照すること．

電卓を使った遊び：数字キーを使わずに sin, cos, … のキーだけを押して 1 から順番に整数を表示させる．
例）1 の表示方法：クリア ⇒ $\cos^{-1}$ ⇒ sin

表 1.3 SI 接頭語

接頭語の記号	接頭語の呼び名	単位に乗ぜられる倍率
Y	ヨタ	10^{24}
Z	ゼタ	10^{21}
E	エクサ	10^{18}
P	ペタ	10^{15}
T	テラ	10^{12}
G	ギガ	10^{9}
M	メガ	10^{6}
k	キロ	10^{3}
h	ヘクト	10^{2}
da	デカ	10
d	デシ	10^{-1}
c	センチ	10^{-2}
m	ミリ	10^{-3}
μ	マイクロ	10^{-6}
n	ナノ	10^{-9}
p	ピコ	10^{-12}
f	フェムト	10^{-15}
a	アト	10^{-18}
z	ゼプト	10^{-21}
y	ヨクト	10^{-24}

本テキストにおいても，例題等は３桁を解答例として記載してある．

（６）ENG キー（エンジニアキー）と接頭語

桁が大きくなると，桁数を数え間違える危険性が増す．その危険性を少なくするために，工学では単位の前に，表 1.3 に示す接頭語を付け，小数点前後の桁数が３桁以内になるように記載することが多い．以下に例を示す．

$$123000 \text{ m} = 123 \times 10^{3} \text{ m} = 123 \text{ km}$$
$$0.000123 \text{m} = 0.123 \times 10^{-3} \text{ m} = 0.123 \text{ mm}$$
$$206000000000 \text{Pa} = 206 \times 10^{9} \text{ Pa} = 206 \text{ GPa}$$

接頭語に変換する機能は電卓には通常ないが，10^{3n} の倍率で指数表示する機能がある．123000 を入力し，ENG キーを押すと，

$$123^{\;03} \;\rightarrow\; 123000^{\;00} \;\rightarrow\; 123000000^{\;-03}$$

と表示が切り替わっていく．逆に ENG キーの逆変換（INV ENG，SHIFT ENG 等）を押すと，

$$123000^{\;00} \;\rightarrow\; 123^{\;03} \;\rightarrow\; 0.000\,123^{\;09}$$

と３桁ずつ指数部が増加しながら切り替わっていくことがわかる．ENG キーを適宜操作し，指数部分を接頭語で置換えて結果をまとめる事を普段より心がけることにより，桁の数え間違えによる計算ミスを低減することができる．

【例題 1.8】

以下のそれぞれの問題について電卓を用いて計算せよ．

(1) sin(0.5 rad), cos(0.5 rad), tan(0.5 rad), sin(0.01 rad), cos(0.01 rad), tan(0.01 rad)

(2) 0.5 rad を ° に変換せよ．

【解答】

(1)　sin(0.5 rad) = 0.479425539 , 　　cos(0.5 rad) = 0.877582562
　　　tan(0.5 rad) = 0.546302490 , 　　sin(0.01 rad) = 0.009999833
　　　cos(0.01 rad) = 0.99995000 , 　　tan(0.01 rad) = 0.010000333

(2)　0.5 rad = 28.64788976°

1・4　荷重の種類（type of load）

工学の分野では，物体に作用する外力のことを荷重（load）といい，その作用形式により次のように分類する．

1・4・1　作用による分類（classification by action）

(a) 引張荷重（tensile load）
　　材料を荷重方向に伸ばすように作用する力（図 1.41(a)）．

(b) 圧縮荷重（compressive load）
　　材料を荷重方向に縮めるように作用する力（図 1.41(b)）．

(c) せん断荷重（shearing load）
　　材料をずらすように作用する互い違いの力．例えば，２層平板のリベット継手において，リベットの断面に平行に作用する力（図 1.41(c)）．

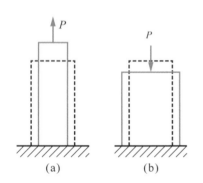

(a)　　　　　(b)

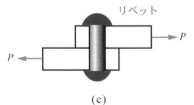

リベット

(c)

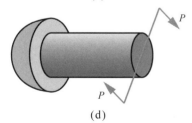

(d)

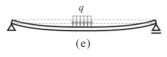

(e)

図 1.41 荷重の種類

(d) ねじり荷重（torsional load）

棒の断面を軸のまわりでねじるように作用する荷重（図 1.41(d)）.

(e) 曲げ荷重（bending load）

はり（細長い棒）を曲げるように作用する荷重（図 1.41(e)）.

1・4・2　分布様式による分類（classification by distribution state）

(a) 集中荷重（concentrated load）

1 点に集中して作用する荷重（図 1.41(a), (b)）.

(b) 分布荷重（distributed load）

ある領域に分布して作用する荷重.

図 1.41(e) に示すように荷重が一様に分布している場合は等分布荷重（uniformly distributed load）という.

1・4・3　荷重速度による分類（classification by load speed）

(a) 静荷重（static load）

静止している一定の荷重，あるいは極めてゆっくりと変化する荷重.

(b) 動荷重（dynamic load）

時間とともに変動する荷重. 急激に作用する衝撃荷重（impact load）および周期的に変化する繰返し荷重（repeated load）がある.

【練習問題】

【1.1】　図 1.42 のように，片持はり（一端が固定された細長い棒）の先端に曲げモーメント M_0 が作用する場合，および長さ l の両端支持はり（両端が支持された細長い棒）に曲げモーメント M_0 が作用する場合，はりが固定部や支持部から受ける反力とモーメントを求めよ.

[答 (a) 反力：0, モーメント：M_0

(b) 反力：$R_A = -\dfrac{M_0}{l}$, $R_B = \dfrac{M_0}{l}$, $M_A = 0$, $M_B = 0$]

【1.2】　A compress test equipment is shown in Fig.1.43. The specimen E is placed on the floor of the base A and the end of the screw is forced down against it by turning the hand wheel D at the top. Draw a free body diagram of the members B to axial tension, C to bending, D to torsion, and E to axial compression.

【1.3】　図 1.44 のような継手がボルトで連結され，両端に荷重 P が加えられている. このボルトに対してフリーボディーダイアグラムを描け. さらに力の釣合いより，このボルトに加わっているせん断力を求めよ.

[答 $\dfrac{P}{2}$]

【1.4】　図 1.45 のように剛体棒の B 点が回転自由に支持され，C 点にばね定数 k のばねが取り付けられている. この棒に対するフリーボディーダイアグラムを描き，ばねから C 点に加わる力を求めよ.

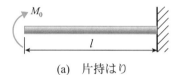

(a)　片持はり

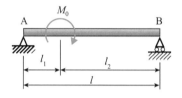

(b) 両端支持はり

図 1.42　はり

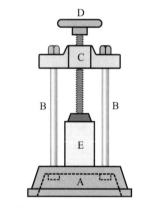

Fig.1.43 Compression test.

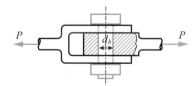

図 1.44　荷重 P を受けるボルト

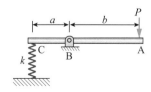

図 1.45　ばねに支えられたはり

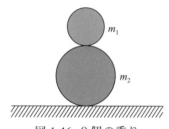

図 1.46　2 個の重り

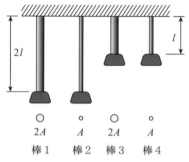

図 1.47　棒の伸びと伸び率（A：面積）

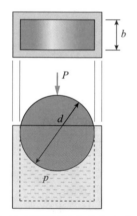

図 1.48　円筒ピストンに加わる力

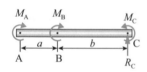

図 1.49　モーメントを受ける棒

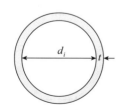

図 1.50　リング状円板の面積

[答　$F_{\mathrm{C}} = \dfrac{b}{a} P$]

【1.5】　練習問題 1.4 において，荷重 P と A 点の垂直方向変位 δ の関係を求めよ．

[答　$P = k \dfrac{a^2}{b^2} \delta$]

【1.6】　図 1.46 のように，質量 m_2 の重りが床におかれており，さらにその上に質量 m_1 の重りが載せられている．それぞれの重りに対してフリーボディーダイアグラムを描け．さらに力の釣合いより，床から重り m_2 が受ける反力 R を求めよ．

[答　$(m_1 + m_2) g$]

【1.7】　図 1.47 のように，長さと断面積がそれぞれ異なる 4 種類の棒に，同じ質量の重りをつるす．重りの質量を増して行ったときに，壊れる順に並び替えよ．

[答　棒 2＝棒 4 ＞ 棒 1＝棒 3]

【1.8】　水圧により，一辺 a の立方体の各辺が等しく δ 減少した．体積の変化 ΔV を求める式を導き，微小項を省略せよ．

[答　$\Delta V \cong -3a^2 \delta$]

【1.9】　図 1.48 のように，液体で満たされている長方形断面の容器の上面から，この容器にぴったりはまる直径 d，長さ b の円板を挿入し，円板に荷重 P を加えた．この荷重 P と容器内の内圧 p との関係式を導け．

[答　$P = pbd$]

【1.10】　図 1.49 のように，棒の点 A，B にモーメント $M_{\mathrm{A}}, M_{\mathrm{B}}$ を加えたい．この棒が回転せずに静止するためには，C 点に加えることが必要な反力 R_{C} とモーメント M_{C} を求めよ．

[答　$R_{\mathrm{C}} = 0$ ，$M_{\mathrm{C}} = M_{\mathrm{A}} + M_{\mathrm{B}}$]

【1.11】　図 1.50 のように，内径 d_i，厚さ t のリング状の円板の面積 A を $d_i \gg t$ として微少量を省略して求めよ．

[答　$\pi d_i t$]

【1.12】　練習問題 1.11 において，内径 $d_i = 20\,\mathrm{mm}$，厚さ $t = 0.5\,\mathrm{mm}$ のとき，微少量を省略してもとめた面積の相対誤差を求めよ．

[答　2.44%]

第 2 章

応力とひずみ
Stress and Strain

- 図 2.1 は，ゴムの板に正方形を描き，両端を引張って変形させたものである．中央の正方形は，長方形に変形している．通常の物質は引張った方向には伸びるが，それに垂直な方向には縮む性質がある．
- この章では物体が力を受けた場合の変形や内部に加わる力（内力）について考え，材料力学で最も重要な概念，『応力』，『ひずみ』，『フックの法則』について学ぶ．
- 材料力学の基本的な部分はすべて本章に集約されている．

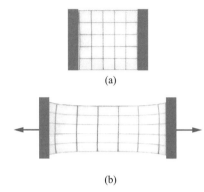

(a)

(b)

図 2.1 ゴムの引張り

2・1 応力とひずみの定義 (definition of stress and strain)

　機械あるいは機械部品の設計で機械の設計仕様を満たす適切な材料と寸法，形状を決めるには，材料の強度（strength）あるいは剛性（rigidity）を求める方法を知らなければならない．応力（stress）とひずみ（strain）は材料の強度および剛性を考える指標である．

2・1・1 荷重方向の応力とひずみ (stress and strain in the loading direction)

　図 2.2 のように断面の中心にフックを介して軸荷重（axial load）を受ける真直棒がある．軸に垂直な断面における内力と外力の釣合いを考える．いま，断面を微小面積 ΔA_i の領域に分け，その領域に生じている内力を ΔQ_i とする．図 2.2 におけるB, C, D のどの断面においても断面内の内力の合力は外力と釣り合っていなければならない．すなわち，任意の断面で

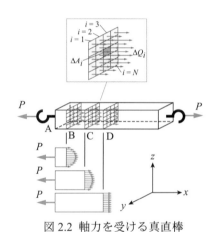

図 2.2 軸力を受ける真直棒

$$P = \sum_{i=1}^{N} \Delta Q_i \tag{2.1}$$

が成り立つ．ΔQ_i の断面内の分布は図 2.2 の断面 B ⇒ C ⇒ D と棒の端部から離れるにつれて一様になる．材料力学では力が作用する面積に対する強さを表すのに応力を用いる．応力は単位面積当たりに働く内力であり，次式で与えられる．

$$応力 = \frac{力}{面積} \tag{2.2}$$

応力の単位は，SI 単位においては $N/m^2 \equiv Pa$ でパスカル（Pascal）と呼ばれている．応力には，垂直応力（normal stress）とせん断応力（shear stress）がある．ある点の垂直応力は

$$\sigma(x,y,z) = \lim_{\Delta A \to 0} \left\{ \frac{\Delta Q(x,y,z)}{\Delta A} \right\} \tag{2.3}$$

で定義される．断面全域にわたって応力が変化している場合でも，次式のように平均垂直応力（average normal stress）を求めることができる．

表 2.1 応力の単位

1 Pa （パスカル）	= 1 Pa	= 1 N/m²
1 kPa （キロパスカル）	= 10^3 Pa	= 10^3 N/m²
1 MPa （メガパスカル）	= 10^6 Pa	= 10^6 N/m²
1 GPa （ギガパスカル）	= 10^9 Pa	= 10^9 N/m²

注) 式(2.3)において，微小面積 $\Delta A \to 0$ の極限値として応力は定義される．従って，応力は物体内の一点で定義される量である．

注）材料力学では，この平均垂直応力を，単に垂直応力 σ として表すことが多い.

$$\sigma_{avg} = \frac{Q}{A} = \frac{P}{A} \tag{2.4}$$

ここで，A は棒の横断面積である．垂直応力とは，断面に生じる単位面積あたりの内力の断面に垂直な方向成分である.

【例題 2.1】

図 2.3 に示すように同じ長さの異なる材料の棒 A と B に荷重（load）を加えたところ，棒 B のほうが大きな荷重を加えることが出来た．二つの材料の強度を比較するにはどのようにしたらよいであろうか．棒 A および棒 B が破断したときの荷重を P_A, P_B，横断面積（cross-sectional area）を A_A および A_B で表す.

【解答】

単純に破断荷重が大きい棒 B の材料のほうが，強度が大きいと結論できない．以下に示すように，応力を考慮する必要がある.

破断したときの棒 A，棒 B の応力 σ_A, σ_B は

$$\sigma_A = \frac{P_A}{A_A} \, , \, \sigma_B = \frac{P_B}{A_B} \tag{a}$$

で求めることができる．たとえば，棒 A の横断面積 $A_A = 1.0 \times 10^{-4} \mathrm{m^2}$，破断荷重 $P_A = 100\mathrm{N}$，棒 B の横断面積 $A_B = 4.0 \times 10^{-4} \mathrm{m^2}$，破断荷重 $P_B = 200\mathrm{N}$ であったとする．それぞれの棒には，

$$\sigma_A = \frac{100}{1.0 \times 10^{-4}} = 1.0 \times 10^6 \mathrm{Pa} = 1.0\mathrm{MPa}$$
$$\sigma_B = \frac{200}{4.0 \times 10^{-4}} = 0.5 \times 10^6 \mathrm{Pa} = 0.5\mathrm{MPa} \tag{b}$$

の応力が生じていたことになる．この場合，$P_B > P_A$ であるが，

$$\sigma_A > \sigma_B \tag{c}$$

であるので，棒 A の材料が破壊するときの応力が大きい．式(c) が成立する場合は，破壊するときの荷重は小さいが，破壊したときの応力が大きい棒 A の材料のほうが強い，すなわち，強度が大きいことが分かる.

答：式(a)より得られる破壊したときの応力が大きいほうが強度が大きい

図 2.4 のように，棒が伸びるような外力を引張荷重（tensile load），縮むような外力を圧縮荷重（compressive load）という．引張荷重を受けた場合，横断面には引張応力（tensile stress），圧縮荷重を受けた場合，横断面には圧縮応力（compressive stress）が生じる．圧縮荷重に負の符号をつけて表すことにより，引張と圧縮を区別することもある．たとえば，『10MPa』ならば引張応力，『−10MPa』ならば 10MPa の圧縮応力を意味する．符号をつけない場合は，『圧縮応力 10MPa』などと表す.

材料に荷重を加えていくと，形状変化，すなわち変形（deformation）が生じる．図 2.5(a)に示すように，長さ l，直径 d の棒に軸に沿って，引張と圧縮を加えた場合を考えてみよう．図 2.5(b)は引張荷重 P_1 を加えた場合で，変形後の長さを l_1，直径を d_1 で表してある．また図 2.5(c)は圧縮荷重 P_2 を加えた場合で，変形後の長さを l_2，直径を d_2 で表してある.

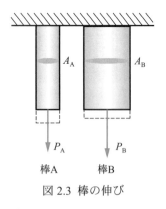

図 2.3 棒の伸び

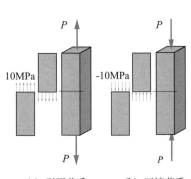

(a) 引張荷重　　　(b) 圧縮荷重

図 2.4 引張荷重と圧縮荷重

図 2.5(b)に示すように，長さ l の棒に引張荷重 P_1 を加えて引張ったとする．その結果，棒の長さが l_1 になったとすると，$(l_1 - l)$ を伸び（elongation）といい，λ で表す．単位長さについての伸びをひずみ（strain）と呼び，ε（イプシロン）で表す．すなわち，

$$\varepsilon = \frac{l_1 - l}{l} = \frac{\lambda}{l} \tag{2.5}$$

となる．たとえば，$l = 0.2\mathrm{m}$ の棒が $l_1 = 0.201\mathrm{m}$ になったとすると，伸びは

$$\lambda = 0.201 - 0.2 = 1.0 \times 10^{-3}\mathrm{m} \tag{2.6}$$

となり，

$$\varepsilon = \frac{1.0 \times 10^{-3}}{0.2} = 0.005 = 5 \times 10^{-3}\,[\mathrm{m/m}] \quad \text{あるいは } 0.5\% \tag{2.7}$$

のひずみを生じたことになる．なお，ひずみの次元は，長さの単位の伸びを，元の長さで割っているので，無次元である．数字のみで表す事もあるが，100 を乗じて ％ によって表したり，長さを長さで割っていることから m/m や mm/mm と表記されることも多い．

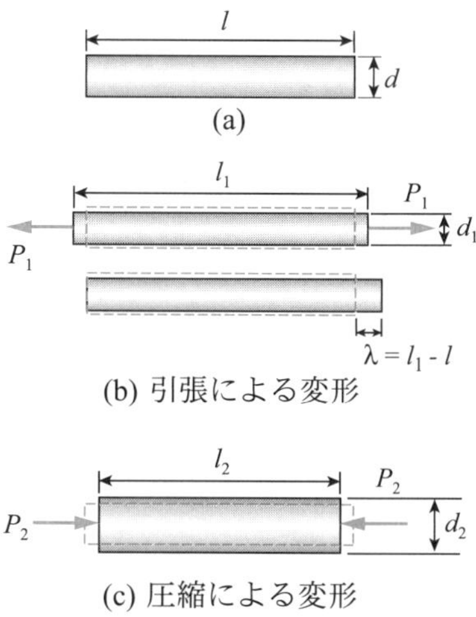

図 2.5(b)および 2.5(c)のように，ひずみについても応力の場合と同様に，伸びに対するひずみを引張ひずみ（tensile strain），縮みに対するひずみを圧縮ひずみ（compressive strain）という．これらのひずみに応力の場合と同様に，正負の符号をつけて区別することがある．さらに，図 2.5(b)のような荷重方向の伸びおよび圧縮に対するひずみを垂直ひずみ（normal strain）という．

ところで，図2.5(b)のように材料を引張ると通常の材料では荷重に垂直な方向に断面が収縮する（図2.1(b)参照）．これとは逆に，図2.5(c)のように圧縮荷重が作用すると断面積は増大する．荷重に垂直な方向のひずみを横ひずみ（lateral strain）と呼び，ε' で表すと

$$\varepsilon' = \frac{d_1 - d}{d} \tag{2.8}$$

となる．このとき荷重方向のひずみを縦ひずみ（longitudinal strain）と呼ぶ．縦ひずみに対する横ひずみの比を ν で表し，ポアソン比（Poisson's ratio）と呼び，

$$\nu = -\frac{\varepsilon'}{\varepsilon} \tag{2.9}$$

で与えられる．ポアソン比は材料の特性を表す値である．表 2.2 に幾つかの材料のポアソン比を示す．多くの材料のポアソン比は 0.25 ～ 0.35 である．

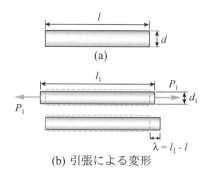

(a)

(b) 引張による変形

(c) 圧縮による変形

図2.5　引張と圧縮による変形

注）式(2.9)の関係が成り立つのは，棒のような部材に軸方向の力のみを加えた場合のみである．このような荷重の加え方は「単純引張」とか「一軸引張」と呼ばれる．軸に垂直な方向に別の力が加えられたり，拘束されたりした場合は，式(2.9)は成立しないので注意が必要である．

表 2.2　ポアソン比

材　料	ポアソン比
ステンレス鋼	0.34
軟　鋼	0.3
鋳　鉄	0.1-0.2
銅	0.34
アルミニウム合金	0.33
ゴム	0.46-0.49
セラミックス	0.28

【例題 2.2】

図 2.6 のように，長さ $l = 0.1\mathrm{m}$，幅 $w = 0.01\mathrm{m}$，厚さ $h = 0.001\mathrm{m}$ の軟鋼の板を引張った．そのときの縦ひずみが 0.001 である場合，板の伸びと収縮量はいくらか．

【解答】

板の伸びを λ，ひずみを $\varepsilon = 0.001$ で表せば，式(2.5)より

$$\lambda = \varepsilon l = 0.001 \times 0.1\mathrm{m} = 1.0 \times 10^{-4}\mathrm{m} = 0.1\mathrm{mm}$$

である．すなわち，伸びは $1.0\times10^{-4}\mathrm{m}(=0.1\mathrm{mm})$ となる．表 2.2 より，軟鋼のポアソ

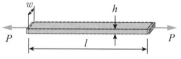

図 2.6　引張荷重を受ける板

ン比は $\nu = 0.3$ である．横ひずみは式(2.9)より

$$\varepsilon' = -\nu\varepsilon = -0.3 \times 0.001 = -0.0003$$

となる．したがって，横方向の伸縮量Δw は

$$\Delta w = \varepsilon' \times w = -0.0003 \times 0.01\text{m} = -0.003\text{mm}$$

Δw がマイナスなので，横方向に 0.003mm 縮む．厚さの伸縮量Δh は，

$$\Delta h = \varepsilon' \times h = -0.0003 \times 0.001 = -3.0 \times 10^{-7}\text{m} = -3.0 \times 10^{-4}\text{mm}$$

すなわち，厚さ方向に 3.0×10^{-4}mm 縮む．

答：引張方向に 0.1mm 伸びる，横方向に0.003mm 縮む，

厚さ方向に 3.0×10^{-4}mm 縮む

2・1・2 せん断方向の応力とひずみ（stress and strain in the shear direction）

前項では，引張について考えた．ここでは，材料に互い違いのずらす力を加えた場合を考える．このような荷重の加え方を，せん断荷重（shearing load）と呼ぶ．例えば，ハサミはこのせん断荷重を利用して紙を切っている．

図2.7(a)に示すように部材 AB に荷重方向が軸と垂直方向に向いている外力 F，すなわちせん断荷重 F が作用している．二つの荷重の作用点の間の部材 AB 内にC-C' 断面を考えると，部材 AC には図2.7(b)のように内力が生じており，その合力は F に等しいはずである．この内力のことをせん断力（shearing force）と呼んでいる．力の作用面に沿って生じる応力をせん断応力（shearing stress）といい，τ で表す．垂直応力の定義式と同様にせん断応力についても次式のように書くことができる．

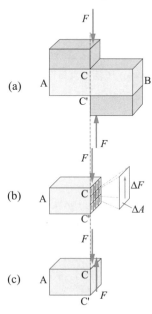

図 2.7 せん断力とせん断応力

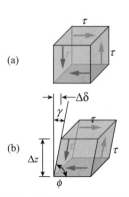

図 2.8 せん断変形とせん断ひずみ

$$\tau(x,y,z) = \lim_{\Delta A \to 0}\left(\frac{\Delta F(x,y,z)}{\Delta A}\right) \tag{2.10}$$

せん断力 F を作用する断面の面積 A で割ると，平均せん断応力（average shearing stress）が得られる．

$$\boxed{\tau_{ave} = \frac{F}{A}} \tag{2.11}$$

物体内に微小な立方体を考える．図2.8(a)のようにせん断応力が各面に作用すると，この立方体は図2.8(b)のように変形する．垂直ひずみの定義と同様に，Δz を元の長さ，$\Delta\delta$を伸びと考えれば，ひずみは

$$\gamma = \frac{\Delta\delta}{\Delta z} \tag{2.12}$$

と表すことができる．このひずみをせん断ひずみ（shearing strain）と呼ぶ．また，図2.8(b)に示すように，始めに $\pi/2$ であった角度が ϕ になったとすると，せん断ひずみは角度変化．

$$\gamma = \frac{\pi}{2} - \phi \tag{2.13}$$

としても定義することができる．γ が微小である場合，$\tan\gamma \cong \gamma$，$\sin\gamma \cong \gamma$ が近似的に成り立つことから，

$$\gamma \cong \tan(\gamma) = \tan\left(\frac{\pi}{2} - \phi\right) = \frac{\Delta\delta}{\Delta z} \tag{2.14}$$

となり，式(2.12)のひずみの定義と一致する．せん断ひずみは無次元量である．

【Example 2.3】

The rivet is subjected to the shearing force $P = 200\text{N}$ as shown in Fig.2.9. The rivet has $d = 4\text{mm}$ diameter. Determine the shearing stress in the rivet.

【Solution】

If the load is increased, the rivet will be destructed as shown in Fig.2.10(a). Thus, the shearing stress occurs at the cross section of the rivet. The free body diagram of the rivet can be drawn as Fig.2.10(b). The shearing stress at the cross section is shown as Fig.2.10(c). The equilibrium of the forces is given as follows.

$$P - \tau A = 0 \tag{a}$$

where A is denoted the cross section of the area. Thus the shearing stress can be determined as follows.

$$\tau = \frac{P}{A} = \frac{4P}{\pi d^2} = \frac{4 \times 200\text{N}}{\pi(4\text{mm})^2} = 15.9\text{N/mm}^2 = 15.9\text{MPa} \tag{b}$$

Ans.: $\tau = 15.9\text{MPa}$

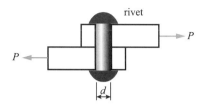

Fig.2.9 The rivet subjected to the shearing force.

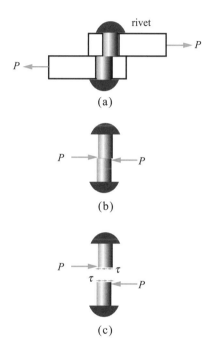

Fig.2.10 Free body diagrams.

2・2 基本となる考え方（fundamental assumption）

　機械や構造物を構成する部材は一般に種々の形状をしていて，これに作用する外力も多様であるため，これらを忠実に考慮すると問題の取扱いが複雑になって解析が困難となる．そこで材料力学では，妥当と思われる次のような諸仮定を設け，問題を簡単化して解析を行う．

(a) 材料は連続した固体であり，内部に欠陥や空洞がなく，すべての部分が同じ性質を持つ均質体（homogeneous body）である．

(b) 材料はその性質が方向によって変化しない等方体（isotropic body）である．しかし，場合によっては力学的性質が方向によって異なる木材や竹などのような異方性材料（anisotropic material body）を扱うこともある．

(c) 図 2.11(a)に示すように，材料に外から作用する力，すなわち外力（external force）P が作用すると，図 2.11(b)に示すように，材料内部には外力に抵抗する力，すなわち内力（internal force）Q が発生する．

(d) 外力による材料の変形は外力の大きさに比例し，外力を取り去ると変形はなくなる．材料の微少な変形において見られるこのような性質を弾性（elasticity）といい，材料力学では主として材料が弾性変形する場合を取り扱う．なお，外力を取り去っても材料が元の形に戻らない性質を塑性（plasticity）という．

(e) 外力による材料の変形はその寸法に比べて極めて小さく，外力の作用状態は変形前とほとんど変わらない．ただし，説明をわかりやすくするために変形は誇張し

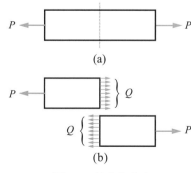

図 2.11 外力と内力

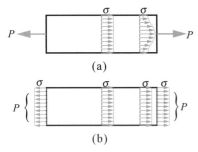

図 2.12 サン・ブナンの原理

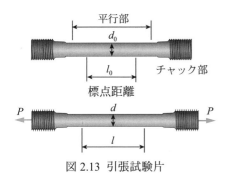

図 2.13 引張試験片

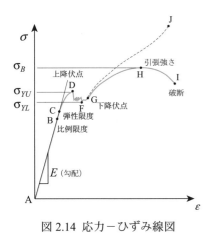

図 2.14 応力－ひずみ線図

図 2.15 リューダース線

て描く.

(f) 材料に作用する外力が合力と合モーメントの値に等しければ, 外力の作用点から十分離れた所の変形および応力状態は, 外力の作用形式による影響をほとんど受けない. これをサン・ブナンの原理 (Saint Venant's principle) という. 例えば図 2.12(a) に示すように, 棒の両端面に集中荷重 P または合力 P の等しい分布荷重を作用させたとき, その作用点から断面の最大寸法ほど離れている位置における応力 σ はほぼ一様で, 同一の値になる. なお, 図 2.12(a) に示すように, 外力の作用点に近づくにつれ, 応力分布は一様ではなくなるが, 材料力学では図 2.12(b)のように, どの断面においても応力分布は一様であると仮定する.

2・3　応力－ひずみ線図 (stress-strain diagram)

2・3・1　材料の力学的性質 (mechanical properties of materials)

材料の力学的特性は材料試験を行うことにより得られる. 材料試験には, 引張試験 (tensile test) , 圧縮試験 (compressive test) , ねじり試験 (torsion test) , 曲げ試験 (bending test) , 衝撃試験 (impact test) などがある.

ここでは材料試験の中で最も基本的な引張特性を調べる引張試験について述べる. 引張試験に使われる試験片を図 2.13 に示す. 試験法, 試験片寸法については日本工業規格 (JIS) に定められている. 試験片の中央部分の断面積を正確に求め, ひずみを求めるために標点距離 (gauge length) l_0 を示すマークを入れておく. 試験片を材料試験機にセットし, 荷重 P を加える. 荷重 P が大きくなるに伴い, マークした部分の長さ l は長くなる. 伸び $\lambda = l - l_0$ をダイヤルゲージで測定し, P に対して記録する. 荷重 P と伸び λ をそれぞれ試験片のはじめの断面積 A_0, および, はじめの標点距離 l_0 で除し, 応力 σ とひずみ ε を求め, 応力を縦軸, ひずみを横軸にとると, 応力－ひずみ線図が得られる. このようにして求められた応力およびひずみは公称応力 (nominal stress), 公称ひずみ (nominal strain) と呼ばれる. 図 2.14 の実線が焼き戻しされた軟鋼の公称応力－公称ひずみ線図である. この線図を単に応力－ひずみ線図 (stress-strain diagram) と呼ぶ. この図で点 A から点 B まで, 応力とひずみは比例関係にあり, 比例係数をヤング率 (Young's modulus) あるいは縦弾性係数 (modulus of longitudinal elasticity) と呼ぶ. また, 両者の比例関係が成り立つ最大の応力 (点 B の応力) を比例限度 (proportional limit) という. さらに荷重を加えると比例関係が成り立たなくなるが, 荷重を除去すると元の長さに戻る. この性質を弾性 (elasticity) と呼ぶが, その限界点 C の応力を弾性限度 (elastic limit) と呼ぶ. さらに荷重を加えると, 応力が増加しないのにひずみが増加するようになる. この現象を降伏 (yielding) と呼ぶ. 点 D の応力 σ_{YU} を上降伏点 (upper yield point) , 点 F の応力 σ_{YL} を下降伏点 (lower yield point) と呼んでいる. 実用上, 下降伏点を単に降伏点 (yield point) と呼んでいる.

図 2.14 で点 G まで応力は増加しなくてもひずみが増加する. 降伏が始まるとすべり線 (slip line) あるいはリューダース線 (Luders' line) が発生し, 試験片全体にすべり領域が広がって終わる. また, 応力－ひずみ線図の点 G から点 H までをひずみ硬化 (strain hardening) あるいは加工硬化 (work hardening) 領域と呼び. 点 H の応力を引張強さ (tensile strength) と呼んでいる. これを過ぎると, 引張荷重は

増加しないのに，試験片は伸びて局所的なくびれ（neck）が発生する．そして，くびれが進行すると共に引張荷重は減少し，図 2.14 の点 I で破断する．この点を破断点（breaking point）といい，その時の応力を破断応力（fracture stress）という．軟鋼のようにくびれて破断するような材料の場合，図 2.16 のようなカップアンドコーン（cup and cone）と呼ばれる破断面を形成する．また，はじめの横断面積を A_0，破断部の横断面積を A_1 として

$$\psi\,(\%) = \frac{A_0 - A_1}{A_0} \times 100 \tag{2.15}$$

を断面収縮率（contraction of area）あるいは絞り（reduction of area）という．

　前述したように，物体に荷重を加えると試験片の断面積や標点距離も時々刻々変化する．この変形過程の断面積と標点距離を用いて求めた応力とひずみは真応力（true stress）および真ひずみ（true strain）と呼ばれ，次式のように定義される．

$$\sigma_{true} = \frac{P}{A_{\min}}, \qquad \varepsilon_{true} = \ln(1 + \varepsilon) \tag{2.16}$$

A_{min} は荷重 P が作用しているときの最小断面積である．また，真ひずみは

$$\varepsilon_{true} = \ln\left(\frac{A_0}{A_{\min}}\right) \tag{2.17}$$

のように，面積比の対数でも定義される．軟鋼の真応力－対数ひずみ線図を公称応力－公称ひずみに対応して図 2.14 に破線で示した．この図より，真応力で評価すると破断応力は最大となることがわかる．

　図 2.17 に示すように，長さ l_0 の棒が，l_1, l_2 と伸びた場合を考える．l_0 を基準としたときのひずみ $\varepsilon_1, \varepsilon_2$ は，

$$\varepsilon_1 = \frac{l_1 - l_0}{l_0} \ , \ \varepsilon_2 = \frac{l_2 - l_0}{l_0} \tag{2.18}$$

l_1 を基準長さとしたときの l_2 に対するひずみ $\varepsilon_2{}^*$ は

$$\varepsilon_2{}^* = \frac{l_2 - l_1}{l_1} \tag{2.19}$$

ε_1 のひずみが生じて長さ l_1 となり，さらに $\varepsilon_2{}^*$ のひずみが生じて長さ l_2 になったと考えると，ε_1 と $\varepsilon_2{}^*$ を足し合わせれば，ε_2 になると予想されるが，実際は，

$$\varepsilon_1 + \varepsilon_2{}^* = \frac{l_1 - l_0}{l_0} + \frac{l_2 - l_1}{l_1} = \frac{l_1{}^2 - 2l_0 l_1 + l_0 l_2}{l_0 l_1} \tag{2.20}$$
$$\neq \varepsilon_2$$

となり．単純な足し合わせでひずみを求めることはできない．一方，対数ひずみの場合，

$$\varepsilon_{true1} = \ln(1 + \varepsilon_1) = \ln\left(\frac{l_1}{l_0}\right), \ \varepsilon_{true2} = \ln(1 + \varepsilon_2) = \ln\left(\frac{l_2}{l_0}\right) \tag{2.21}$$
$$\varepsilon_{true2}{}^* = \ln(1 + \varepsilon_2{}^*) = \ln\left(\frac{l_2}{l_1}\right)$$

であるから，

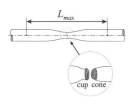

図 2.16　軟鋼の破断面

注）くびれは軸線に 45° をなす面に生じる．これは 45° 傾いた面でせん断応力が最大になるためである．詳細は 8 章で学ぶ．

注）棒に加える荷重 P は公称応力 σ に始めの断面積 A_0 を乗じて $P = \sigma A_0$ である．従って，この棒に加えられる荷重の最大値は，図 2.14 の I 点ではなく，H 点の応力，すなわち引張強さ σ_B より $P_{\max} = \sigma_B A_0$ と求められる．

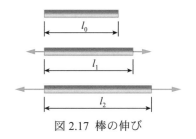

図 2.17　棒の伸び

対数ひずみと公称ひずみ：テイラー展開より，

$$\ln(1 + x) = \ln(1) + \frac{x}{1} \cdots$$

であるから，ひずみが小さい場合，

$$\varepsilon_{true1} = \ln(1 + \varepsilon) \simeq \ln(1) + \frac{\varepsilon}{1} = \varepsilon$$

となり．対数ひずみと公称ひずみは等しくなる．公称ひずみを，単に，「ひずみ」と呼ぶことが多い．

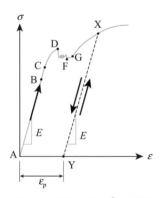

図 2.18 応力－ひずみ線図
（途中で除荷した場合）

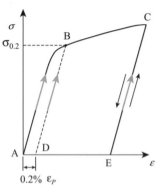

図 2.19 応力－ひずみ線図
（降伏応力が明確でない場合）

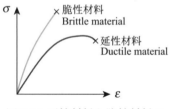

図 2.20 延性材料と脆性材料の
応力－ひずみ線図

ロバート・フック：Robert Hooke（1635 年 7 月 18 日 - 1703 年 3 月 3 日）．イギリスの物理学者，生物学者．オックスフォード大学に学び，ロバート・ボイルの助手となる．科学の様々な分野で活躍した．フックの法則を 1660 年に発見．

注）式(2.25)に示す弾性係数間の関係については，8 章において詳しく述べる．

$$\varepsilon_{true1} + \varepsilon_{true2}{}^* = \ln\left(\frac{l_1}{l_0}\right) + \ln\left(\frac{l_2}{l_1}\right) = \ln\left(\frac{l_2}{l_0}\right)$$
$$= \varepsilon_{true2}$$
(2.22)

となり，足し合わせによりひずみを求めることができる．

これまでは荷重を加えてゆくことのみを考えていた，荷重を加えてから除去したとき，応力－ひずみ線図はどのようになるであろうか．荷重を加えて行く過程を負荷（loading），荷重を除いて行く過程を除荷（unloading）と呼ぶ．図 2.18 に負荷後に除荷を行ったときの応力－ひずみ線図を示す．除荷過程では弾性変形についてのみ変形が戻り，応力－ひずみ関係は負荷過程の線 AB に平行な線 XY のようになる．材料が降伏すると途中で除荷しても形状が元に戻らなくなる．この性質を塑性（plasticity）と呼び，除荷したときに残っているひずみ ε_p を永久ひずみ（permanent strain）あるいは残留ひずみ（residual strain）と呼ぶ．永久ひずみが残る変形を塑性変形（plastic deformation）と呼ぶ．

図 2.19 のように明確な降伏点が見られないような材料（アルミニウム等）の場合，0.2%の永久ひずみが生じる応力を耐力（proof stress）と呼び，これを降伏点として用いる．0.2%の耐力を $\sigma_{0.2}$ と表す．

図 2.20 のように応力－ひずみ線図の特徴から，材料を大きく延性材料（ductile materials）と脆性材料（brittle materials）に分けることができる．延性材料は構造用炭素鋼や他の合金などのように常温で降伏することができる材料であり，ある応力値 σ_Y を越えて荷重を与えるとわずかな荷重増でも大きく変形するようになる．脆性材料は鋳鉄，ガラス，セラミックス，石などのようにほとんど変形せずに破壊してしまう材料である．降伏が始まる応力値は，降伏応力（yield stress），降伏強さ（yield strength）あるいは，降伏強度（yield strength）と呼ばれている．

2・3・2 フックの法則（Hooke's law）

図 2.14 のように弾性限度内では応力－ひずみ線図は直線で表され，応力とひずみは比例関係にある．ここで，比例定数を E とすると

$$\boxed{\sigma = E\varepsilon}$$
(2.23)

である．この関係はフックの法則（Hooke's law）と呼ばれ，比例定数の E を縦弾性係数（modulus of longitudinal elasticity）あるいはヤング率（Young's modulus）という．せん断応力 τ とせん断ひずみ γ の間にも式(2.23)と同様の比例関係があり，比例定数を G とすると，

$$\boxed{\tau = G\gamma}$$
(2.24)

の関係式が成り立つ．G をせん断弾性係数（shear modulus）または，横弾性係数（modulus of rigidity）という．ひずみは無次元であるため，E や G は応力と同じ Pa（パスカル）の次元をもっている．せん断特性は力の釣合いと変形とひずみの式を通して，引張特性と密接に関係しており，G, E と ν の間には

$$G = \frac{E}{2(1+\nu)}$$
(2.25)

の関係がある．表 2.3 に，種々の材料の縦弾性係数と横弾性係数を示す．また，巻末に，より詳細な材料定数に関する表もある．

2・4 材料力学の問題の解き方（How to solve problems on Mechanics of Materials）

力学の問題は『力の釣合い』や『モーメントの釣合い』を駆使して，未知の支持反力や固定モーメントを求めることが目的であった．材料力学では，安全な機械や構造物を設計するために，応力を求めることが要求される．そのためには，

1）力やモーメントの釣合いより未知の支持反力や固定モーメントを求める．
2）部材内に断面を考え，その断面に加わっている力（内力）を求める．
3）式(2.4), (2.11)に従い，力を面積で割って，応力を求める．

という手順を踏む．1），2）の部分は1章で詳しく説明した力学の問題の解法に熟練しておくことが必要である．

また，機械や構造物の変形を知る必要があることも多い．逆に，変形や応力を規定値以下に押さえるための限界の荷重を知りたい場合も考えられる．このように，実際の物を設計するためには，力，変形，応力が入出力として複雑に絡み合って与えられる．力が分かれば，応力の定義式(2.4)や(2.11)より応力が得られる，逆に応力より力を求めることができる．しかし，物体に加えられた力が分かったとしても，その物体の変形を直接求めることはできない．力から変形を求めるには，図 2.21 に示してあるように，力⇒応力⇒ひずみ⇒変形の順に迂回する事によりたどりつくことができる．逆に変形から力は，変形⇒ひずみ⇒応力⇒力の順に迂回しなければならない．ここで，応力とひずみの間は，変形が小さいとして弾性変形を考え，前節で説明したフックの法則（式(2.23), (2.24)）を用いる．まとめると，材料力学の問題を解決するには，以下の手順を踏む必要がある．

1）力学の問題を解く（1・3・13 節参照）
　　問題をよく読む（既知の条件，未知の条件）
　　絵を描く（問題の図，フリーボディーダイアグラム）
　　力の釣合い，モーメントの釣合い
2）材料力学の問題を解く
　　力が分かって応力や変形が知りたい場合：
　　　力⇒応力⇒ひずみ⇒変形　の順で求めていく
　　変形が規定されたときの応力や荷重が知りたい場合：
　　　変形⇒ひずみ⇒応力⇒力　の順で求めていく

表 2.3 種々の材料の弾性係数 [GPa]

材　料	縦弾性係数	横弾性係数
低炭素鋼	206	79
中炭素鋼	205	82
高炭素鋼	199	80
高張力鋼(HT80)	203	73
ステンレス鋼	197	73.7
ねずみ鋳鉄	74〜128	28〜39
球状黒鉛鋳鉄	161	78
インコネル600	214	75.9
無酸素銅	117	
7/3 黄銅-H	110	41.4
ニッケル(NNC)	204	81
アルミニウム	69	27
ジュラルミン	69	
超ジュラルミン	74	29
チタン合金	109	42.5
ガラス繊維(S)	87.3	
炭素繊維	392.3	
塩化ビニール（硬）	2.4〜4.2	
エポキシ樹脂	2.4	
ヒノキ	8.8	
コンクリート	20	
酸化アルミニウム	290	

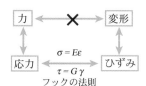

フックの法則

図 2.21 材料力学の問題の解き方
（力から変形，変形から力を求めるには迂回する必要がある．）

注）材料力学に関する問題を解決するためには，力，応力，ひずみ，変形の間を自由に行き来できるようになっておくことが重要である．これら材料力学の応用に関する問題は，3 章以降において様々な形で出現する．図 2.21 の関係をしっかり身につけておけば，迷う事無く理解することができる．

【例題 2.4】
図 2.22(a)に示すように，直径 $d = 1\text{cm}$，長さ $l = 50\text{cm}$ の棒の一方を壁に固定し，一端に引張荷重 $P = 100\text{N}$ を加えた．棒の断面に生じる垂直応力 σ と棒の伸びλを求めよ．棒の材質は鋼で，縦弾性係数 $E = 206\text{GPa}$ とする．

【解答】
図 2.22(b)に棒全体のフリーボディーダイアグラムを描く．力の釣合いより，棒は壁から荷重 P で引張られている．

次に，棒を任意の断面で切断したフリーボディーダイアグラムを図 2.22(c)に描く．どの断面も内力 P で引張られていることが明らかである．従って，棒の任意

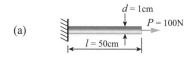

図 2.22 棒の引張り

の断面に生じる垂直応力は，式(2.4)より，

$$\sigma = \frac{P}{A} = \frac{P}{\pi d^2/4} = \frac{4P}{\pi d^2} = \frac{4 \times 100\text{N}}{\pi (10 \times 10^{-3}\text{m})^2} = 1.27 \times 10^6 \frac{\text{N}}{\text{m}^2} = 1.27\text{MPa} \quad (a)$$

式(2.23)のフックの法則より，ひずみは，

$$\varepsilon = \frac{\sigma}{E} = \frac{4P}{E\pi d^2} = \frac{4 \times 100\text{N}}{206 \times 10^9\text{Pa} \times \pi (10 \times 10^{-3}\text{m})^2} = 6.18 \times 10^{-6}\text{m/m} \quad (b)$$

ひずみの定義式(2.5)より，伸び λ は

$$\lambda = \varepsilon l = \frac{4Pl}{E\pi d^2} = \frac{4 \times 100\text{N} \times 0.5\text{m}}{206 \times 10^9\text{Pa} \times \pi (10 \times 10^{-3}\text{m})^2} \quad (c)$$
$$= 3.09 \times 10^{-6}\text{m} = 3.09\mu\text{m}$$

答：$\sigma = 1.27\text{MPa},\ \lambda = 3.09\mu\text{m}$

2・5　許容応力と安全率（allowable stress and safety factor）

2・5・1　許容応力（allowable stress）

　機械や構造物を設計する際には，その部材が種々の荷重，環境下で使用期間中に破壊しないように，また変形の許容値を超えないように部材中に生じる応力を弾性限度以下に選ぶ．しかし，弾性限度以下であっても，繰返し荷重が作用すると破壊が起こることがある．このような場合には，繰返し荷重が数 10^7 回以上作用しても破壊しない応力振幅の値，すなわち疲労限度（fatigue limit）以下に設計する．また，材料に一定の荷重を作用させておくと，時間の経過と共にひずみが増加するようなクリープ（creep）と呼ばれる現象を起こすことがある．このような材料に対しては，一定時間に一定のクリープ（例えば 1000 時間に 0.1% のひずみ）を生じる応力の限界，すなわちクリープ限度（creep limit）以下に設計する必要も生じる．これらを考慮して，安全性の上から部材に許される最大の応力，すなわち許容応力（allowable stress）σ_a を設定する必要がある．

　ところで，機械や構造物の各部材に実際に生じている応力，すなわち使用応力（working stress）または設計応力（design stress）σ_d を正確に知ることはむずかしいため，一般には，許容応力を目標にして部材の設計を行ない，その寸法を決めるのが普通である．許容応力 σ_a は部材の基準強さ（standard stress）σ_S を安全率（safety factor）S で割った値が用いられる．

$$\boxed{\sigma_a = \frac{\sigma_S}{S}} \qquad (2.26)$$

したがって，使用応力 σ_d，許容応力 σ_a，基準強さ σ_S は，次のような関係になる．

$$\sigma_S \geq \sigma_a \geq \sigma_d \qquad (2.27)$$

　基準強さ σ_S は材料および外力の種類によって決まる値であり，脆性材料が静荷重を受ける場合は極限強さ σ_B を，延性材料が静荷重を受ける場合は降伏点 σ_Y または耐力 $\sigma_{0.2}$ を用いるとよい．また，繰返し荷重を受ける場合は疲労限度を，高温環境下で静荷重を受ける場合はクリープ限度をとる．

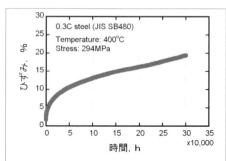

（提供：木村一弘（出典　ふぇらむ（社）日本鉄鋼協会））

クリープ試験：物質・材料研究機構では，温度 400℃，応力 294MPa に保たれた試験片のひずみを 1969 年から観測し続けている．上のグラフは 30 万時間（34 年間）に渡り連綿と続けられている実験の時間とひずみの関係を表したものである．この実験は現在（2007 年）も続いている．

降伏応力（yield stress），
降伏強さ（yield strength），
降伏強度（yield strength），
耐力（proof stress），
降伏点（yield point）：
応力ひずみ線図において，傾きが急激に小さくなる開始点（降伏点）付近の応力を示す用語である．同じ意味で用いられる場合も多いが，異なる場合もあるので注意が必要である．

2・5　許容応力と安全率

2・5・2　安全率 （safety factor）

安全率 S の値は部材が応力の作用下で十分な安全性を保持するための余裕係数を示す．安全率は小さすぎれば事故を起こすおそれがあり，また大きすぎれば安全であるものの不経済となる．そこで，安全率は次のような諸因子の影響を考慮して決定しなければならない．

(1)　材料の種類と材質，機械的性質，およびその信頼度

(2)　荷重の種類と性質，および荷重見積りの正確度

(3)　応力計算の正確度と応力集中

(4)　加工と組立の精度

(5)　使用環境（温度，摩耗，腐食など）下での耐久性，寿命

安全率の一例として，表2.4に極限強さに採用したアンウィン教授が提唱した安全率を示す．

注）安全を考える上で，使用応力は許容応力より小さく，さらに許容応力は基準応力より小さくなければならい．すなわち，安全率は必ず1より大きい．

表2.4　極限強さを基準とした安全率

材料	静荷重	繰返し荷重		衝撃荷重
		片振り	両振り	
軟　鋼	3	5	8	12
鋳鉄, もろい金属	4	6	10	15
銅, 軽金属	5	6	9	15
木材	7	10	15	20
石材, れんが	20	30	―	―

【例題 2.5】

重さ $W_e = 20\text{kN}$ のエレベータを直径 $d = 30\text{mm}$，引張強さ $\sigma_B = 480\text{MPa}$ のワイヤロープ1本で昇降させる．エレベータを安全に運転できる定員 x は何人か．ただし，人間の平均体重 W_h は 600N，安全率は $S = 12$ とする．

【解答】

ワイヤロープの許容応力 σ_a は式(2.26)より

$$\sigma_a = \frac{\sigma_B}{S} = \frac{480 \times 10^6}{12} = 4 \times 10^7 \text{Pa} \tag{a}$$

ロープに加わる荷重 P は，エレベータの自重 W_e と定員 x の体重の総和 $W_h x$ に等しいので，使用応力 σ_d は，

$$\sigma_d = \frac{P}{A} = \frac{W_e + W_h x}{\pi d^2 / 4} \tag{b}$$

$\sigma_a \geq \sigma_d$ であるから，

$$\frac{\pi}{4} d^2 \sigma_a \geq W_e + W_h x \tag{c}$$

$$x \leq \frac{\pi}{4} \frac{d^2 \sigma_a}{W_h} - \frac{W_e}{W_h} = \frac{\pi}{4} \times \frac{(3 \times 10^{-2})^2 \times 4 \times 10^7}{600} - \frac{20 \times 10^3}{600} = 13.8 \tag{d}$$

答：安全な定員は 13 名である．

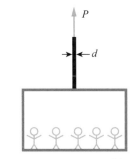

図2.23　エレベーターに乗れる人数

（提供：オリエンタルモーター（株））

【Example 2.6】

A pulley with the outer diameter D = 1m and the length l = 50mm is loaded as shown in Fig.2.24(a). This pulley is keyed to a shaft with the diameter d = 50mm as shown in Fig.2.24(a) and (b). Determine the width x of the key. The height and the length of the key are shown in the figure. The allowable shearing stress of the key is τ_a = 40MPa.

【Solution】

The free body diagrams for the pulley, key, and shaft are shown as Fig.2.24(c). The force F acts on the key, shaft and pulley. The following equilibrium of the moments for the

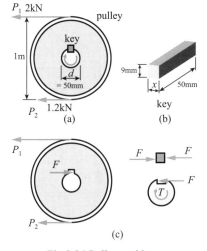

Fig.2.24 Pulley and key.

pulley is given.

$$P_1 \times \frac{D}{2} - P_2 \times \frac{D}{2} - F \times \frac{d}{2} = 0 \qquad (a)$$

Thus the force F is given by

$$F = \frac{D}{d}(P_1 - P_2) \qquad (b)$$

Sine the shearing force F is loaded to the key with cross section $x \times l$, the shearing stress at the key is given as follows.

$$\tau = \frac{F}{xl} = \frac{D}{xld}(P_1 - P_2) \qquad (c)$$

This shearing stress cannot exceed the allowable shearing stress.

$$\tau_a \geq \tau = \frac{D}{xld}(P_1 - P_2) \qquad (d)$$

Thus the following relation can be given.

$$x \geq \frac{D}{\tau_a ld}(P_1 - P_2) = \frac{1\mathrm{m} \times (2 \times 10^3\,\mathrm{N} - 1.2 \times 10^3\,\mathrm{N})}{40 \times 10^6\,\mathrm{Pa} \times 50 \times 10^{-3}\,\mathrm{m} \times 50 \times 10^{-3}\,\mathrm{m}} \qquad (e)$$
$$= 8 \times 10^{-3}\,\mathrm{m}$$

Ans. : $x = 8 \times 10^{-3}\mathrm{m} = 8\mathrm{mm}$

図2.25　円形断面棒

図2.26　正方形断面棒

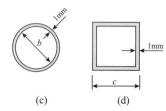

図2.27　色々な断面

【練習問題】

【2.1】　図2.25 に示す直径 10mm の円形断面棒の両端に荷重を加え，引きちぎる試験を行ったところ，40kN で破断した．この材料の引張強さを求めよ．

[答　509MPa]

【2.2】　図2.26 に示す正方形断面棒を引きちぎるのに必要な荷重を求めよ．ただし，棒は鉄製で，引張強さ $\sigma_\mathrm{B} = 300\mathrm{MPa}$ とし，引張強さで破断すると考える．

[答　30kN]

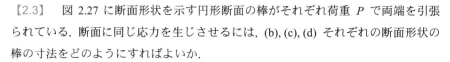

Fig. 2.28 The timber truss.

【2.3】　図2.27 に断面形状を示す円形断面の棒がそれぞれ荷重 P で両端を引張られている．断面に同じ応力を生じさせるには，(b), (c), (d) それぞれの断面形状の棒の寸法をどのようにすればよいか．

[答　$a = 8.86\mathrm{mm}$, $b = 24.0\mathrm{mm}$, $c = 20.6\mathrm{mm}$]

【2.4】　The end chord of a timber truss is framed into the bottom chord as shown in Fig.2.28. Determine the shearing stress on the surface including line ABC. Neglect the friction between two members.

[Ans. $\frac{1}{\sqrt{2}}\frac{F}{bl}$]

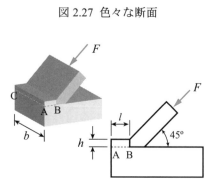
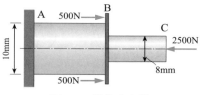

図2.29　段付き丸棒

【2.5】　図2.29 のように，直径が 10mm と 8mm の丸棒が接合している段付き丸棒に荷重が作用している．各棒に生じる断面に垂直な応力を求めよ．ただし，棒の断面には一様な応力が生じていると考えてよい．

[答 $\sigma_{AB} = -19.1$MPa, $\sigma_{BC} = -49.7$MPa]

【2.6】 As in Fig.2.30, a hole is to be punched out of a plate having an ultimate shearing stress of 40MPa. a) If the compressive stress in the punch is limited to 55MPa, determine the maximum thickness of plate from which a hole 10cm in diameter can be punched. b) If the plate is 4mm thick, compute the smallest diameter of the hole that can be punched.

[Ans. (a) 3.44cm, (b) 11.6mm]

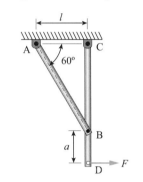

Fig. 2.30 A circular punch.

【2.7】 図 2.31 のような回転自由なヒンジで結合された骨組構造の端点 D に水平方向の力が作用している．部材はすべて同じ断面積 200mm^2 であるとして，真直な部材 AB に 40MPa の垂直応力が生じる荷重 F の大きさを求めよ．なお，部材の重量は無視してよい．また，$l = 100$mm，$a = 50$mm とせよ．

[答 3.10kN]

【2.8】 ある材料の引張試験を行った結果を表 2.5 に示す．試験に用いた試験片形状は，丸棒試験片で平行部の径 10mm，長さは 250mm，標点距離 150mm であった．a) 公称応力－公称ひずみ線図を描け．b) ヤング率，降伏応力，最大引張応力を求めよ．c) 縦ひずみ－横ひずみ線図を描け．d) ポアソン比を求めよ．e) 真応力－真ひずみ線図を描け．

[答 (b) $E = 314$GPa，$\sigma_y = 481$MPa，$\sigma_B = 675$MPa，(d) $\nu = 0.298$]

【2.9】 The rigid body with the weight $W = 100$N is sustained by the steel wire as shown in Fig.2.32. Determine the maximum average normal stress of the wire. The wire has a length $l = 100$m, diameter $d = 2$mm, and the specific weight $\rho = 8000$kg/m^3.

[Ans. 39.7MPa]

【2.10】 In the problem 2.9, determine the maximum length of the wire l_{max}, by which the weight can be sustained safely. The safety factor and the tensile strength are $S = 5$ and $\sigma_B = 600$MPa, respectively.

[Ans. $l_{max} = 1.12$km]

【2.11】 図 2.33 のように三つの異なる断面を有する丸棒に外力 F が作用している．それぞれの棒の横断面に生じる応力 $\sigma_{AB}, \sigma_{BC}, \sigma_{CD}$ を求めよ．

[答 $\sigma_{AB} = 39.8$MPa，$\sigma_{BC} = 70.7$MPa $\sigma_{CD} = 25.5$MPa]

【2.12】 図 2.34 に示すような継手がボルトで連結され，両端に荷重 P が加えられている．このボルトに生じるせん断応力を求めよ．ボルトの直径を d_b で表す．

[答 $\dfrac{2P}{\pi d_b^2}$]

図 2.31 荷重を受けるトラス

ヒンジ：上下左右には動かないが，回転は自由であるような部材と部材の節点.
トラス：各部材の接合点をピンで連結し，三角形の集合形式に組み立てた構造.
これらの詳細については，11 章で学ぶ.

表 2.5 引張試験結果

伸び [mm]	荷重 [kN]	直径の変化 [mm]
0.00	0.000	0.00000
0.13	20.894	-0.00254
0.23	37.769	-0.00457
0.25	38.975	-0.00559
0.33	40.180	-0.00770
0.51	42.591	-0.01219
0.76	45.403	-0.01880
1.02	47.412	-0.02574
1.27	49.020	-0.03302
1.52	50.225	-0.04013
1.78	51.029	-0.04741
2.03	51.832	-0.05554
2.29	52.234	-0.06401
2.54	52.636	-0.07281
2.79	53.038	-0.08196
3.05	53.038	-0.09144
3.30	52.234	-0.10566
3.51	50.627	-0.11450

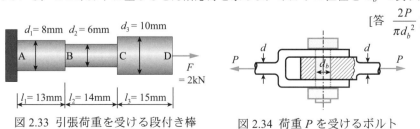

図 2.33 引張荷重を受ける段付き棒   図 2.34 荷重 P を受けるボルト

Fig. 2.32 A steel wire.

― メ モ ―

第 3 章

引張と圧縮

Tension and Compression

- ボルトには大きな荷重が加わることが多い. 荷重によりボルトが破損すると, 大事故につながる可能性もある. 破断を未然に防ぐにはどうしたらよいのだろうか？（図 3.1(a)）
- 図 3.1(b)のように, 骨に大きな荷重が加わると骨折にいたる. 骨の破壊もボルトと同様に考えることができる.
- この章では材料力学の最初の応用として, 棒等の一様な材料が, 引張や圧縮力を受けたときの変形や応力について考える.

(a) ボルト

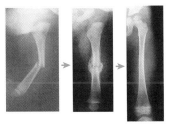

(b) 骨折した骨の治癒過程
図 3.1 ボルトと骨

3・1 棒の伸び（elongation of bar）

断面積に比べて長さが長い部材（member）を棒（bar）と呼び, 真っ直ぐな棒を真直棒（straight bar）と呼ぶ. 荷重を受ける真直棒が変形しても, 部材の軸を真直に保ら, 軸に垂直な断面が平面を保つような変形を軸変形（axial deformation）という.

3・1・1 真直棒の伸び

図 3.2 のように長さ l, 断面積 A の均質で等方な棒 AB がある. 棒の軸方向に荷重 P が作用している. このときの棒の伸び λ を求めてみよう. 軸方向の応力 $\sigma = P/A$ は比例限度内にあるとする. フックの法則, 式(2.23)より, 応力は

$$\sigma = E\varepsilon \tag{3.1}$$

と書くことができる. これよりひずみは

$$\varepsilon = \frac{\sigma}{E} = \frac{P}{AE} \tag{3.2}$$

となる. 一方, ひずみは式(2.5)より $\varepsilon = \lambda/l$ で表され, この式から伸び λ は

$$\boxed{\lambda = \varepsilon l = \frac{Pl}{AE}} \tag{3.3}$$

となる.

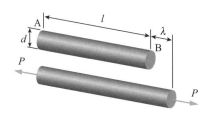

図 3.2 真直棒の引張

【例題 3.1】

図 3.2 のように, 直径 $d = 1\text{cm}$, 長さ $l = 50\text{cm}$ の棒を $\lambda = 0.1\text{mm}$ だけ伸ばすのに必要な荷重 P を求めよ. 棒の材質は鋼で, 縦弾性係数 $E = 206\text{GPa}$ とする.

【解答】

式(3.3)より, 荷重 P は伸び λ を用いて,

$$P = \frac{AE}{l}\lambda = \frac{\pi d^2 E}{4l} = \frac{\pi(10 \times 10^{-3}\text{m})^2 \times 206 \times 10^9\,\text{Pa}}{4 \times 50 \times 10^{-2}\,\text{m}} \times 0.1 \times 10^{-3}\text{m} = 3.24\text{kN}$$

答：$P = 3.24\text{kN}$

（**別解**）λ だけ伸びたときのひずみ ε は，

$$\varepsilon = \frac{\lambda}{l} \tag{a}$$

このひずみが生じたときの応力 σ は，

$$\sigma = E\varepsilon = E\frac{\lambda}{l} \tag{b}$$

この応力を生じるための荷重 P は，

$$P = A\sigma = \frac{AE\lambda}{l} \tag{c}$$

となり，材料力学の基本（2.4 節）に従って，「伸び ⇒ ひずみ ⇒ 応力 ⇒ 荷重」と順に求めれば，解答することができる．

【Example 3.2】

As shown in Fig. 3.3(a), a wire of length $\sqrt{2}l$, cross-sectional area A, and modulus of elasticity E supports a rigid beam of negligible weight. When no load is acting on the rigid beam, the beam is horizontal. (a) Determine an expression for the axial stress in the wire AC when load P is applied at the point C of the rigid beam BC. (b) Determine an expression for the vertical displacement δ_C at the point C. Simplify the solution by assuming $\delta_C \ll l$.

【Solution】

(a) Axial stress in wire AC.

The tensile force in the wire AC is denoted as T. Using the free-body diagram in Fig. 3.3(b), the equilibrium equation of the moment at point B is given as

$$-Pl + T(\sin 45°)l = 0 \tag{a}$$

Thus,

$$T = \frac{P}{\sin 45°} = \sqrt{2}P \tag{b}$$

Therefore, the axial stress in the wire can be given as follows.

$$\sigma = \frac{T}{A} = \sqrt{2}\frac{P}{A} \tag{c}$$

Ans.(a)： $\sqrt{2}\dfrac{P}{A}$

(b) The vertical displacement δ_C at the point C.

In order to determine the vertical displacement of the beam at the point C, the elongation of the support wire and the rotation of the rigid beam BC should be determined. Figure 3.3(c) is a deformation diagram that enables us to relate the elongation λ of the support wire to the vertical displacement δ_C at the point C. Since the beam BC is rigid, the point C should follow a circular arc around the end B. When the circular arc is long enough compared to δ_C, it is assumed that the point C moves vertically downward to C*.

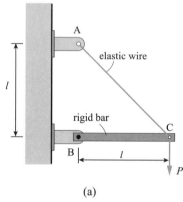

(a)

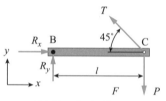

(b) Free-body diagram

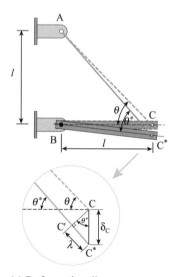

(c) Deformation diagram

Fig. 3.3 The rigid bar supported by the elastic wire.

注）図の変形は，分かり易いように拡大して表示してある．

The deformation triangle CC'C* with side CC' can be drawn perpendicular to the wire in its final position AC*. C'C* is the elongation of the wire λ. If δ_C is very small, $\theta \cong \theta^*$. Therefore, the following relationship between λ and δ_C can be given.

$$\lambda = \delta_C \sin\theta = \frac{\delta_C}{\sqrt{2}} \qquad\qquad (d)$$

This equation may be called a compatibility equation, since it enforces the condition that the end of the wire and the end of the beam undergo the same displacement from C to C*. The tensile load P in wire gives the elongation λ of wire as,

$$\lambda = \sqrt{2}\frac{P}{AE} \times \sqrt{2}l = \frac{2Pl}{AE} \qquad\qquad (e)$$

By the substitution of Eq.(e) into the compatibility equation (d), the vertical displacement of the beam δ_C is given by follow.

$$\delta_C = 2\sqrt{2}\frac{Pl}{AE} \qquad\qquad \text{Ans.(b)}：2\sqrt{2}\frac{Pl}{AE}$$

（別解：式(d)の導出）3平方の定理より，図 3.4 を参照すれば

$$l^2 = \delta_C{}^2 + \text{B'C'}^2 \qquad\qquad (f)$$

$$(\sqrt{2}\,l + \lambda)^2 = (l + \delta_C)^2 + \text{B'C'}^2 \qquad\qquad (g)$$

式(f), (g) より B'C' を消去して，δ_C について解き，微小項を消去すれば，

$$\delta_C = \sqrt{2}\,\lambda + \frac{\lambda^2}{2l} \cong \sqrt{2}\,\lambda \qquad\qquad (h)$$

となり，式(d)が得られる.

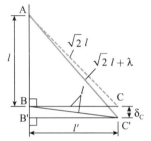

図 3.4 3平方の定理を用いた別解

3・1・2 段付き棒の伸び（elongation of a stepped bar）

図 3.5 のような段付き棒（stepped bar）全体の伸びを求める. 断面の異なる部分の長さ l_i, 断面積 A_i, 縦弾性係数 E_i $(i = 1, 2, 3)$ である. 棒にはその両端にのみ外力 P が作用している. この時，内力 Q_1, Q_2 の大きさは外力 P と等しい. このことから棒全体の伸びは

$$\lambda = \lambda_1 + \lambda_2 + \lambda_3 = \frac{Pl_1}{A_1 E_1} + \frac{Pl_2}{A_2 E_2} + \frac{Pl_3}{A_3 E_3} = P\sum_{i=1}^{3}\frac{l_i}{A_i E_i} \qquad (3.4)$$

のように得られる.

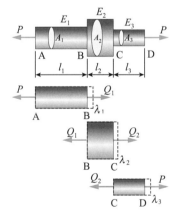

図 3.5 異なる材質，異なる断面積からなる多段棒の引張

【例題 3.3】

図 3.6(a)のように，鋼で作られた段付き棒に荷重 P_B, P_C および P_D が作用しているとする. この時，棒の全長の伸びはいくらか. なお，$P_B = 150\text{kN}$, $P_C = 100\text{kN}$, $P_D = 200\text{kN}$, $l = 400\text{mm}$, $E = 200\text{GPa}$, 棒 AB の断面積 $A_1 = 100\text{mm}^2$, 棒 BD の断面積 $A_2 = 400\text{mm}^2$ とする.

【解答】

力が働く部分を区間 AB, BC, CD の 3 つに分け，それぞれの部分に作用している内力を求める. 各区間内の断面でこの棒を切断して，この面に生じる内力と外力との釣合いを考えると，

区間 AB：図(c)　　$Q_1 = -P_B + P_C + P_D = 150\text{kN}$ 　　　　(a)

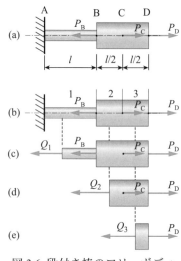

図 3.6 段付き棒のフリーボディ
ダイアグラム

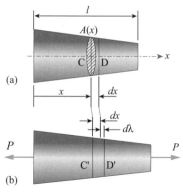

図 3.7 断面が一様でない棒の引張

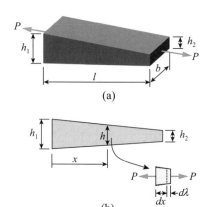

図 3.8 高さが変化する棒の引張り

区間 BC：図(d)　　　$Q_2 = P_\mathrm{C} + P_\mathrm{D} = 300\,\mathrm{kN}$　　　　　　　　　(b)

区間 CD：図(e)　　　$Q_3 = P_\mathrm{D} = 200\,\mathrm{kN}$　　　　　　　　　　　(c)

が得られる．区間 AB 間の伸びλ_1は

$$\lambda_1 = \frac{Q_1 l}{A_1 E} = \frac{(-P_\mathrm{B} + P_\mathrm{C} + P)l}{A_1 E} \tag{d}$$

同様に，区間 BC，区間 CD の伸びλ_2, λ_3は

$$\lambda_2 = \frac{Q_2(l/2)}{A_2 E} = \frac{(P_\mathrm{C} + P_\mathrm{D})l}{2A_2 E}\ ,\quad \lambda_3 = \frac{Q_3(l/2)}{A_2 E} = \frac{P_\mathrm{D} l}{2A_2 E} \tag{e}$$

である．全長の伸びは次のようになる．

$$\begin{aligned}
\lambda &= \lambda_1 + \lambda_2 + \lambda_3 = \frac{l}{E}\left(\frac{Q_1}{A_1} + \frac{Q_2}{2A_2} + \frac{Q_3}{2A_2}\right) \\
&= \frac{0.4}{200 \times 10^9}\left(\frac{150 \times 10^3}{100 \times 10^{-6}} + \frac{300 \times 10^3}{2 \times 400 \times 10^{-6}} + \frac{200 \times 10^3}{2 \times 400 \times 10^{-6}}\right) \\
&= 0.00425\,\mathrm{m} = 4.25\,\mathrm{mm}
\end{aligned} \tag{f}$$

答：4.25mm

3・1・3　断面が一様でない棒の伸び（elongation of a bar with non-uniform cross section）

図 3.7 のように変断面棒の場合，x の位置の断面積を $A(x)$ とする．ひずみ ε は x の関数となる．点 C における微小長さ dx における伸びを $d\lambda$ とすると，

$$d\lambda = \varepsilon dx = \frac{\sigma}{E}dx = \frac{P}{A(x)E}dx \tag{3.5}$$

と書くことができ，棒全体の伸びは式(3.5)を棒の全長に対して積分することにより次式のように求めることができる．

$$\lambda = \int_0^l \frac{P}{A(x)E}dx \tag{3.6}$$

【例題 3.4】

図 3.8(a)にのように，板の高さが，h_1 から h_2 に一様に変化する長さ l，幅 b の棒の両端を荷重 P で引張った時の棒の伸び δ を求めよ．棒の縦弾性係数を E とする．

【解答】

図 3.8(b)はこの棒を横から見た図である，左端から x の所の高さ $h(x)$ は，

$$h(x) = h_1 + (h_2 - h_1)\frac{x}{l} \tag{a}$$

で表される．従って，この部分の断面積 $A(x)$ は，

$$A(x) = h(x)b \tag{b}$$

である．両端を荷重 P で引張っていることから，dx の長さ部分の伸び $d\lambda$ は，

$$d\lambda = \frac{P}{A(x)E}dx \tag{c}$$

式(c)を棒の全長にわたって積分すれば，棒全体の伸び λ は以下となる.

$$\lambda = \int_0^l \frac{P}{A(x)E}dx = \frac{lP}{bE}\int_0^l \frac{dx}{lh_1 + (h_2 - h_1)x} = \frac{lP}{bE(h_2 - h_1)}\ln\left(\frac{h_2}{h_1}\right) \tag{d}$$

$$答：\lambda = \frac{lP}{bE(h_2 - h_1)}\ln\left(\frac{h_2}{h_1}\right)$$

図 3.9 高速で回転するガスタービン
タービンブレード（周りに突き出た羽の部
分，右上の図は断面構造）には，遠心力に
より大きな物体力が働く.
（提供：川崎重工業（株））

3・1・4　物体力を受ける棒の伸び（elongation of a bar subjected by body force）

重力や遠心力，慣性力などのように，物体内部に質量に比例して働く力を物体力（body force）という（図 3.9 参照）．いま，図 3.10 のように長さ l の棒が位置 x において軸方向に $q(x)$ の物体力を受ける場合を考える． x の位置における微小長さ dx の領域には，図に示すような内力 $Q(x), Q(x + dx)$ と，物体力 $q(x)dx$ が働いている．この微小領域における力の釣合いは，

$$Q(x + dx) - Q(x) + q(x)dx = 0 \tag{3.7}$$

となる．式(3.7)を dx で割ると

$$\frac{dQ(x)}{dx} = -q(x) \tag{3.8}$$

が得られる．そこで，式(3.8)の両辺を， $x = 0 \sim x$ まで定積分すると

$$Q(x) - Q(0) = -\int_0^x q(x)dx \equiv -\int_0^x q(\xi)d\xi \tag{3.9}$$

となる．ここで， $Q(0)$ は $x = 0$ においてこの棒に加わる外力である．図 3.10 では，固定部 A において壁から受ける力である.

式(3.9)より，内力 Q が x の関数として与えられるから，図 3.10 に示す微小領域 dx の伸び $d\lambda$ は，

$$d\lambda = \frac{Q(x)}{AE}dx = \frac{Q(0)}{AE}dx - \frac{1}{AE}\int_0^x q(\xi)d\xi dx \tag{3.10}$$

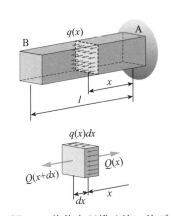

図 3.10　物体力が働く棒の伸び

となる．そして，棒全体の伸びは，微小領域 dx の伸び $d\lambda$ を $x = 0$ から l まで積分して，次式で与えられる.

$$\lambda = \frac{Q(0)}{AE}l - \frac{1}{AE}\int_0^l \left\{\int_0^x q(\xi)d\xi\right\}dx \tag{3.11}$$

【例題 3.5】

図 3.11 のように，密度 ρ，断面積 A の一様な長方形断面の棒が AA' 軸のまわりに角速度 ω で回転している．棒に生じる伸びを求めよ.

【解答】

軸 AA' から x 離れた微小要素 dx に作用する遠心力は $(\rho A dx)x\omega^2$ $(= q(x)dx)$ である．式(3.9)より，中心軸から距離 x の断面に生じる内力 Q は

$$Q(x) = Q(0) - \rho A\omega^2\int_0^x \xi d\xi = Q(0) - \rho A\omega^2\frac{x^2}{2} \tag{a}$$

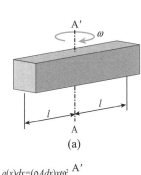

(a)

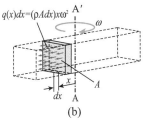

$q(x)dx = (\rho A dx)x\omega^2$

(b)

図 3.11　回転する長方形断面棒

となる．ここで，端面には力は働いていないから，$Q(l)=0$ より，

$$Q(l)=Q(0)-\rho A\omega^2\frac{l^2}{2}=0\ \Rightarrow\ Q(0)=\rho A\omega^2\frac{l^2}{2}\tag{b}$$

となるから，式(a),(b) より，内力は以下のようになる．

$$Q(x)=\rho A\omega^2\frac{(l^2-x^2)}{2}\tag{c}$$

従って，断面に生じる応力およびひずみは

$$\sigma=\frac{Q(x)}{A}=\frac{\rho\omega^2}{2}(l^2-x^2),\quad\varepsilon=\frac{\sigma}{E}=\frac{\rho\omega^2}{2E}(l^2-x^2)\tag{d}$$

となり，$x=0$ で応力およびひずみは最大となる．棒半分の伸びは図 3.11(b)の微小部分 dx の伸び εdx を積分して，

$$\lambda=\int_0^l\varepsilon dx=\frac{\rho\omega^2}{2E}\int_0^l(l^2-x^2)dx=\frac{\rho\omega^2 l^3}{3E}\tag{e}$$

となる．棒全体の伸びは式(e)を2倍して得られる．

$$答：\frac{2\rho\omega^2 l^3}{3E}$$

3・2　静定と不静定（statically determinate and indeterminate）

　これまでの問題のように，内力と外力の釣合いを考えることにより応力を求めることができる問題を静定問題（statically determinate problem），力の釣合いだけでは応力が求められない問題を不静定問題（statically indeterminate problem）という．未知な反力の数と釣合い式の数の間には，以下の関係がある．

静定問題　：釣合い式の数 ＝ 反力の数
不静定問題：釣合い式の数 ＜ 反力の数

不静定問題では，反力の数，すなわち未知数が式の数より多いため，力やモーメントの釣合い式のみからでは，反力を決めることができない．そのため，材料の変形を考え，変形の条件を考慮する必要がある．

注）この場合，反力は未知であり，反力の数が未知数の数となる．

【例題 3.6】
　図3.12(a)のように，長さl,断面積 A の棒がA,Bで剛体の壁に固定されている．この棒の点Cに外力Pを図3.12(b)のように加える場合,棒に生じる応力を求めよ.

【解答】
　外力 P が作用すると固定端には図3.13(a)に示す未知反力 R_A, R_B が生じる．それらの力はつり合っていることから

$$-R_A+P+R_B=0\tag{a}$$

が成り立つ．この一つの式から二つの未知反力 R_A, R_B を求めることはできない．さらにもう一つの関係式が必要である．棒は剛体の壁に支持されているので，力が加わっても全体の長さは変わらない．このことを用いて反力を求めることができる．棒の AC および BC 部分の伸びを λ_1 と λ_2 で表すと，棒全体の伸び λ は，

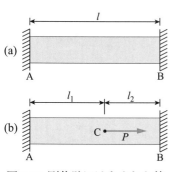

図 3.12 剛体壁にはさまれた棒

3・2　静定と不静定

$$\lambda = \lambda_1 + \lambda_2 = 0 \qquad \text{(b)}$$

となる．AC および BC 部分の任意の断面における内力を図 3.13(b)と(c)に示すように，Q_1，Q_2 とおいて，棒の伸びの関係を表すと，式(b)は

$$\lambda = \frac{Q_1 l_1}{AE} + \frac{Q_2 l_2}{AE} = 0 \qquad \text{(c)}$$

と書くことができる．内力 Q_1，Q_2 は図 3.13(b)および(c)から $Q_1 = R_A$，$Q_2 = R_B$ である．この関係を式(c)に代入すると

$$R_A l_1 + R_B l_2 = 0 \qquad \text{(d)}$$

が得られる．そして，式(a)と式(d)を連立させ，R_A と R_B について解くと

$$R_A = \frac{l_2}{l} P \ , \quad R_B = -\frac{l_1}{l} P \qquad \text{(e)}$$

が求められる．AC, BC 間の応力 σ_{AB}, σ_{BC} は棒の断面積 A で Q_1 および Q_2 を割ることにより得られる．

$$\sigma_{AB} = \frac{Q_1}{A} = \frac{R_A}{A} = \frac{Pl_2}{Al} \ , \quad \sigma_{BC} = \frac{Q_2}{A} = \frac{R_B}{A} = -\frac{Pl_1}{Al} \qquad \text{(e)}$$

$$\text{答：} \ \sigma_{AB} = \frac{Pl_2}{Al} \ , \quad \sigma_{BC} = -\frac{Pl_1}{Al}$$

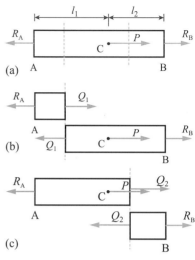

図 3.13 フリーボディーダイアグラム

【Example 3.7】

As shown in Fig.3.14, a rod with length l, cross-sectional area A_1, and modulus of elasticity E_1, is placed inside a cylinder with length l, cross-sectional area A_2 and modulus of elasticity E_2. Obtain the shrinkage of the rod and tube when a force P is applied to a rigid end plate as shown in the figure.

【Solution】

The axial forces, which are applied to the rod and the cylinder, are denoted by P_1 and P_2 respectively. The free-body diagrams for the all three elements are shown in Fig. 3.14(c), (d) and (e). The last diagram yields significant information as follows.

$$P_1 + P_2 = P \qquad \text{(a)}$$

There is only one equation in order to determine the two unknown internal forces P_1 and P_2. Thus the problem is statically indeterminate. Therefore, the deformations of the rod and the cylinder should be considered. The shrinkage of the rod and cylinder are defined by λ_1 and λ_2 respectively and can be given as follows.

$$\lambda_1 = \frac{P_1 l}{A_1 E_1} \ , \quad \lambda_2 = \frac{P_2 l}{A_2 E_2} \qquad \text{(b)}$$

These shrinkages should be coincided, then

$$\frac{P_1}{A_1 E_1} = \frac{P_2}{A_2 E_2} \qquad \text{(c)}$$

Equations (a) and (c) can be solved simultaneously for P_1 and P_2, and

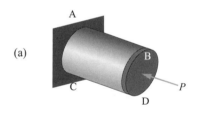

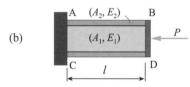

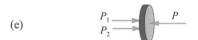

Fig.3.14 The cylinder containing the rod subjected by the axial force.

$$P_1 = \frac{A_1 E_1 P}{A_1 E_1 + A_2 E_2}, \quad P_2 = \frac{A_2 E_2 P}{A_1 E_1 + A_2 E_2} \tag{d}$$

By substituting Eq.(d) into Eq.(b), the shrinkage of the rod and the cylinder can be given.

$$\text{Ans.}: \quad \lambda_1 = \frac{Pl}{A_1 E_1 + A_2 E_2}, \quad \lambda_2 = \frac{Pl}{A_1 E_1 + A_2 E_2}$$

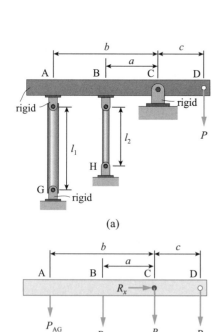

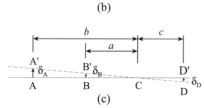

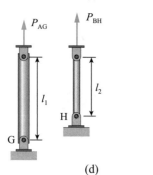

図 3.15　剛体棒を支える 2 本の棒

【例題 3.8】

図 3.15(a)のように，直径 10mm のアルミニウム棒 AG（断面積 A_{AG}，ヤング率 E_{AG}）と直径 5mm の鋼棒 BH（断面積 A_{BH}，ヤング率 E_{BH}）が重量の無視できる剛体棒に締結されている．図のように荷重が加えられた時，それぞれの棒に働く力，および D 点の垂直変位を求めよ．なお，$P = 100\text{kN}$, $a = 30\text{mm}$, $b = 70\text{mm}$, $c = 20\text{mm}$, $l_1 = 80\text{mm}$, $l_2 = 60\text{mm}$, $E_{AG} = 70\text{GPa}$, $E_{BH} = 200\text{GPa}$ である．

【解答】

棒 ABCD に作用する力の釣合いを考える．図 3.15(b)は作用力 P，棒 AG および棒 BH からの作用力，支点 C の反力のフリーボディーダイアグラムである．棒が平衡状態にあるためには，支点 C まわりのモーメントが釣り合う必要がある．

$$-P \times c + P_{BH} \times a + P_{AG} \times b = 0 \tag{a}$$

点 D の力の作用により，剛体棒 ABCD は A'B'CD'になったとすると，三角形 AA'C，BB'C，DD'C は相似である．したがって，

$$\frac{\delta_A}{b} = \frac{\delta_B}{a} = \frac{\delta_D}{c} \tag{b}$$

が成り立つ．ここで，δ_A および δ_B は図 3.15(d)のように棒 AG および棒 BH に荷重 F_{AG} と F_{BH} が加わったときの伸びであることから

$$\delta_A = \frac{P_{AG} l_1}{A_{AG} E_{AG}}, \quad \delta_B = \frac{P_{BH} l_2}{A_{BH} E_{BH}} \tag{c}$$

となる．式(c)を式(b)に代入すると

$$\frac{P_{AG} l_1}{A_{AG} E_{AG} b} = \frac{P_{BH} l_2}{A_{BH} E_{BH} a} \tag{d}$$

となる．式(d)と式(a)から

$$P_{AG} = P \frac{l_2 A_{AG} E_{AG} bc}{l_1 A_{BH} E_{BH} a^2 + l_2 A_{AG} E_{AG} b^2}$$

$$P_{BH} = P \frac{l_1 A_{BH} E_{BH} ac}{l_1 A_{BH} E_{BH} a^2 + l_2 A_{AG} E_{AG} b^2} \tag{e}$$

数値を代入すると，断面積は $A_{AG} = 7.85 \times 10^{-5} \text{m}^2$, $A_{BH} = 1.96 \times 10^{-5} \text{m}^2$ となり，各棒に作用する荷重は答のようになる．

$$\text{答}: P_{AG} = 24.3\text{kN}, \quad P_{BH} = 9.93\text{kN}$$

力の作用点 D の垂直変位 δ_D は，式(b)および式(c)から

$$\delta_D = \frac{P_{AG} l_1 c}{A_{AG} E_{AG} b} = \frac{(24.3 \times 10^3 \text{N}) \times (0.08\text{m}) \times (0.02\text{m})}{(7.85 \times 10^{-5} \text{m}^2) \times (70 \times 10^9 \text{N}) \times (0.07\text{m})} = 0.101\text{mm} \tag{g}$$

答：$\delta_D = 0.101\,\mathrm{mm}$

3・3　重ね合わせの原理（principle of superposition）

フックの法則は線形であるので，複数の荷重が構造物に加えられた場合の変形は，同じ構造物に個々の荷重を加えた場合の変形を足し合わせる，すなわち重ね合わせることにより求めることができる．これを重ね合わせの原理（principle of superposition）という．

不静定問題は，未知反力を既知の荷重として変形を考え，重ね合わせた変形が拘束条件（変位の条件）を満足するように未知反力を決定することにより解くことができる．

注）重ね合わせの考え方については，1章1.3.7項に詳しい説明があります．

【例題 3.9】

図 3.16(a)のように，長さ l の棒の先端と中央に荷重を加えた時の先端の伸び λ を，重ね合わせの原理を用いて求めよ．

【解答】

図 3.16(b)と(c)の重ね合わせにより B 点の伸びを求める．図 3.16(b)の問題に対する B 点の伸びは，

$$\lambda_1 = \frac{P_1(l/2)}{AE} \tag{a}$$

図 3.17(c)の問題に対する B 点の伸びは，

$$\lambda_2 = \frac{P_2 l}{AE} \tag{b}$$

となる．従って，図 3.16(a)の問題の先端の伸びは，式(a)と(b)の重ね合わせにより，

$$\lambda = \lambda_1 + \lambda_2 = \frac{P_1(l/2)}{AE} + \frac{P_2 l}{AE} = \frac{(P_1 + 2P_2)l}{2AE} \tag{c}$$

答：$\lambda = \dfrac{(P_1 + 2P_2)l}{2AE}$

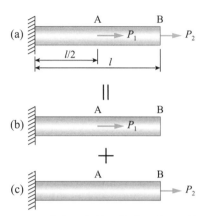

図 3.16 中央と先端に荷重を受ける棒

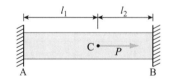

Fig.3.17 The bar supported by the rigid walls at the both ends.

【Example 3.10】

As shown in Fig. 3.17, the steel bar is supported both end by the rigid wall and applied the load P. Determine the reaction force R_B at the end B by using the principle of superposition.

【Solution】

The reaction R_B is considered as an unknown load (Fig.3.18(a)) and will be determined from the condition that the deformation $\delta = 0$ at the end B. This solution can be obtained by superposition of the two solutions as shown in Fig.3.18(b) and (c). The elongations for each solution are defined by δ_1 and δ_2, respectively.

The deformations δ_1 and δ_2 are obtained from Eq.(3.3) as follows

$$\delta_1 = \frac{Pl_1}{AE} \tag{a}$$

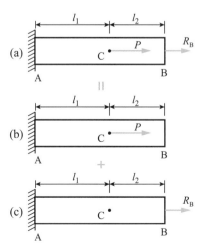

Fig.3.18 The superposition of the bars.

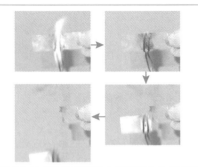

熱によるガラスの破壊：圧縮応力より引張応力のほうが破壊を生じやすい．炎の熱による膨張により，最初，圧縮応力が生じ，火が消えると温度が下がり，収縮，すなわち引張応力が生じてガラスが割れる．

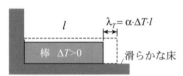

図 3.19　温度上昇による膨張

表 3.1　線膨張係数

材　料	線膨張係数 室温 [1/℃]
軟　鋼	11.6×10^{-6}
鋳　鉄	$10 \sim 12 \times 10^{-6}$
ステンレス鋼	13.6×10^{-6}
銅	18×10^{-6}
アルミニウム合金	23×10^{-6}
ゴム	$22 \sim 23 \times 10^{-6}$
セラミックス	$7 \sim 11 \times 10^{-6}$

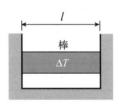

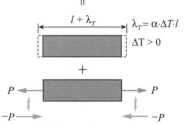

図 3.20　温度が変化しても伸び縮みしない棒

$$\delta_2 = \frac{R_B(l_1 + l_2)}{AE} \tag{b}$$

In order to the total deformation δ of the bar must be zero,

$$\delta = \delta_1 + \delta_2 = 0 \tag{c}$$

and substituting δ_1 and δ_2 in Eqs. (a) and (b) into Eq.(c),

$$\delta = \frac{Pl_1}{AE} + \frac{R_B(l_1 + l_2)}{AE} = 0 \tag{d}$$

Solving R_B, the reaction force R_B is determined as the answer.

$$\text{Ans.}: \quad R_B = -\frac{l_1}{l_1 + l_2} P$$

3・4　熱応力（thermal stress）

　これまではすべての部材，構造物は荷重を受けている時も同じ温度の環境中に置かれているとしてきた．ここでは，物体の温度が変化したことによる変形と応力の関係を考える．物体は加熱，冷却などによる温度変化にともない膨張，収縮する．図 3.19 のように長さ l の均質で一様断面の棒が何の拘束もされずに自由に膨張，収縮できるように置かれていたとする．その棒の温度が ΔT 変化した時，棒は長さ $\alpha \times \Delta T \times l$ 変形し，外力は作用しないが次式のようなひずみを生じる．

$$\varepsilon_T = \alpha \cdot \Delta T \tag{3.12}$$

ここで，α は線膨張係数（coefficient of thermal expansion）で，単位温度 1℃ 当たりのひずみ（単位長さ当たりの伸び）を表している．このひずみを熱ひずみ（thermal strain）と呼ぶ．代表的な工業材料の線膨張係数を表 3.1 に示す．

　いま，棒の両端が図 3.20 のように断熱剛体壁に固定され，変形が拘束されている状態で，棒の温度が ΔT 上昇したとする．このとき，壁は棒から P の力を受ける．この力は次のようにして求めることができる．まず棒が自由に膨張して図 3.20 の破線のようになったとし，これに荷重 P を加えて，膨張したのと同じだけ縮ませて元の状態に戻したと考える．温度 ΔT による棒の伸びを $\lambda_T = \alpha \Delta T l$ とする．また，荷重 P による縮み λ_F は

$$\lambda_F = \frac{Pl}{AE} \tag{3.13}$$

で与えられる．A は棒の断面積，E は棒のヤング率である．温度変化と荷重による変形の総和はゼロであることから

$$\lambda_T + \lambda_F = \alpha \cdot \Delta T \cdot l + \frac{P(l + \lambda_T)}{AE} \cong \alpha \cdot \Delta T \cdot l + \frac{Pl}{AE} = 0 \tag{3.14}$$

が得られ，力 P は

$$P = -AE\alpha \cdot \Delta T \tag{3.15}$$

棒に生じる応力は

$$\sigma = -E \cdot \alpha \cdot \Delta T \tag{3.16}$$

となる．すなわち，棒は温度変化による本来生じる変形を押さえるために，$\Delta T > 0$

の場合には剛体壁から負の荷重，すなわち圧縮荷重を受け，$\Delta T < 0$ の場合には正の荷重，すなわち引張荷重を受ける．このように物体の熱変形に起因して生じる応力を熱応力（thermal stress）と呼ぶ．熱応力は棒の断面積，長さには無関係である．たとえば，鋳鉄で出来ている丸棒の両端が完全に拘束され，温度が 60°C (60K) 変化したとき，鋳鉄の線膨張係数を $\alpha = 12.0 \times 10^{-6}$ [1/K] とすると，式(3.16)より

$$\sigma = -200 \times 10^9 [\text{Pa}] \times 12 \times 10^{-6} [1/\text{K}] \times 60 [\text{K}] \tag{3.17}$$
$$= -144 \times 10^6 \,\text{Pa} = -144 \text{MPa}$$

となり，棒には 144MPa の圧縮応力を生じる．鋳鉄の引張強さは 300MPa 程度であるので，この値は通常の設計計算で無視することはできない．

【例題 3.11】

図 3.21(a)のように断熱剛体壁に断面積の異なる棒が固定されている．なお，B で両方の棒は溶接されている．いま，(II)の棒の温度だけがΔT上昇し，(I)の温度は基準温度に保たれているものとする．それぞれの棒の軸方向の力と B における変位を求めよ．

【解答】

図 3.21(b)に棒全体のフリーボディーダイアグラムを示す．最初，棒には外力は作用していないが，棒(II)の温度が上昇すると，その変形を押さえるために剛体壁から反力として力 R_1, R_2 を受ける．その反力の釣合い式は図 3.21(b)より，

$$-R_1 + R_2 = 0 \tag{a}$$

と表すことができる．図3.21(c)に各々の棒のフリーボディーダイアグラムを示す．反力による変形と温度変化による各棒の変形は

棒(I)について：$\lambda_1 = \dfrac{R_1 l_1}{A_1 E}$

棒(II)について：$\lambda_2 = \dfrac{R_2 l_2}{A_2 E} + \alpha \cdot \Delta T \cdot l_2 \tag{b}$

と表すことができる．変形の合計，すなわち棒全体の伸びは 0 であるから，

$$\lambda_1 + \lambda_2 = \frac{R_1 l_1}{A_1 E} + \frac{R_2 l_2}{A_2 E} + \alpha \cdot \Delta T \cdot l_2 = 0 \tag{c}$$

式(a)と式(c)から R_1 および R_2 は

$$R_1 = R_2 = \frac{-A_1 A_2 \cdot E\alpha \cdot \Delta T \cdot l_2}{l_1 A_2 + l_2 A_1} \tag{d}$$

となる．

棒(II)の温度が上昇すると，棒(II)は長くなることから，点 B は左に動き，その変位は，

$$u_B = \lambda_1 = \frac{R_1 l_1}{A_1 E} = -\frac{A_2 \alpha \cdot \Delta T \cdot l_1 l_2}{l_1 A_2 + l_2 A_1} \tag{e}$$

となる．このことは，R_1 の符号が負，すなわち棒(I)は圧縮され縮むことからも分かる．

注）温度変化は，絶対温度でも摂氏でも同じ値であることに注意．例えば，20°C から 80°C への温度上昇は 60°C．これを絶対温度で表せば，温度には 273.15 K を加えて，293.15K から 353.15K への温度上昇は 60K．

注）ここでは，棒が壁から受ける力の正方向を棒を引き伸ばす方向に取っている．このようにとることにより，式(3.15)における P の値が正なら棒は壁より引張を受け，負なら圧縮を受けることが分かる．

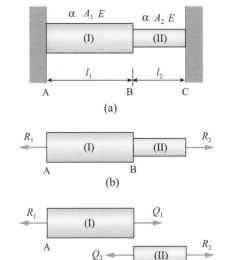

図 3.21　温度変化を受け，剛体壁で固定された段付き棒

注）棒が熱により膨張すると，棒の長さが変わらないため，棒の両端は，壁から押される方向の力，すなわち圧縮を受けることになる．図 3.21(b)をみると，棒は壁から引張りを受けているように錯覚しやすい．実際は R_1, R_2 が負の値となることから，棒が壁から押されていることがわかる．このように，力の正負により「圧縮」か「引張り」かが決まる．

$$答：軸方向の力　R_1 = R_2 = \frac{-A_1 A_2 \cdot E\alpha \cdot \Delta T \cdot l_2}{l_1 A_2 + l_2 A_1}$$

$$B \text{ の変位　左に } \frac{A_2 \alpha \cdot \Delta T \cdot l_1 l_2}{l_1 A_2 + l_2 A_1}$$

【Example 3.12】

As shown in Fig.3.22(a), the rigid beam AD supported at point A, B and D. At point B and D, the beams are supported by the wire with cross-sectional area A, modulus of elasticity E, and coefficient of thermal expansion α. The lengths of wires are shown in the figure. Initially, there is no load acting on the beam, the beam is horizontal and the wire is stress-free. Determine the expression for the axial force in wire BC, when the wire BC and ED are simultaneously cooled by an amount ΔT. The weight of the beam should be neglected.

【Solution】

The axial forces of the wire BC and DE are defined by P_{BC} and P_{DE}, respectively. Using the free-body diagram in Fig.3.22(b), the equilibrium equation of the moment at the point A can be given as follows:

$$P_{BC}\left(\frac{l}{2}\right) - P_{DE}\, l = 0 \tag{a}$$

The total elongation of the wire BC and DE are

$$\lambda_{BC} = \frac{P_{BC}(l/2)}{AE} - \alpha \cdot \Delta T \cdot \frac{l}{2} \quad , \quad \lambda_{DE} = \frac{P_{DE}(l/4)}{AE} - \alpha \cdot \Delta T \cdot \frac{l}{4} \tag{b}$$

Figure 3.22(c) is a deformation diagram that enables us to determine an equation that relates the total elongation λ_{BC} to λ_{DE}. From the deformation diagram in Fig.3.22(c), we can write the following deformation equations:

$$\lambda_{BC} = -\frac{\delta_D}{2}, \; \lambda_{DE} = \delta_D$$

from which we can eliminate δ_D, then

$$\lambda_{BC} = -\frac{\lambda_{DE}}{2} \tag{c}$$

We can eliminate the elongations by substituting Eqs.(b) into Eq.(c), giving the following compatibility equation in terms of forces:

$$\frac{P_{BC}\, l}{2AE} - \alpha \cdot \Delta T \cdot \frac{l}{2} = -\frac{P_{DE}\, l}{8AE} + \alpha \cdot \Delta T \cdot \frac{l}{8} \tag{d}$$

We can now solve Eqs.(a) and (d) simultaneously to get the forces

$$P_{BC} = \frac{10}{9}\alpha \cdot \Delta T \cdot AE \; , \; P_{DE} = \frac{5}{9}\alpha \cdot \Delta T \cdot AE \tag{e}$$

$$\text{Ans.}: \; P_{BC} = \frac{10}{9}\alpha \cdot \Delta T \cdot AE$$

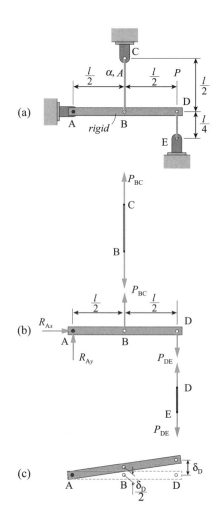

Fig.3.22 The rigid beam supported by the wire which is simultaneously cooled.

練習問題

【練習問題】

【3.1】 図 3.23 のように，長さ $l = 90\text{cm}$，一辺の長さ $a = 1\text{cm}$ の正方形断面の棒の一端を固定し，他端に軸方向の引張荷重 $P = 1000\text{N}$ を加えた．棒の断面に生じる垂直応力 σ，棒の伸び λ，固定端から 30cm 離れた C 点の変位 u_C をそれぞれ求めよ．ただし，棒はアルミ製で，縦弾性係数は 70GPa とする．

[答 $\sigma = 10\text{MPa}$, $\lambda = 0.129\text{mm}$, $u_C = 0.043\text{mm}$]

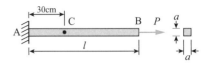

図 3.23 引張を受ける正方形断面棒

【3.2】 図 3.24 のように，支点 B で壁に回転自由に支持された剛体棒を，支持点から l の点に弾性ワイヤーを結び，水平になるように支持した．このとき，ワイヤーと剛体棒のなす角を θ とする．剛体棒の先端に加える荷重 P と，先端の垂直方向変位 δ の関係を求めよ．ただし，剛体棒の質量は無視し，弾性ワイヤーの縦弾性係数を E，断面積を A で表す．

[答 $\delta = \dfrac{Pl}{AE\sin^2\theta \; \cos\theta}$]

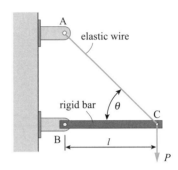

図 3.24 ワイヤーで支持された棒

【3.3】 図 3.25 のように，2 つの異なる断面を有する丸棒に外力 F が作用している．この段付き棒の伸び λ を求めよ．この棒のポアソン比 $\nu = 0.3$，ヤング率 $E = 206\text{GPa}$ とする．

[答 $\lambda = 7.32\mu\text{m}$]

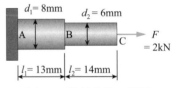

図 3.25 段付き棒の引張

【3.4】 前問において，それぞれの棒の直径の変化量 δ_{AB}, δ_{BC} を求めよ．この棒のポアソン比 $\nu = 0.3$，ヤング率 $E = 206\text{GPa}$ とする．

[答 $\delta_{AB} = -0.463\mu\text{m}$, $\delta_{BC} = -0.618\mu\text{m}$]

【3.5】 図 3.26 のように，質量 10kg の剛体棒が一辺 30mm および 10mm の正方形断面の棒に支えられている．剛体棒に 1200N の力が作用するとき，各棒にかかる応力を求めよ．また，各棒の縮みを求めよ．ヤング率は 70GPa とする．

[答 $\sigma_A = -0.854\text{MPa}$, $\sigma_B = -5.29\text{MPa}$, $\lambda_A = -0.037\text{mm}$, $\lambda_B = -0.151\text{mm}$]

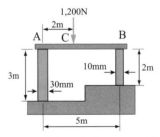

図 3.26 支柱で支持された剛体

【3.6】 As shown in Fig.3.27, the rigid body with the weight $W = 100\text{N}$ is sustained by the steel wire. Determine the elongation of the wire. The wire has a length $l = 100\text{m}$, diameter $d = 2\text{mm}$, and the specific weight $\rho = 8000\text{kg/m}^3$, Young's modulus $E = 210\text{GPa}$.

[Ans. 17.0mm]

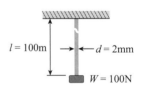

Fig.3.27 The rigid body subjected by the wire.

【3.7】 図 3.28 のように，直径 10mm，長さ 50mm と，直径 8mm，長さ 50mm の丸棒が接合している段付き丸棒に，荷重が作用している．C 点の水平方向変位を求めよ．この棒の縦弾性係数を 200GPa とする．

[答 $-17.2\mu\text{m}$]

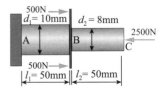

Fig.3.28 荷重を受ける段付き棒

【3.8】 As shown in Fig.3.29, a bimetallic bar is made by bonding together two homogeneous rectangular bars, each having a width w and length l. The moduli of elasticity of the bars are E_1 and E_2, respectively. An axial forces P are applied to the ends

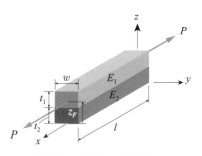

Fig.3.29 A bimetallic bar.

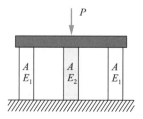

Fig. 3.30　3本の柱に支えられる剛体

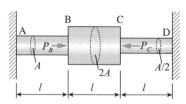

図 3.31　両端が固定された断面の
異なる棒

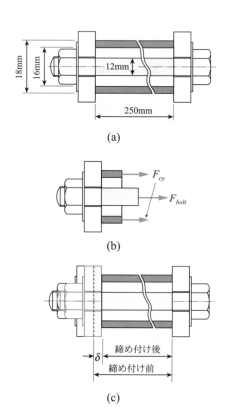

(a)

(b)

(c)

図 3.32　ボルトによる円筒の締め付け

of the bimetallic bar at location such that the bar undergoes axial deformation. Let $l =$ 50mm, w = 10mm, t_1 = 4mm, t_2 = 6mm, E_1 = 70GPa, E_2 = 210GPa, and P = 1kN. Determine the normal stress in each material.

[Ans. σ_1 = 4.55MPa, σ_2 = 13.6MPa]

【3.9】　図 3.30 のように，断面積の等しい3本の柱の上に剛体板をのせ，荷重 P を加える．それぞれの棒の断面の応力を求めよ．ただし，3本の棒の断面積を A，左右の棒の縦弾性係数を E_1，中央の棒の縦弾性係数を E_2 とする．

$$[\text{Ans.}\quad \sigma_1 = -\frac{E_1 P}{A(2E_1 + E_2)}\ ,\quad \sigma_2 = -\frac{E_2 P}{A(2E_1 + E_2)}\ ]$$

【3.10】　図 3.31 のように，断面の異なる部分を持った棒が両端を剛体壁に固定されている．この棒の B 面および C 面に図のように外力が作用した．この時の B 面および C 面の変位を求めよ．棒のヤング率は E で表し，AB, BC, CD の部分の断面積は，それぞれ $A, 2A, A/2$ である．

$$[\text{答}\quad u_\text{B} = \frac{(5P_\text{B} - 4P_\text{C})l}{7AE}\ ,\quad u_\text{C} = \frac{2(2P_\text{B} - 3P_\text{C})l}{7AE}\quad (右方向を変位の正方向にとる)\ ]$$

【3.11】　図 3.32(a)のように，中空円筒の両端に剛体の円板を，当て板として通し，ボルトとナットにより締めるとき，当て板が円筒の両端面に接してから，さらに1回転だけ締めた．ボルトおよび円筒に生じる応力を求めよ．ボルトの径は12mm，ピッチは0.5mm，中空円筒の内径は16mm，外径は18mm，長さは250mm である．ボルトのヤング率を E_{bolt} = 210GPa，円筒のヤング率は E_{cy} = 140GPa とする．

[答　σ_{bolt} = 101MPa ，σ_{cy} = −213MPa]

第4章

軸のねじり

Torsion of shaft

- エンジンやモータで生み出された力は, 様々な軸を伝達することにより有効に使われる. 図 4.1 の写真は, ヘリコプターのプロペラの主回転軸である. もしこの軸が飛行中破壊すれば事故に直結する. 本章では, 軸がねじりを受けるときの変形, 応力を明らかにする.
- チョークのような脆（もろ）い材料をねじると, 図 4.2 に示すように軸と 45°傾いた面で破壊する！？　この現象はねじったときに生じる応力状態を調べると明確に理解できる.

図 4.1 ヘリコプターの主回転軸

図 4.2 チョークのねじりによる破壊

4・1　ねじりの基本的考え方（definition of torsion）

　図 4.3(a)に示すように, 軸の両端をつかんで雑巾をしぼるようにねじると, 図(b)のように軸の両端は互いに逆向きに回転する. この時, 手から軸には軸を回転させようとする力, すなわちモーメントが加えられている. 軸を回転させる方向に加わるモーメントをねじりモーメント（torsional moment）あるいはトルク（torque）という. このとき軸にはどのような応力が加わり, どのような変形が起こっているのであるかをここでは考えていく. 軸の表面に描いた長方形は, 図 4.3(c)に示すように変形する. 長方形の各々の辺には, 図に示す力, すなわちせん断応力が加わっている. 軸をねじる現象をねじり（torsion）と呼び, 軸のねじりは, せん断応力による変形を考えることにより求めることができる. ここで, 図の長方形 ABCD はゆがむが面積の変化は生じない. 従って, ねじり変形では, 軸は変形しても真直なまま伸びず, その横断面は平面で, 軸に垂直なままである. さらに, 『軸中心から半径方向に引いた直線は変形後でも直線である』と考えることができる[注].

　図 4.4(a)は左端を壁に固定し, 右端にねじりモーメント T を受ける半径 a の真直丸軸の変形の様子を示す. 図 4.4(b)は半径 r の内部から切り出した円柱部分の変形を表している. 変形前, 平面 ABEF は半径方向に平面であるが, ねじりモーメントを受けたあとは, 直線 AB は直線 AB'に, 直線 CD は直線 CD'のように回転する. この時, 壁から x の位置における軸の回転角（rotation angle）を$\phi(x)$, 軸の端点の回転角を$\phi(l) = \phi_l$とする. さらに, 壁から x および $x + dx$ 離れた断面間の部分を取り出し, 図 4.4(c)に示してある. ここで, dx の部分の相対回転角を $d\phi$で表す. この微小要素の表面に考えた長方形も図 4.4(c)に示したようにせん断変形し, せん断ひずみ γ は定義より,

$$\gamma = \lim_{dx \to 0} \frac{U^*U'}{DU} = \lim_{dx \to 0} \frac{r d\phi}{dx} = r \frac{d\phi}{dx} \tag{4.1}$$

で表される. 横断面の相対回転角 ϕをねじれ角（angle of twist）と呼ぶ. また, 単位長さあたりのねじれ角, すなわち$d\phi/dx$を比ねじれ角（angle of twist per unit length）とよび θ で表す. 断面が一様であれば, 長さ l の軸のどの断面においても比ねじれ角は同じであるから, 式(4.1)は

(a) ねじる前

(b) ねじり中

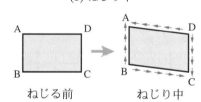

(c)　表面の長方形の変形
（モーメントがつり合うために,
辺 AD, BC にも力が加わる.）

図 4.3 丸軸のねじり変形

注) この仮定は横断面が円形で軸方向に一様である場合にのみ正しく, 一般にはねじられた後, 横断面は曲面になる.

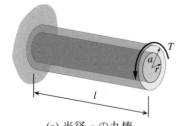

(a) 半径 a の丸棒

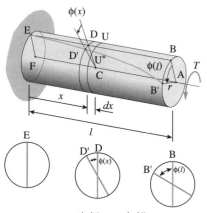

(b) 半径 r の内部

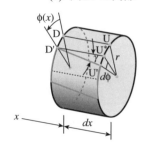

(c) 長さ dx の微小要素のねじり

図4.4 ねじりトルクを受ける丸軸

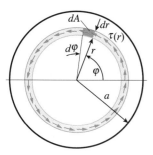

図4.5 横断面上のせん断応力

図4.6 円柱内のせん断応力の分布

$$\gamma = r\theta = r\frac{\phi_l}{l} \tag{4.2}$$

となり，せん断ひずみは両端のねじれ角 ϕ_l に比例し，軸の長さ l に反比例する．半径 a の丸軸の最大せん断ひずみは $r = a$ で発生し，その大きさは

$$\gamma_{max} = a\theta = a\frac{\phi_l}{l} \tag{4.3}$$

である．式(4.2)と式(4.3)からϕ_lを消去すると，せん断ひずみは

$$\gamma = \frac{r}{a}\gamma_{max} \tag{4.4}$$

と書くこともできる．せん断ひずみは軸中心からの距離 r に比例し，これは軸が中空であっても同様に成り立つ．

図4.4(c)において，点 U のせん断応力τ は円の接線方向を向く．対称性より，半径rの円周のどこでも，τ は等しく，図4.5 のように分布している．軸まわりのモーメントの釣合いを考えれば，せん断応力による軸まわりのモーメントの合計がねじりモーメントに等しいことから，次式が成り立つ．

$$T = \int_A r\tau dA = \int_0^a r(2\pi r \cdot dr \cdot \tau) \tag{4.5}$$

ここで，A は横断面の面積である．せん断応力は図 4.6 に示すように，軸の横断面に生じると同時に軸方向にも同じ大きさのせん断応力が生じる．

4・2 軸の応力とひずみ（stress and strain in shaft）

4・2・1 軸の応力（stresses in shaft）

応力が比例限度内および弾性限度内にあるとすると，第2章で述べたようにせん断応力とせん断ひずみの関係は

$$\tau = G\gamma \tag{4.6}$$

と書くことができる．式(4.6)はせん断変形におけるフックの法則である．ここで，G は剛性率（modulus of rigidity），せん断弾性係数（shear modulus）あるいは横弾性係数（modulus of transverse elasticity）という．式(4.4)の両辺に G を乗じ，式(4.6)を用いると，せん断応力は以下のようになる．

$$\tau = \frac{r}{a}\tau_{max} \tag{4.7}$$

ねじりモーメント T は式(4.5)と式(4.7)から

$$T = \frac{\tau_{max}}{a}\int_A r^2 dA = \frac{\tau_{max}}{a}I_p, \quad I_p = \int_A r^2 dA \tag{4.8}$$

となる．ここで，I_pを断面二次極モーメント（polar moment of inertia of area）という．式(4.7)と式(4.8)からτ_{max}を消去すると，せん断応力 τ は

$$\tau = \frac{Tr}{I_p} \tag{4.9}$$

と書ける．一方，図4.5より，半径 a（直径 $d = 2a$）の丸軸の断面二次極モーメントは，

$$I_p = \int_0^a \int_0^{2\pi} r^2 (rd\varphi dr) = 2\pi \int_0^a r^3 dr = \frac{\pi a^4}{2} = \frac{\pi d^4}{32} \qquad (4.10)$$

である．また，図4.7の内径 $d_i = 2a_i$，外径 $d_o = 2a_o$ の中空丸軸の場合，

$$I_p = \frac{\pi}{2}\left(a_o^4 - a_i^4\right) = \frac{\pi}{32}\left(d_o^4 - d_i^4\right) \qquad (4.11)$$

となる．最大せん断応力は軸の外表面に生じることから式(4.10)より，

図 4.7　中空丸軸

中実丸軸の場合

$$\tau_{\max} = \frac{Ta}{I_p} = \frac{Td}{2I_p} = \frac{16}{\pi}\frac{T}{d^3} = \frac{T}{Z_p} \ , \ Z_p = \frac{\pi}{16}d^3 \qquad (4.12)$$

中空丸軸の場合

$$\tau_{\max} = \frac{Ta}{I_p} = \frac{Td_o}{2I_p} = \frac{16d_o}{\pi\left(d_o^4 - d_i^4\right)}T = \frac{T}{Z_p} \ , \ Z_p = \frac{\pi}{16}\frac{\left(d_o^4 - d_i^4\right)}{d_o} \qquad (4.13)$$

で与えられる．ここで，Z_p は極断面係数（polar modulus of section）と呼ばれ，最大せん断応力を求めるのに便利である．

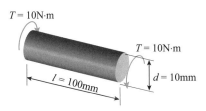

Fig.4.8 The solid shaft subjected to the torque T.

【Example 4.1】

As shown in Fig.4.8, the shaft with the length $l = 100$mm, the diameter $d = 10$mm is subjected to the torque $T = 10$N·m at each end. Determine the maximum shear stress $\tau_{\max}$.

【Solution】

The maximum shear stress $\tau_{\max}$ can be given by Eq.(4.12), as follows.

$$\tau_{\max} = \frac{16}{\pi}\frac{T}{d^3} = \frac{16}{\pi}\frac{(10\text{N}\cdot\text{m})}{(0.01\text{m})^3} = 50.9 \times 10^6 \text{N/m}^2 = 50.9\text{MPa}$$

Ans. : 50.9MPa

いま，図4.9(a)のように，ねじりモーメント T が作用している丸軸表面に薄い正方形板の微小要素 ABCD を考える．この要素の各々の辺には，図4.9(b)に示すように，せん断応力 τ のみが生じている．これまでは，軸に垂直，あるいは平行な断面に生じる応力を考えていたが，図4.9(b)に点線で示す傾いた断面上の応力を考えて見よう．この微小要素を対角線 BD で二つに分解し，力の釣合いを考えれば，面BD には，図4.9(c)に示すように，面に垂直な応力，すなわち，垂直応力 σ のみが生じていることが分かる． AC 方向の力の釣合いより，

$$\sigma \times A_{\text{BD}} - \tau\cos(45°) \times A_{\text{AD}} - \tau\cos(45°) \times A_{\text{AB}} = 0 \qquad (4.14)$$

ここで，$A_{\text{BD}}, A_{\text{AD}}, A_{\text{AB}}$ は BD, AD, AB の面積を表す．また，$A_{\text{BD}} = \sqrt{2}A_{\text{AD}} = \sqrt{2}A_{\text{AB}}$ であるから，式(4.14)より，BD の面の垂直応力 σ は，

$$\sigma = \tau \qquad (4.15)$$

となる．図4.9(c) でグレーの正方形の各々の辺には，図の円内に示す垂直応力のみが生じている．8章（複雑な応力）において詳しく説明するが，このような応力状態を，純粋せん断（pure shear）と呼ぶ．

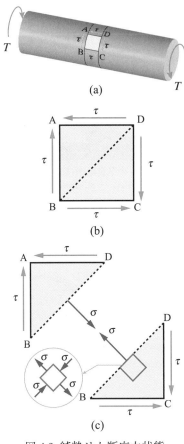

図 4.9　純粋せん断応力状態

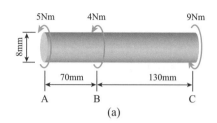

(a)

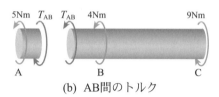

(b) AB間のトルク

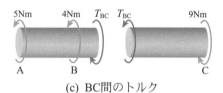

(c) BC間のトルク

図4.10 複数のねじりモーメントを
受ける軸

チョークのねじり破壊：チョークのような
脆（もろ）い材料（脆性材料）は，引張の
垂直応力が大きい面で破壊する．軸をねじ
った場合，図4.9(c)に示すように，軸と45°
傾いた面において引張応力が生じる．従っ
て，チョークをねじった時，軸と45°傾い
た面で破壊が生じる．

（最近のチョークは表面にコーティングが
されているので．これを削り取ってからね
じり実験を行う必要がある．）

骨のねじり破壊：骨をねじった場合も，チ
ョークと同様に45°傾いた面で破壊する．

【例題 4.2】

図4.10(a)に示すように，直径8mm，長さ200mmの軸に，3ヶ所にねじりモーメントを加えた．AB, BC間それぞれの横断面に生じる最大せん断応力を求めよ．

【解答】

AB間のねじりモーメントをT_{AB}と表し，図4.10(b)に示すように，AB間において任意の断面を考えれば，T_{AB}は図でグレーの矢印で示される．左側の軸において，ねじりモーメントの釣合い式を導くと

$$5\text{N} \cdot \text{m} - T_{AB} = 0 \ \Rightarrow \ T_{AB} = 5\text{N} \cdot \text{m} \tag{a}$$

が得られる．右側の軸においてもモーメントの釣合い式を導くと

$$T_{AB} + 4\text{N} \cdot \text{m} - 9\text{N} \cdot \text{m} = 0 \ \Rightarrow \ T_{AB} = 5\text{N} \cdot \text{m} \tag{b}$$

となり，式(a)と同じ結果が得られる．これは，この軸全体に加わっているねじりモーメントがつり合っている，すなわち合計が零であるからである．したがって，T_{AB}は図(b)の左右どちらの部分のモーメントの釣合いからでも求めることができる．

同様に，BC間のねじりモーメントT_{BC}は，図4.10(c)を参考にすれば，左側の軸のモーメントの釣合いより次式となる．

$$5\text{N} \cdot \text{m} + 4\text{N} \cdot \text{m} - T_{BC} = 0 \ \Rightarrow \ T_{BC} = 9\text{N} \cdot \text{m} \tag{c}$$

この軸の断面二次極モーメントI_pは式(4.10)より

$$I_p = \frac{\pi}{32}d^4 = \frac{\pi}{32}(0.008\text{m})^4 = 4.02 \times 10^{-10}\,\text{m}^4 \tag{d}$$

AB間の最大せん断応力は，式(4.12)より

$$\tau_{\max AB} = \frac{T_{AB}d}{2I_p} = \frac{(5\text{kN} \cdot \text{m}) \times (0.008\text{m})}{2 \times (4.02 \times 10^{-10}\,\text{m}^4)} = 49.7 \times 10^6\,\text{N}/\text{m}^2 = 49.7\text{MPa} \tag{e}$$

同様に，BC間の最大せん断応力は，

$$\tau_{\max BC} = \frac{T_{BC}d}{2I_p} = 89.5\text{MPa} \tag{f}$$

となる．

答：$\tau_{\max AB} = 49.7\text{MPa}$ ，$\tau_{\max BC} = 89.5\text{MPa}$

4・2・2　軸のねじれ角（angle of twist）

図4.4に示すように，半径a，長さlの軸にねじりモーメントTが加わったときの，先端の回転角，すなわちねじれ角ϕは，式(4.3)より，最大せん断ひずみ$\gamma_{\max}$を用いて表すことができる．式(4.3)とせん断応力とせん断ひずみの関係式(4.6)より，ねじれ角ϕは，

$$\phi = \gamma_{\max}\frac{l}{a} = \frac{\tau_{\max}}{G}\frac{l}{a} \tag{4.16}$$

となる．さらに，式(4.8)より$\tau_{\max}$をTで表せば，以下のねじれ角とねじりモーメントの関係が得られる．

$$\phi = \frac{\tau_{max} l}{Ga} = \frac{Tl}{GI_p} \qquad (4.17)$$

この式からねじれ角はねじりモーメントに比例することがわかる．また，ねじれ角とねじりモーメントを測定すれば，材料の剛性率 G を求めることができる．GI_p をねじり剛性（torsional rigidity）という．ねじり剛性，ねじれ角，ねじりモーメント（torsional moment），比ねじれ角の関係をまとめると次のようになる．

$$\phi = \frac{Tl}{GI_p} \ , \ \theta = \frac{\phi}{l} \ , \ \theta = \frac{T}{GI_p} \qquad (4.18)$$

T：ねじりモーメント，トルク，G：横弾性係数，

I_p：断面二次極モーメント，

l：長さ，ϕ：ねじれ角，θ：比ねじれ角，GI_p：ねじり剛性

【Example 4.3】

As shown in Fig.4.11, the hollow shaft is fixed at one end to the rigid wall and subjected to the torque at the other end. Calculate the rotation angle. The shear modulus is $G = 77\text{GPa}$.

【Solution】

The polar moment of inertial is obtained by Eq.(4.11) as

$$I_p = \frac{\pi}{32}\left(d_o^4 - d_i^4\right) = \frac{\pi}{32}\left\{(0.05\text{m})^4 - (0.03\text{m})^4\right\} = 5.34 \times 10^{-7}\text{m}^4$$

The rotation angle is given by Eq.(4.17) as follows.

$$\phi = \frac{Tl}{GI_p} = \frac{(1\text{kNm}) \times (0.5\text{m})}{(77\text{GPa}) \times (5.34 \times 10^{-7}\text{m}^4)} = 0.01216\text{rad} = 0.696°$$

Ans. : 0.696°

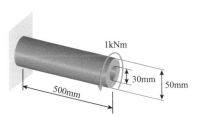

Fig.4.11 The hollow shaft subjected to the torque.

4・2・3 軸径が変化する軸のねじり （torsion of a shaft with different diameter）

式(4.17)は等方等質な材料の軸がその端部にねじりモーメントを受けた場合にだけ用いることができる．図 4.12 のように軸の径が異なる部分がある軸，あるいは軸の材質が場所で異なる軸の場合にはねじれ角は次式のようになる．

$$\phi = \sum_{i=1}^{N} \frac{Tl_i}{I_{pi}G_i} \qquad (4.19)$$

ここで，各部分の長さ，断面二次極モーメント，剛性率は，それぞれ，l_i ，I_{pi} ，G_i である．

つぎに，図 4.13 のように軸の径が x の関数で変わるような場合を考える．図に示す長さ dx の両端は，モーメントの釣合いより，ねじりトルク T が加わっている．したがって，dx の部分のねじれ角 $d\phi$ は，式(4.18)から

$$d\phi = \frac{T}{GI_p(x)}dx \qquad (4.20)$$

となる．上式を $x = 0 \sim l$ まで積分すれば，ねじれ角は，

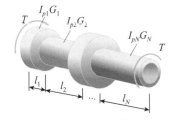

図 4.12 軸径の異なる軸のねじり

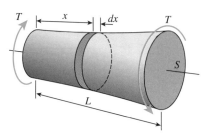

図 4.13 変断面軸のねじり

$$\phi = \int_0^l \frac{T}{GI_p(x)} dx \qquad\qquad (4.21)$$

となる．ここで，I_p が x の関数であることに注意．また，式(4.21)は横弾性係数 G が x の関数となるような軸に対しても用いることができる．

【例題 4.4】

図 4.14(a)のように，単位長さ当たり τ_0 の等分布モーメントを受ける長さ l，直径 d_0 の軸の最大せん断応力 $\tau_{\max}$ とねじれ角 ϕ を求めよ．軸の断面二次極モーメントを I_p，横弾性係数を G で表す．

【解答】

図 4.14(b)のように，固定部から x の位置の断面を考える．この断面に生じるねじりモーメント T は，x から右側の部分に加わっている等分布モーメントとの釣合いより，

$$T = \tau_0(l - x) \qquad\qquad (a)$$

となる．ねじりトルク T は x の関数となり，$x = 0$ のとき最大値

$$T_{\max} = \tau_0 l \qquad\qquad (b)$$

である．従って，最大せん断応力は，式(4.12)より，次式で与えられる．

$$\tau_{\max} = \frac{16T_{\max}}{\pi d_0^3} = \frac{16\tau_0 l}{\pi d_0^3} \qquad\qquad (c)$$

x の位置における長さ dx の微小部分の両端には，式(a) で表されるねじりモーメントが加わっていると考えれば，dx の微小部分のねじれ角 $d\phi$ は式(4.20)で表される．従って，この棒のねじれ角は，式(4.21)を参考にすれば，式(a)を用いて，次式のように得られる．

$$\phi = \int_0^l \frac{T}{GI_p} dx = \frac{1}{GI_p} \int_0^l \tau_0(l - x)dx = \frac{\tau_0 l^2}{2GI_p} = \frac{16\tau_0 l^2}{\pi d_0^4 G} \qquad\qquad (d)$$

答：$\tau_{\max} = \dfrac{16\tau_0 l}{\pi d_0^3}$ ，$\phi = \dfrac{16\tau_0 l^2}{\pi d_0^4 G}$

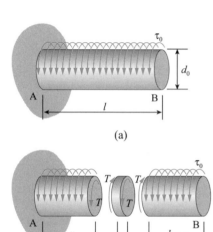

図 4.14 等分布モーメントを受ける
軸のねじり

4・3　ねじりの不静定問題（statically indeterminate problems on torsion）

軸の内部の応力を求める時，軸の内部トルクを求める必要がある．このトルクは通常，軸の各部におけるフリーボディーダイアグラムから求めることができる．しかし，軸の変形あるいは問題の形状などの条件を釣合い関係と併せなければ，壁等の外部から軸に加えられているトルクを決定することができず，従って内部トルクを求めることができない場合がある．この問題を，不静定問題（statically indeterminate problems）という．

【例題 4.5】

図 4.15(a)のように，長さ 200mm，直径 20mm の円形断面の軸 AB が両端を完全固定されている．その軸の C 点に 150N·m のねじりモーメントを加えた．固定端 A

4・3 ねじりの不静定問題

と B に生じるねじりモーメント T_A と T_B を求めよ.

【解答】

図 4.15(b)のように,$T_C = 150\text{N·m}$ であり,T_A, T_B は未知数である.この軸に外部から加わるねじりモーメントの釣合いは,

$$T_A + T_C + T_B = 0 \tag{a}$$

この式だけでは,T_A と T_B を求めることはできない.軸 AB の全体のねじれ角 ϕ は 0 であることから,AC 部と CB 部のねじれ角を ϕ_{AC} および ϕ_{CB} とすると

$$\phi = \phi_{AC} + \phi_{CB} = 0 \tag{b}$$

となる.ϕ_{AC} および ϕ_{CB} を求めるために,AC 部と CB 部のそれぞれの軸のねじりモーメントを T_{AC} および T_{CB} を求める必要がある.図 4.15(c)のように分解し,それぞれの部分に関するねじりモーメントのつり合から

$$T_{AC} = -T_A \;,\; T_{CB} = T_B \tag{c}$$

である.AC 部と CB 部のねじれ角は,式(4.18)より,

$$\phi_{AC} = \frac{T_{AC}l_{AC}}{I_p G} = -\frac{T_A l_{AC}}{I_p G} \;,\; \phi_{CB} = \frac{T_{CB}l_{CB}}{I_p G} = \frac{T_B l_{CB}}{I_p G} \tag{d}$$

式(d)を式(b)に代入し,整理すれば

$$-T_A l_{AC} + T_B l_{CB} = 0 \tag{e}$$

式(a)と(e)を連立させて解けば,T_A, T_B が以下のように得られる.

$$T_A = -\frac{l_{CB}}{l_{AC} + l_{CB}} T_C \;,\; T_B = -\frac{l_{AC}}{l_{AC} + l_{CB}} T_C \tag{f}$$

数値を代入し,計算を実行すれば,

$$\begin{aligned} T_A &= -\frac{75\text{mm}}{200\text{mm}} \times 150\text{N·m} = -56.3\text{N·m} \\ T_B &= -\frac{125\text{mm}}{200\text{mm}} \times 150\text{N·m} = -93.8\text{N·m} \end{aligned} \tag{g}$$

が得られる.それぞれのトルクが負の符号となっていることから,図 4.15(b)で示した矢印とは逆の方向に壁からトルクを受けていることが分かる.

答:$T_A = -56.3\text{N·m}$,$T_B = -93.8\text{N·m}$

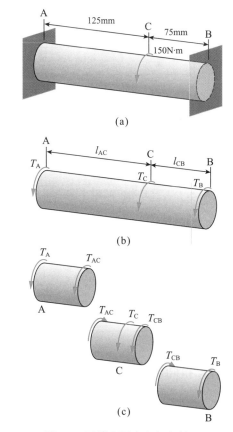

図 4.15 両端を固定された軸の
ねじり

【Example 4.6】

As shown in Fig.4.16(a), a steel stepped shaft is fixed at each end and subjected to the torsional moment at section B. Determine the maximum shear stress on each section and the rotation angle ϕ_C at the section C. Use $G = 77\text{GPa}$ for the steel.

【Solution】

The reaction torque at section A, C and D is defined by T_A, T_C and T_D. The applied torque at section B is defined by T_B. In consideration with Fig.4.16(b), the equilibrium can be given as follows.

$$T_A - T_B + T_C = 0 \;,\; -T_C + T_D = 0 \tag{a}$$

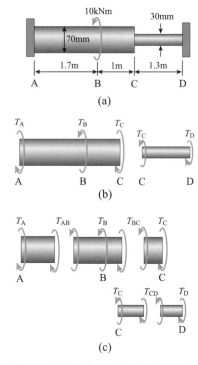

(a)

(b)

(c)

Fig.4.16 The stepped bar fixed at each
end and subjected to the torque.

注) 例題 4.6 の解答では, 右側の壁を基準に
して式の導出を行っている. 左側の壁を基
準にして行ってもできる.

また, 重ね合わせの原理を用いても解答
可能である.

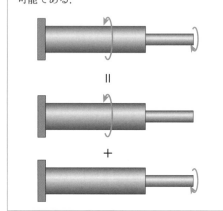

Since the number of unknown values is three and the number of equations is two, this problem should be the statically indeterminate problem. Thus, the rotation angle should be considered. The rotation angle between A to B, B to C and C to D are defined as ϕ_{AB}, ϕ_{BC} and ϕ_{CD}, respectively. In order to determine these rotation angles, the torsional moment in each member should be obtained. In consideration with Fig.4.16(c), the torsional moments between A to B, B to C and C to D can be given as follows.

$$T_{AB} = -T_A \ , \ T_{BC} = T_B + T_{AB} = T_B - T_A \ , \ T_{CD} = T_D \tag{b}$$

By using the Eq.(4.18), the rotation angles are,

$$\phi_{AB} = \frac{T_{AB}l_{AB}}{GI_{pAC}} = -\frac{T_A l_{AB}}{GI_{pAC}}$$
$$\phi_{BC} = \frac{T_{BC}l_{BC}}{GI_{pAC}} = \frac{(T_B - T_A)l_{BC}}{GI_{pAC}} \tag{c}$$
$$\phi_{CD} = \frac{T_{CD}l_{CD}}{GI_{pCD}} = \frac{T_D l_{CD}}{GI_{pCD}}$$

where I_{pAC} and I_{pCD} are the polar moment of inertia for the shaft AC and CD, respectively. Since the both ends of the shaft are fixed, the rotation angle at D must be zero as follows.

$$\phi_{AB} + \phi_{BC} + \phi_{CD} = 0 \tag{d}$$

By substituting Eq.(c) into (d) and using Eq.(a), the unknown reaction torque T_A, T_D can be given as follows.

$$T_A = \frac{l_{BC}I_{pCD} + l_{CD}I_{pAC}}{(l_{AB} + l_{BC})I_{pCD} + l_{CD}I_{pAC}}T_B$$
$$T_C = T_D = \frac{l_{AB}I_{pCD}}{(l_{AB} + l_{BC})I_{pCD} + l_{CD}I_{pAC}}T_B \tag{e}$$

By using Eq.(4.12) the maximum shear stresses between A to B, B to C and C to D are given as follows

$$\tau_{\max AB} = \frac{T_{AB}}{Z_{pAC}} = -\frac{T_A}{Z_{pAC}} \ , \ \tau_{\max BC} = \frac{T_{BC}}{Z_{pAC}} = \frac{T_B - T_A}{Z_{pAC}}$$
$$\tau_{\max CD} = \frac{T_{CD}}{Z_{pCD}} = \frac{T_D}{Z_{pCD}} \tag{f}$$

I_{pAC} and I_{pCD} are calculated as

$$I_{pAC} = 2.36 \times 10^{-6} \mathrm{m}^4 \ , \ I_{pCD} = 79.5 \times 10^{-9} \mathrm{m}^4 \tag{g}$$

Z_{pAC} and Z_{pCD} are calculated as

$$Z_{pAC} = 67.3 \times 10^{-6} \mathrm{m}^3 \ , \ Z_{pCD} = 5.30 \times 10^{-6} \mathrm{m}^3 \tag{h}$$

By Eq.(e), the reaction torques T_A, T_C and T_D are given as follows.

$$T_A = 9.59 \mathrm{kN \cdot m} \ , \ T_C = T_D = 0.411 \mathrm{kN \cdot m} \tag{i}$$

The maximum shear stresses on each section are

$$\tau_{\max AB} = -\frac{T_A}{Z_{pAC}} = -142\text{MPa} , \quad \tau_{\max BC} = \frac{T_B - T_A}{Z_{pAC}} = 6.0\text{MPa} ,$$

$$\tau_{\max CD} = \frac{T_D}{Z_{pCD}} = 77.5\text{MPa} \tag{j}$$

By using Eq.(c), the rotation angle at C is given as

$$\phi_C = \phi_{AB} + \phi_{BC} = \frac{-T_A(L_{AB} + L_{BC}) + T_B L_{BC}}{GI_{pAC}} = -0.0875\text{rad} = -5.01° \tag{k}$$

Ans. : 142MPa, −0.0875rad (= −5.01°)

4・4　円形断面以外の断面をもつ軸のねじり（torsion of noncircular prismatic bars）

　一般には円形および同心円形断面以外の軸のねじり応力およびねじれ角を求めるには弾性学（theory of elasticity）によらねばならないが，ここでは主要な断面形状を持つ軸のねじりについて，結果のみを示す.

4・4・1　長方形断面軸のねじり（torsion of rectangular cross section）

　$a \times b$ の長方形断面の軸をねじると，せん断応力は軸中心からの距離に比例しないで，図 4.17 のように分布する. そして，周辺に沿うせん断応力は辺の中央で最大となる. せん断応力の最大値は

$$\tau_{\max} = \frac{\alpha T}{\beta ab^2} \tag{4.22}$$

である. また，ねじれ角は

$$\phi = \frac{Tl}{\beta ab^3 G} \tag{4.23}$$

で与えられる. 式(4.22)および式(4.23)は弾性範囲内でのみ成り立ち，その係数 α, β は断面の辺の比 a/b の関数で，次式で与えられる.

$$\alpha = 1 - \frac{8}{\pi^2}\sum_{n=1}^{\infty} \frac{1}{(2n-1)^2 \cosh\dfrac{(2n-1)\pi a}{2b}} \tag{4.24}$$

$$\beta = \frac{1}{3} - \frac{64b}{\pi^5 a}\sum_{n=1}^{\infty} \frac{1}{(2n-1)^5}\tanh\frac{(2n-1)\pi a}{2b}$$

表 4.1 に，$\beta/\alpha, \beta$ の値を示す.

4・4・2　楕円形断面軸のねじり（torsion of oval cross section）

　楕円形断面（図 4.18）の軸をねじると，最大せん断応力は楕円断面の短軸両端に生じ，その値は

$$\tau_{\max} = \frac{2T}{\pi ab^2} \quad (a > b) \tag{4.25}$$

で求められる. 楕円断面の軸の長さが l であるとすると，ねじれ角は次のようになる.

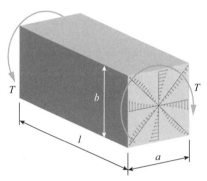

図 4.17 長方形断面軸のねじり

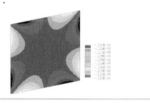

ワーピング：円形や円筒以外の断面の棒をねじると，断面はわずかに湾曲を起こす. このことをワーピングと呼ぶ. 下の図は，正方形断面棒をねじったときの軸方向の変位を表す.

表4.1　長方形断面軸のねじりに関する係数 $\beta/\alpha, \beta$

a/b	β/α	β
1.0	0.2082	0.1406
1.2	0.2189	0.1661
1.5	0.2310	0.1958
2.0	0.2459	0.2287
2.5	0.2576	0.2494
3.0	0.2672	0.2633
4.0	0.2817	0.2808
5.0	0.2915	0.2913
6.0	0.2984	0.2983
8.0	0.3071	0.3071
10.0	0.3123	0.3123
∞	1/3	1/3

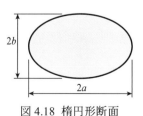

図 4.18　楕円形断面

$$\phi = \frac{Tl}{GI_p} \quad (\text{ここで} \ I_p = \frac{\pi a^3 b^3}{a^2 + b^2}) \tag{4.26}$$

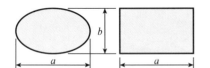

図4.19 楕円断面と長方形断面

【例題 4.7】

図 4.19 のように，同じ材料から成る長方形断面軸と楕円形断面軸に，最大せん断応力が等しくなるように，ねじりモーメント T_{rec}, T_{ell} を作用させたとき，それぞれの断面に生じるねじり強さとねじり剛さ（ねじり剛性）を比較せよ．なお，$b = a/3$ の関係があるものとする．

【解答】

楕円形断面軸に生じる最大せん断応力を τ_{ell}, 比ねじれ角を θ_{ell} とすると，式(4.25)，式(4.26)より

$$\tau_{ell} = \frac{16T_{ell}}{\pi ab^2} = \frac{144T_{ell}}{\pi a^3} \ , \quad \theta_{ell} = \frac{16T_{ell}(a^2 + b^2)}{G\pi a^3 b^3} = \frac{480T_{ell}}{G\pi a^4} \tag{a}$$

また，長方形断面軸に生じる最大せん断応力 τ_{rec}, 比ねじれ角 θ_{rec} は，式(4.22)および式(4.23)より，$a/b = 3$ であるから，表4.1より $\beta/\alpha = 0.267$, $\beta = 0.263$ を用いて，

$$\tau_{rec} = \frac{\alpha T_{rec}}{\beta ab^2} = \frac{9T_{rec}}{0.267a^3} \ , \quad \theta_{rec} = \frac{T_{rec}}{0.263ab^3 G} = \frac{27T_{rec}}{0.263a^4 G} \tag{b}$$

となる．両軸のねじり強さを比較するには，最大せん断応力が等しくなるときのねじりモーメント T_{ell} と T_{rec} とを比較すればよいから，式(a), (b) より

$$\frac{144T_{ell}}{\pi a^3} = \frac{9T_{rec}}{0.267a^3} \quad \therefore \ \frac{T_{rec}}{T_{ell}} = \frac{16 \times 0.267}{\pi} = 1.36 \tag{c}$$

つぎに，ねじり剛さは，式(4.18)から分かるように，ねじりモーメントを比ねじれ角で割った量であるから，ねじり剛さの比は

$$\frac{T_{rec}/\theta_{rec}}{T_{ell}/\theta_{ell}} = \frac{0.263Ga^4/27}{\pi Ga^4/480} = 1.49 \tag{d}$$

となる．

答：$\dfrac{T_{rec}}{T_{ell}} = 1.36$, $\dfrac{T_{rec}/\theta_{rec}}{T_{ell}/\theta_{ell}} = 1.49$

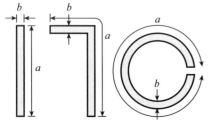

(a) 厚さが一様な開断面

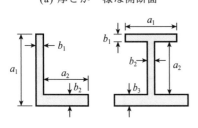

(b) 厚さが一様でない開断面

図4.20 種々の薄肉開断面軸のねじり

4・4・3 薄肉開断面軸のねじり (torsion of thin-walled open section shafts)

図 4.20(a)に断面形状を示す薄肉開断面軸をねじる場合は，断面を近似的に a/b が非常に大きい長方形断面と考えてよい．

図 4.20(a)のような厚さが一様であるが，湾曲している断面の最大せん断応力は，表4.1より，$\alpha = \beta = 1/3$ ($a/b = \infty$) と考えればよいから，トルク T が作用する場合には，式(4.22)より，

$$\tau_{max} = \frac{3T}{ab^2} \tag{4.27}$$

で与えられ，ねじれ角は，長さを l とすれば，式(4.23)より，

$$\phi = \frac{3Tl}{ab^3 G} \tag{4.28}$$

で与えられる．

図 4.20(b)のような断面の場合には，いくつかの長方形の組み合わせと考えればよい．厚さ b_i の部分に生じる最大せん断応力は

$$\tau_{\max} = \frac{3b_iT}{\sum_k a_k b_k^3} \tag{4.29}$$

となり，ねじれ角は

$$\phi = \frac{3Tl}{G\sum_k a_k b_k^3} \tag{4.30}$$

で求められる.

【例題 4.8】

図 4.21のようにコ形の断面形状を持つ長さ $l = 1\mathrm{m}$ の薄肉開断面軸をトルク $T = 10\mathrm{N\cdot m}$ でねじった時に生じる最大せん断応力 $\tau_{\max}$ と，ねじれ角 ϕ_l を求めよ．横弾性係数 $G = 29\mathrm{GPa}$ とする.

【解答】

式(4.29)において，

$$a_1 = 120\mathrm{mm}, \ a_2 = 60\mathrm{mm}, \ a_3 = 120\mathrm{mm}$$
$$b_1 = b_2 = b_3 = 5\mathrm{mm} \tag{a}$$

とおけば，最大せん断応力は，

$$\tau_{\max} = \frac{3b_iT}{\sum_k a_k b_k^3} = \frac{3\times 5\mathrm{mm}\times 10\mathrm{N\cdot m}}{(120\mathrm{mm}+60\mathrm{mm}+120\mathrm{mm})\times(5\mathrm{mm})^3} = 4\mathrm{MPa} \tag{b}$$

式(4.30)より，ねじれ角は

$$\phi = \frac{3Tl}{G\sum_k a_k b_k^3} = \frac{3\times 10\mathrm{N\cdot m}\times 1\mathrm{m}}{29\mathrm{GPa}\times(120\mathrm{mm}+60\mathrm{mm}+120\mathrm{mm})\times(5\mathrm{mm})^3} \tag{c}$$
$$= 0.0276\mathrm{rad} = 1.58°$$

答：$\tau_{\max} = 4\mathrm{MPa}, \ \phi_l = 1.58°$

4・4・4　薄肉閉断面軸のねじり（torsion of thin-walled hollow shafts）

図 4.22 のように，肉厚が薄く，中空の断面の軸がトルク T でねじられる場合を考える．このような軸は，薄肉閉断面軸（thin-walled hollow shafts）と呼ばれている．単位長さあたりのせん断力 q は，図 4.22 において矢印で示すように，断面形状に沿った方向を向き，またその大きさは肉厚が変化しても一様である．この q をせん断流（shear flow）と呼ぶ．図のグレーで示す，微小長さ ds における q による O 点まわりのモーメント dT は，

$$dT = r\times q\,ds = 2q\times\frac{r\,ds}{2} \tag{4.31}$$

となる．ここで，右辺の $r\,ds/2$ は，図 4.22 において水色で示した三角形の面積に等しい．式(4.31)を一周にわたり積分（$s = 0 \sim L$）すれば，この軸に加えたトルク T となるから，以下のせん断流とトルクの関係式が得られる.

注）角部近傍やフィレット部においては，応力は非常に大きくなることから，最大応力は，式(4.27)や(4.29)で得られた値よりも大きくなる．この様な現象を応力集中と呼ぶ．応力集中を低減するため，鈍角の部分はアール（曲面）をつける等の工夫がなされている．詳しくは 11 章で学ぶ.

鉄道レールの断面

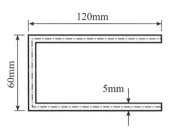

図 4.21　コ形断面

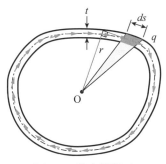

図 4.22　薄肉閉断面

$$T = 2q \times \int_0^L \frac{rds}{2} = 2qA \quad （A：中心線で囲まれた面積） \tag{4.32}$$

せん断流 q を肉厚 t で割ればせん断応力が得られる

$$\tau = \frac{q}{t} = \frac{T}{2At} \tag{4.33}$$

ここで，この軸の軸方向の長さを l とすれば，上式に式(4.9), (4.17)を用いて，トルク T とこの軸のねじれ角との関係が以下のように表される．

$$T = 2tA\tau = 2tAG\frac{r}{l}\phi_l \tag{4.34}$$

上式の両辺を断面に沿って一周積分 $(s = 0 \sim L)$ すれば，$rL = 2A$ であるから

$$TL = 2tAG\frac{r}{l}\phi_l \cdot L = 4tA^2G\frac{1}{l}\phi_l \tag{4.35}$$

従って，ねじれ角は，トルク T を用いて，

$$\phi_l = \frac{TLl}{4tA^2G} \tag{4.36}$$

となる．式(4.36)は，肉厚が一定の場合に成立する．肉厚が変化するときのねじれ角 ϕ_l は

$$\phi_l = \frac{Tl}{4A^2G}\int_0^L \frac{ds}{t(s)} \tag{4.37}$$

で与えられる．式(4.37)の積分は薄肉断面の壁の中心線に沿う線積分であり，壁の厚さが場所で連続的に変化する場合には，線積分を行う．区分的に壁の厚さが変わる場合，区分ごとの和で表すことができる．

【例題 4.9】

図 4.23(a)と(b)に示すように，押し出し成形により，構造用アルミニウムの薄肉閉断面箱形管を作った．この部材に 5kN·m のねじりモーメントを作用した時，4つの壁に生じるせん断応力を求めよ．

【解答】

(a) 図4.23(a)より，壁の中心線で囲まれる面積Aは

$$A = 115\text{mm} \times 55\text{mm} = 6.325 \times 10^{-3}\text{m}^2$$

である．壁の厚さ $t = 5$mm であるので，せん断応力は式(4.33)より

$$\tau = \frac{T}{2At} = \frac{5 \times 10^3 \text{N} \cdot \text{m}}{2(6.325 \times 10^{-3}\text{m}^2)(5 \times 10^{-3}\text{m})} = 79.1\text{MPa}$$

答：79.1MPa

(b) 図4.23(b)より，壁の中心線で囲まれる面積Aは

$$A = 115\text{mm} \times 55\text{mm} = 6.325 \times 10^{-3}\text{m}^2$$

である．AB, BC 部分の壁の厚さ $t_{AB} = t_{BC} = 7$mm であるので，せん断応力は式(4.33)より

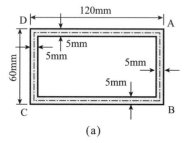

(a)

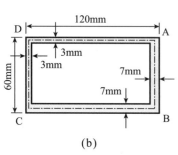

(b)

図 4.23　箱形管の断面

$$\tau_{AB} = \tau_{BC} = \frac{T}{2At_{AB}} = \frac{5 \times 10^3 \, \text{N} \cdot \text{m}}{2(7 \times 10^{-3} \, \text{m})(6.325 \times 10^{-3} \, \text{m}^2)} = 56.5 \text{MPa}$$

CD, DA 部分の壁の厚さ $t_{CD} = t_{DA} = 3\text{mm}$ であるので，せん断応力は式(4.33)より

$$\tau_{CD} = \tau_{DA} = \frac{T}{2At_{CD}} = \frac{5 \times 10^3 \, \text{N} \cdot \text{m}}{2(3 \times 10^{-3} \, \text{m})(6.325 \times 10^{-3} \, \text{m}^2)} = 131.8 \text{MPa}$$

答 : AB, BC 間　56.5MPa，　CD, DA 間　131.8MPa

【Example 4.10】

As shown in Fig.4.24, determine the torsional rigidity GI_p for the thin-wall tubular member whose cross section is applied torque T. The shear modulus is G.

【Solution】

Using Eq.(4.18), the torsional rigidity GI_p can be given by the torsional angle ϕ_l and applied torque T as follows.

$$GI_p = \frac{Tl}{\phi_l} \tag{a}$$

ϕ_l can be given by Eq.(4.37). In the Eq(4.37), area A enclosed by mean centerline and the integral can be obtained as follows.

$$A = \frac{\pi}{2}(4.5a)^2 + 9a \cdot 9a = 112.8a^2 \tag{b}$$

$$\int_0^L \frac{ds}{t(s)} = \frac{\pi \cdot 4.5a}{a} + 2\frac{9a}{a} + \frac{9a}{2a} = 36.64 \tag{c}$$

Then ϕ_l is given as

$$\phi_l = \frac{Tl}{4A^2G}\int_0^L \frac{ds}{t(s)} = \frac{Tl}{4(112.8a^2)^2 G} \times 36.64 = 7.20 \times 10^{-4}\frac{Tl}{a^4 G} \tag{d}$$

Substituting into Eq.(a), the torsional rigidity is obtained as

$$GI_p = \frac{Tl}{\phi_l} = 1390a^4 G \tag{e}$$

Ans. : $GI_p = 1390a^4 G$

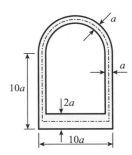

Fig.4.24 The cross section of the thin-wall tubular member.

【練習問題】

【4.1】　図 4.25 のように，直径 $d = 10\text{mm}$，長さ $l = 50\text{cm}$ のアルミニウム製の丸軸の両端にねじりモーメント $T = 10\text{N·m}$ を加えてねじった．最大せん断応力およびねじれ角を求めよ．ただし，アルミニウムの横弾性係数 $G = 30\text{GPa}$ とする．

[答　$\tau_{\text{max}} = 50.9\text{MPa}$ ，$\phi = 0.170\text{rad}$]

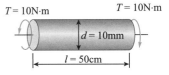

図 4.25 アルミニウム軸のねじり

【4.2】　図 4.26 のように，直径 $d = 20\text{mm}$，長さ $l = 350\text{mm}$，腕の長さ $L = 300\text{mm}$ の T 型レンチに荷重 $P = 100\text{N}$ を加えた．レンチに加わる最大せん断応力とねじれ角を求めよ．横弾性係数 $G = 80\text{GPa}$ とする．

[答　$\tau_{\text{max}} = 19.1\text{MPa}$ ，$\phi = 0.00836\text{rad}$]

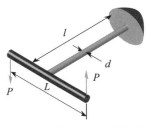

図 4.26 T 型レンチのねじり

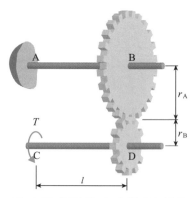

Fig.4.27 歯車がついた軸のねじり

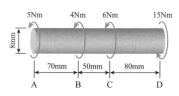

Fig.4.28 複数のねじりモーメントを
受ける軸

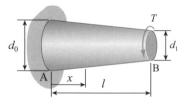

Fig.4.29 The corn like shaft subjected to
the torque.

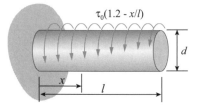

図 4.30 変化するねじりモーメントを
受ける軸

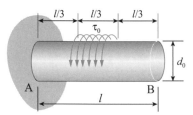

図 4.31 中央に分布モーメントを
受ける丸軸

【4.3】　図 4.27 のように，歯車を組み合わせて，ねじりモーメント T を C 点に加えた．軸 AB の A 点は壁に固定されている．軸端 C における回転角 ϕ_C を求めよ．ただし，$r_A = 2r_B$ である．また，2 つの軸は同じ材質で同じ断面形状である．両軸の断面二次極モーメントを I_p，横弾性係数を G で表す．

[答　$\phi_C = 5\dfrac{Tl}{I_p G}$]

【4.4】　図 4.28 のように，直径 8mm，長さ 200mm の軸に，4 ヶ所にねじりモーメントを加えた．AB, BC, CD 間それぞれの横断面に生じる最大せん断応力を求めよ．

[答　$\tau_{\max AB} = 49.7\text{MPa}$, $\tau_{\max BC} = 89.5\text{MPa}$, $\tau_{\max CD} = 149\text{MPa}$]

【4.5】　As shown in Fig.4.29, the solid circular shaft is subjected to a external torque T. The diameter of the shaft is changing through d_0 to d_1 linearly along the axis. Determine an expression for the maximum (cross-sectional) shear stress in the shaft as a function of the distance x from the left end. The shear modulus of elasticity is G.

[Ans.　$\tau_{\max} = \dfrac{16Tl^3}{\pi\left\{(d_1 - d_0)x + d_0 l\right\}^3}$]

【4.6】　In the problem 4.5, determine an expression for the total angle of twist ϕ_B at the free end.

[Ans.　$\phi_B = \dfrac{32Tl(d_0{}^2 + d_0 d_1 + d_1{}^2)}{3\pi G d_0{}^3 d_1{}^3}$]

【4.7】　図 4.30 のように，分布するねじりモーメント $\tau_0(1.2 - x/l)$ が作用する一様断面軸がある．固定端から x の断面内の最大せん断応力および先端のねじれ角 ϕ を求めよ．ただし，この丸軸の横弾性係数は G とする．

[答　$\tau_{\max} = \dfrac{16\tau_0}{\pi d^3}(0.7l - 1.2x + 0.5\dfrac{x^2}{l})$, $\phi = \dfrac{128\tau_0 l^2}{15\pi G d^4}$]

【4.8】　図 4.31 のように，中央に一様に分布するねじりモーメント τ_0 が作用する丸軸のせん端のねじれ角 ϕ を求めよ．ただし，丸軸の横弾性係数は G とする．

[答　$\phi = \dfrac{16\tau_0 l^2}{3\pi G d_0{}^4}$]

【4.9】　図 4.32 のように，3 カ所にねじりモーメントが作用する段付き丸軸の先端のねじれ角 ϕ を求めよ．ただし，丸軸の横弾性係数は G とする．

[答　$\phi = \dfrac{38T_0 l}{\pi G d_0{}^4}$]

【4.10】　図 4.33 のように，直径が等しく材質が異なる軸が接合され，さらに剛体壁に固定されている．この軸の断面上にねじりモーメント T_0 が作用する場合の壁に加わるモーメントの大きさ $|T_A|$，$|T_C|$ を求めよ．

$$[答 \quad |T_A| = \frac{l_2 G_1}{l_1 G_2 + l_2 G_1} T_0 , \quad |T_C| = \frac{l_1 G_2}{l_1 G_2 + l_2 G_1} T_0]$$

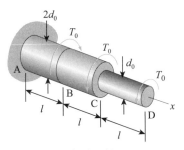

Fig. 4.32 段付き軸のねじり

【4.11】 As shown in Fig.4.34, a torsion member with solid rectangular cross section is subjected to end torques T. The cross-sectional area of the torsion member is wt=10,000mm^2, and T = 5.0kN·m, l = 3.0m, and the shear modulus of elasticity G = 30GPa. (a) Determine the angle of twist ϕ for torsion members having the two width/thickness ratios w/t = 1.0 and w/t = 5.0, respectively. (b) Determine the maximum shear stress in torsion members having these two ratios.

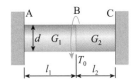

図 4.33 両端が固定され，材質が
異なる軸のねじり

[Ans. (a) $\phi = 0.0356$rad , 0.0859rad , (b) $\tau_{max} = 24.0$MPa , 38.4MPa]

【4.12】 As shown in Fig.4.35, a closed thin-wall tubular shaft are subjected to a torque T = 10Nm. (a) Using the approximate thin-wall torsion theory, determine the maximum shear stress τ_a in this closed thin-wall tube. (b) If the tubular shaft is slit longitudinally, it becomes an open thin-wall torsion member. Determine the maximum shear stress τ_b in this member.

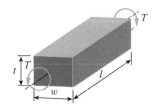

Fig.4.34 The rectangular shaft.

[Ans. $\tau_a = 3.13$MPa , $\tau_b = 23.4$MPa]

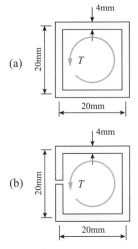

Fig.4.35 The cross section of the
thin-wall tubular shafts.

第4章　軸のねじり

― メ モ ―

第4章　軸のねじり

― メ モ ―

第 5 章

はりの曲げ
Bending of Beam

(a) 桜田門のはり

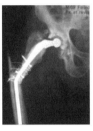

(b) 曲げにより折れ曲がった
チタン製人工股関節ステム

図 5.1 はりの例

- 木材でできた建物の天井をみると横に太い木の棒が渡してある．これもはりの一つである．鉄筋の建物では，壁や天井とはりの区別がつかない場合が多いが，建造中のビルを見れば，横に太い柱が何本も渡してあるのが見られる．（図 5.1(a)）
- 本章では，はりが曲げられる荷重やモーメントを受けたときに，はりの断面に生じる力，応力，変形について考える．
- 曲げを受けると非常に大きな応力が加わるため，小さい荷重でも破壊につながることがある．（図 5.1(b)）

5・1 はり（beam）

図 5.2 のように，細長い棒に横方向から棒の軸を含む平面内の曲げ（bending）を引き起こすような横荷重を受けるとき，このような棒をはり（beam）と呼ぶ．以下，はりに関する基本的な事項について説明する．

5・1・1 はりに加わる荷重の種類（kinds of load applied to a beam）

はりを曲げる方向に作用する荷重の種類は，大別すると，図 5.2(a), (b), (c) に示す，以下の 3 種類である．

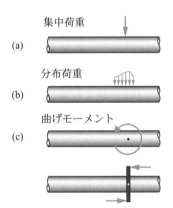

図 5.2 はりに加わる荷重

(a) 集中荷重（concentrated load）

1 点に集中して作用する．単位は力[N]．

(b) 分布荷重（distributed load）

ある領域に分布して作用する．単位は単位長さ当たりの力 [N/m]．分布荷重の大きさが軸方向に一定の場合は等分布荷重（uniformly distributed load）と呼ばれる．

(c) 曲げモーメント（bending moment）

回転モーメントを作用する．単位は力×距離 [N·m]．モーメントは図 5.2(c) の下の図のように，互いに等しい逆向きの力を加えることに相当するが，上の図のような円弧の矢印で表すことが多い．

通常のはりは，上の 3 つの力の一つ，あるいは複数を受けることにより，内部に応力が生じたり，曲がったりする．

5・1・2 はりを支える方法（supporting methods of a beam）

はりをどのように支えるかについては，大別して図 5.3 の (a) と (b) のように，はりの回転を許す支持の方法と，(c) に示すように，はりを固定する方法とに分けられる．

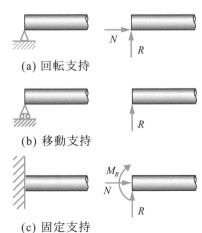

(a) 回転支持

(b) 移動支持

(c) 固定支持

図 5.3 はりを支持する方法

注）はりや柱を何本も繋ぎ合わせて作られた，陸橋やビルなどの複雑な構造物の場合，はりには，3章，4章と本章で示す荷重が総合的に加わっている．そのような複雑な場合については，8章で詳しく説明する．

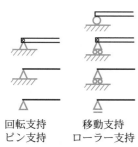

回転支持　　移動支持
ピン支持　　ローラー支持

図5.4 色々な支持の表示方法

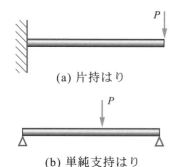

(a) 片持はり

(b) 単純支持はり

図5.5 代表的なはりの解析モデル

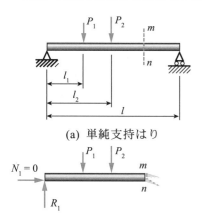

(a) 単純支持はり

(b) 断面 m-n の左の部分
（断面 m-n には複雑な応力が生じる）

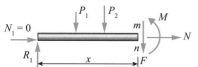

(c) 断面 m-n 上の法線力 N，せん断力 F と曲げモーメント M

図5.6 はりの断面における
力とモーメント

(a) 回転支持（pinned support）
　　この支持によって上下方向と左右方向へ移動できなくなる．はりが支点より受ける力（この力を支持反力という）は，上下方向の反力 R と水平方向の反力 N である．

(b) 移動支持（movable support）
　　回転支持の水平移動を許すものであり，左右方向へ移動可能なため，移動支持よりはりが受ける力は，上下方向の反力 R のみとなる．

(c) 固定支持（fixed support）
　　上下，左右の移動の拘束に加えて，回転もできなくなる．はりが支持部より受ける力は，反力 R, N と，モーメント M となる．

回転支持や移動支持が一カ所だけでは，支持点を中心にはりは回転し，水平を保つことはできない．一方，固定支持は一カ所のみあれば，荷重を加えられても，はりは水平を保つことができる．さらに支持点の数が増えれば，より安定するが，問題としては複雑になり，このような複雑なはりについては，6章で説明する．

5・1・3　代表的なはりの解析モデル（typical analysis models of beams）
　図5.5は，本章で主に考えるはりの解析モデルである．

(a) 片持はり（cantilever）
　　はりの一端を固定支持したはり．固定点において，はりは上下，左右方向の移動，および回転ができない．

(b) 単純支持はり（simply supported beam）
　　両端を支持していることから，両端支持はりと呼ぶ場合もある．支持点において，はりは上下の移動はできないが，回転は自由である．

5・2　せん断力と曲げモーメント（shearing force and bending moment）

　図5.6(a)に示すように，左端から l_1, l_2 の位置に集中荷重 P_1, P_2 が作用する長さ l の単純支持はりを考える．はりの軸線に垂直な横荷重を受けると，はりの断面内には，これらの外力を支えるためのせん断力（shearing force）と曲げモーメント（bending moment）が生じる．

　図5.6(b)のように，このはりを断面 mn で切ったと考える．断面 mn の左にあるはりの部分を離すと，右側の部分から左側の部分へ作用する力は，ある分布した力によって表されるが，はりの問題を考える場合，これらの分布した力による合力と断面の図心に対する合モーメントに置き換えて考える．このうち，合力は，断面に垂直な成分 N と断面に平行な成分 F に分解される．こうして図5.6(c)において任意の断面 mn 上の応力による合力と合モーメントはそれぞれ法線力（normal force）N，せん断力（shearing force）F および曲げモーメント（bending moment）M と呼ばれる三つの量によって表わされる．これらの量は図5.7(a)のような向きをもつ場合を正の向きとして定義する．従って，図5.7(b)のような向きをもつ場合には負の値をもつ．すなわち，せん断力の符号

については，右側断面で下方に作用する場合を正と定め，また，曲げモーメントの符号については，はりが下方に凸となるように変形する場合を正と定める．

5・2・1　せん断力，曲げモーメントの求め方（analysis of shearing force and bending moment）

はりの任意断面に作用している法線力 N，せん断力 F，および曲げモーメント M は，はりに作用する合力と回転を生じないように，ニュートンの運動の法則に従って，平衡条件（equilibrium condition）から以下のような手順で求めることができる．

（1）支点の反力とモーメントの決定（外力の決定）

はり全体を一つの自由物体（free body）として考え，それに，静力学的平衡に対する三つの方程式

　　　（ⅰ）水平方向の力の釣合い

　　　（ⅱ）上下方向の力の釣合い

　　　（ⅲ）ある点まわりのモーメントの釣合い

を適用する．図5.6に示すはりでは，左の支点は回転自由であるから，図5.8に示すフリーボディーダイアグラムのように．はりは垂直方向と水平方向の反力 R_1, N_1 を受ける．右側の支点は移動支持であるから，はりは垂直方向の反力 R_2 のみを受ける．三つの釣合い方程式は，以下のようになる．

　　　（ⅰ）水平方向の力の釣合い：$N_1 = 0$

　　　（ⅱ）上下方向の力の釣合い：$R_1 - P_1 - P_2 + R_2 = 0$　　　　(5.1)

　　　（ⅲ）左端まわりのモーメントの釣合い：$-P_1 l_1 - P_2 l_2 + R_2 l = 0$

したがって，支持反力 R_1, N_1, R_2 が次のように得られる．

$$N_1 = 0$$
$$R_1 = \frac{P_1(l - l_1) + P_2(l - l_2)}{l}$$
$$R_2 = \frac{P_1 l_1 + P_2 l_2}{l}$$
(5.2)

図5.6(a)のはりは，各支点の反力が静力学の方程式だけから求められるので，静定はり（statically determinate beam）と呼ばれている．この章で扱う，単純支持はりと片持はりは，いずれも静定はりである．

（2）任意の断面に働くせん断力と曲げモーメントの決定（内力の決定）

任意断面に働くせん断力と曲げモーメントを求めるために，断面 mn の左（または右）にあるはりの部分を一つの自由物体として考える．この自由物体に力の釣合い（2方向）とモーメントの釣合いを適用すると，右側の部分から左側の部分へ作用する，法線力 N，せん断力 F および曲げモーメント M が求められる．

図5.9(a)に示す断面 mn から左側の部分のフリーボディーダイアグラムに基づけば，

　　　（ⅰ）水平方向の力のつりあい：　　　　$N + N_1 = 0$

　　　（ⅱ）上下方向の力のつりあい：　　　　$-R_1 + P_1 + P_2 + F = 0$　　　(5.3)

　　　（ⅲ）左端のモーメントのつりあい：$-P_1 l_1 - P_2 l_2 - Fx + M = 0$

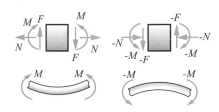

(a) 正の方向　　　(b) 負の方向

図5.7　断面に働く軸力，せん断力，曲げモーメントの符号の約束

注）符号を間違えると，下向きに荷重を加えているのに，上方向にはりが持ち上がるといった結果になってしまうので，符号には細心の注意をはらう必要がある．

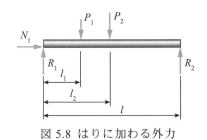

図5.8　はりに加わる外力

注）支持条件によって，支点の反力と支点モーメントが静力学の方程式だけから求められないはりについては，次章で詳しく考える．

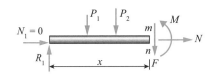

(a) 断面 m-n の左の部分

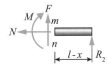

(b) 断面 m-n の右の部分

図5.9　断面の左の部分と右の部分

注）右側の部分（図5.9(b)）の静力学的平衡に対する三つの方程式からも，同じ結果が得られる．

より，次式が得られる．

$$N = 0 , \quad F = R_1 - P_1 - P_2 , \quad M = P_1 l_1 + P_2 l_2 + Fx \tag{5.4}$$

はりの曲げ問題においては，法線力が作用しない場合，すなわち $N = 0$ の場合のみを考える．はりに法線力が同時に作用する場合があるが，弾性問題では個々の荷重による応力，変位などに重ね合わせの原理が成立するため，法線力によるはりの応力などは，3章で説明した棒の引張圧縮問題として別途計算し，結果を重ね合わすことで対応できる．

5・2・2　せん断力図と曲げモーメント図（shearing force diagram and bending moment diagram）

はりの軸に沿って各断面に働くせん断力 F と曲げモーメント M とを縦軸にとって表した図をそれぞれせん断力図（shearing force diagram）および曲げモーメント図（bending moment diagram）といい，それぞれ SFD，BMD と略記する．例えば，図5.6(a)のはりのせん断力と曲げモーメントの分布を考えると，次のようになる．

せん断力 F の分布

(1) $0 < x < l_1$ で　　$F = R_1$

(2) $l_1 < x < l_2$ で　　$F = R_1 - P_1$　　　　　　　　　　　(5.5)

(3) $l_2 < x < l$ で　　$F = R_1 - P_1 - P_2 = -R_2$

曲げモーメント M の分布

(1) $0 \leq x \leq l_1$ で　　$M = R_1 x$

(2) $l_1 \leq x \leq l_2$ で　　$M = R_1 x - P_1(x - l_1)$　　　　　　(5.6)

(3) $l_2 \leq x \leq l$ で　　$M = R_2(l - x)$

よって，SFD とBMD は図5.10のようになる．

SFD とBMD は，ともにはりの曲げ問題を考えるときに役立つものである．特に応力は，後に示すようにせん断力や曲げモーメントが最大の位置で最大値に達する．したがってSFD，BMD を描く際に，その最大値とそれが生じる位置とを明示することが極めて重要である．

また，はりの問題を解析するとき，曲げモーメント M, せん断力 F および分布荷重の密度 q の間の関係を知ることも重要である．図5.11に示すように，分布荷重を受けるはりの微小部分 dx を取り出してその平衡条件を考える．左の断面から右の断面まで，dx だけの変化により，せん断力は dF だけ変化する．また，dx は微小だから，分布荷重の密度 q はこの範囲で一定と考えられる．したがって，この dx 部分の上下方向の力のつりあいから

$$F - (F + dF) - qdx = 0$$

$$\therefore \quad \frac{dF}{dx} = -q \tag{5.7}$$

が得られる．さらに，この dx 部分の左の断面でのモーメントのつりあいから

$$-M - qdx \times \frac{dx}{2} - (F + dF) \times dx + (M + dM) = 0$$

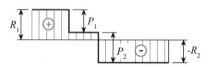

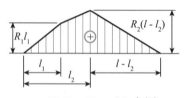

SFD：せん断力図

BMD：モーメント図

図5.10　図5.6のはりのSFD，BMD

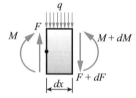

図5.11　横断面に伝わる曲げモーメント M と F および分布荷重 q との関係

注）断面に働く法線力，せん断力，曲げモーメントとは，図5.7に示すように，正の方向が定められていることに細心の注意をはらう必要がある．

注）式(5.8)の関係から BMD が求まれば，それを微分すれば簡単に SFD を描くことができる．

$$\therefore \quad \boxed{\dfrac{dM}{dx} = F} \tag{5.8}$$

が得られる．式(5.7)は式(5.8)を用いて次のように書ける．

$$\dfrac{d^2 M}{dx^2} = -q \tag{5.9}$$

式(5.7)と(5.9)より，$q = 0$ ，すなわち分布荷重が加わっていない場所では，せん断力は一定，曲げモーメントは x の一次関数であることが分かる．また，式(5.8)より，曲げモーメントの傾きはせん断力となることが分かる．

【例題 5.1】

図5.12のように，長さ 2m のはりの両端が単純支持されている．左端から 0.75m の所に，集中荷重 $P = 100\mathrm{N}$ を加えた．このはりに生じる最大せん断力 $F_{\max}$ と最大曲げモーメント $M_{\max}$ を求めよ．

【解答】

まず，支持反力を求める．図5.13(a) に示すように，それぞれの寸法を a, b, l の記号で表す．点Aと点Bにおいて単純支持されているから，支持反力を R_A，R_B とすれば，はり全体のフリーボディーダイアグラムは図5.13(a) のようになる．これより，上下方向の力の釣合い，およびA点まわりのモーメントの釣合い式は，

$$R_A - P + R_B = 0 \tag{a}$$
$$-Pa + R_B l = 0 \tag{b}$$

となる．式(a), (b) より，支持反力は以下のように得られる．

$$R_A = \dfrac{b}{l}P, \quad R_B = \dfrac{a}{l}P \tag{c}$$

次に，任意の断面のせん断力とモーメントを求める．x 軸の原点をA点にとり，AC間 $(0 < x < a)$ で切断して考える．図5.13(b)の左側の部分の力の釣合い式，およびA点まわりの曲げモーメントの釣合い式は，

$$R_A - F = 0 \tag{d}$$
$$-Fx + M = 0 \tag{e}$$

したがって，AC 間のせん断力と曲げモーメントは，

$$F = R_A = \dfrac{b}{l}P, \quad M = Fx = \dfrac{b}{l}Px \quad (0 \le x \le a) \tag{f}$$

CB間 $(a < x < l)$ で切断して考える．図5.13(c)の右側の部分の力の釣合い式，およびB点まわりの曲げモーメントの釣合い式は，

$$F + R_B = 0 \tag{g}$$
$$-M - F(l - x) = 0 \tag{h}$$

したがって，CB間のせん断力と曲げモーメントは，

$$F = -R_B = -\dfrac{a}{l}P, \quad M = -F(l - x) = \dfrac{a}{l}P(l - x) \quad (a \le x \le l) \tag{i}$$

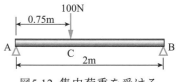

図5.12 集中荷重を受ける
両端支持はり

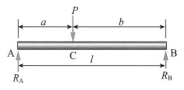

(a) はり全体に加わる荷重

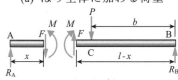

(b) AC間で切断

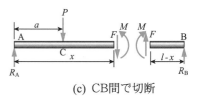

(c) CB間で切断

図5.13 フリーボディーダイアグラム

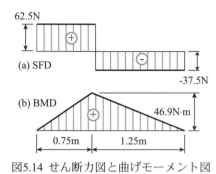

(a) SFD

62.5N

-37.5N

(b) BMD

46.9N·m

0.75m　　1.25m

図5.14 せん断力図と曲げモーメント図

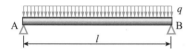

Fig.5.15 The simply supported beam subjected to the uniform distributed load q.

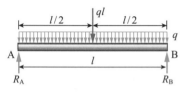

(a) for the hole beam

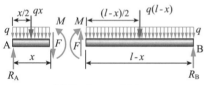

(b) for the partial beam

Fig.5.16 The free body diagram of the simply supported beam subjected to the uniform distributed load q.

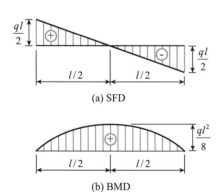

(a) SFD

(b) BMD

Fig.5.17 The shearing force and bending moment diagrams.

$a = 0.75$m, $b = 1.25$m, $l = 2$m, $P = 100$N を式(f) と (i) に代入してまとめれば,

$$F = \begin{cases} 62.5\text{N} & (0 \leq x < 0.75\text{m}) \\ -37.5\text{N} & (0.75\text{m} \leq x < 2\text{m}) \end{cases}$$

$$M = \begin{cases} 62.5x \text{ N·m} & (0 \leq x < 0.75\text{m}) \\ 37.5(2 - x) \text{ N·m} & (0.75\text{m} \leq x < 2\text{m}) \end{cases} \tag{j}$$

となる. せん断力 F と曲げモーメント M の分布図, すなわちせん断力図と曲げモーメント図は, 図5.14のように描ける. これより, 最大せん断力と最大曲げモーメントが得られる.

答：$F_\text{max} = 62.5$N, $M_\text{max} = 46.9$N·m

【Example 5.2】

As shown in Fig.5.15, the simply supported beam is subjected to the uniformly distributed load q. Plot shearing force diagram and bending moment diagram.

【Solution】

Firstly, the reaction forces R_A at point A and R_B at point B should be determined. The free body diagram for this beam is shown in Fig.5.16(a). The uniformly distributed load q can be substituted by the concentrated load ql at the center of the beam shown by the gray arrow in Fig.5.16(a). The following equilibrium conditions can be given.

$$R_\text{A} - ql + R_\text{B} = 0 \qquad \text{: equilibrium for forces} \tag{a}$$

$$-ql \cdot \frac{l}{2} + R_\text{B}l = 0 \qquad \text{: equilibrium for moments at point A} \tag{b}$$

By the Eqs. (a) and (b), the reaction forces R_A and R_B can be given as,

$$R_\text{A} = R_\text{B} = \frac{ql}{2} \tag{c}$$

Secondly, the shearing force F and the bending moment M in the any cross section should be obtained. The equilibrium conditions for the left partial beam as shown in Fig.5.16(b) can be given as follows.

$$R_\text{A} - qx - F = 0 \qquad \text{: equilibrium for forces} \tag{d}$$

$$-qx \cdot \frac{x}{2} - Fx + M = 0 \quad \text{: equilibrium for moments at point A} \tag{e}$$

In the above equations, the uniformly distributed load q is substituted by the concentrated load qx as shown by gray arrows in Fig.5.16(b). By Eqs. (d) and (e), the shearing force F and the bending moment M are determined as

$$F = R_\text{A} - qx = q(\frac{l}{2} - x) \tag{f}$$

$$M = qx \cdot \frac{x}{2} + Fx = \frac{1}{2}qx(l - x) \tag{g}$$

The shear and bending moment diagrams are drowned in Fig.5.17 (a) and (b).

Ans. : Shown in Fig.5.17.

【例題 5.3】

　図5.18のように，先端に曲げモーメント M_0 を受ける長さ l の片持はりの SFD，BMDを描け．

【解答】

　A点は固定支持であることから，図5.19 に示すように，壁から支持反力 R_A と固定モーメント M_A を受ける．はり全体の力とA点まわりのモーメントつりあい式から，

$$R_A = 0 \tag{a}$$

$$-M_A - M_0 = 0 \tag{b}$$

従って，支持反力，モーメントは，次のようになる．

$$R_A = 0 \ , \ M_A = -M_0 \tag{c}$$

　次に，図 5.20 に示すように，A 点から x の位置で切断し，左側の部分における力と A 点まわりのモーメントのつりあいは，

$$R_A - F = 0 \tag{d}$$

$$-M_A - Fx + M = 0 \tag{e}$$

式(d), (e) より，せん断力と曲げモーメントは

$$F = 0 \tag{f}$$

$$M = -M_0 \tag{g}$$

となる．これより，SFD，BMDは，図5.21のようになる．

答：図 5.21

図5.18 せん端に曲げモーメントを
受ける片持ちはり

図5.19 はり全体に加わる荷重と
曲げモーメント

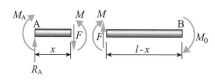

図5.20 任意断面で分割したはりの
部分

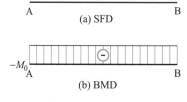

図5.21 SFDとBMD

【例題 5.4】

　図5.22のように，先端に集中荷重 P を受ける片持はりのSFD, BMDを描け．

【解答】

　はり全体の力とA点まわりのモーメントの釣合い式は，図5.23より

$$R_A - P = 0 \tag{a}$$

$$-M_A - Pl = 0 \tag{b}$$

したがって，支持反力およびモーメントは，次のようになる

$$R_A = P \tag{c}$$

$$M_A = -Pl \tag{d}$$

　A点から x の位置で切断し，はりを２つに分解すると，図5.24のようになる．左側の部分に関する力およびA点まわりのモーメントの釣合い式は，

$$R_A - F = 0 \tag{e}$$

$$-M_A - Fx + M = 0 \tag{f}$$

と表される．これらの式からせん断力と曲げモーメントは，

$$F = P \tag{g}$$

$$M = -P(l - x) \tag{h}$$

図5.22 せん端に集中荷重を受ける
片持ちはり

図5.23 はり全体に加わる荷重と
曲げモーメント

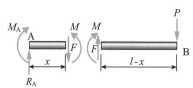

図5.24 任意断面で分割したはりの
部分

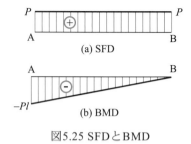

(a) SFD

(b) BMD

図5.25 SFDとBMD

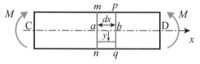

(a) 純粋曲げ（変形前）

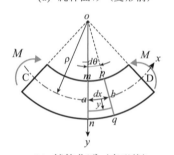

(b) 純粋曲げ（変形後）

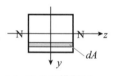

(c) はりの横断面

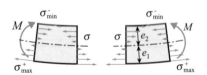

(d) 断面における応力の分布

図5.26 純粋曲げを受けるはり

となる．SFD, BMD は図5.25のようになる．

答：図 5.25

5・3　はりにおける曲げ応力（bending stress in beam）

　はりが曲げ変形を受けた時に断面に生じる垂直応力を曲げ応力（bending stress）と呼ぶ．この曲げ応力を求めるために，まず図5.26(a)に示すような，両端で曲げモーメント M だけを外荷重として受けるはりを考える．このはりでは全長にわたってせん断力は 0 で，曲げモーメント M は一定となる．このような状態は純粋曲げ（pure bending）と呼ばれる．

5・3・1　曲げ応力と曲げモーメントの関係（relationship between bending stress and moment）

　曲げ問題では，引張りの場合と異なり，曲げモーメント M が与えられたときにそれから直接応力を求めることができない．したがって，応力を求めるときの順序として

　　1）変形のパターンを仮定する．
　　2）変形のパターンに対するひずみを求める．
　　3）ひずみから応力を求める．
　　4）応力と曲げモーメントの関係を求める．

以下，この手順に従ってはりの応力を求める式を導いていく．

1）変形のパターンを仮定する．

　図 5.26(a)のはりでは，曲げ変形を引き起こす原因である曲げモーメントが長さに沿って均一であるから，曲げ変形もまた均一であると考えられる．したがって，変形した後のはりは，図 5.26(b)に示すように，曲率が長さに沿って一定となるような円弧の形となるはずである．このときの変形量は，曲率半径（radius of curvature）と呼ばれる，円弧の半径 ρ で表される．なお，$1/\rho$ を曲率という．図 5.26(b)に示す変形の結果として，はりの凸側の繊維はすこし伸び，凹側の繊維はすこし縮むが，伸びた下面から縮んだ上面に至る中間のどこかの位置に，変形前と長さが変化しない面が存在する．この面（図に C-D で示す）を中立面（neutral surface）と呼ぶ．ここで，曲率半径は図に示すように，曲率の中心から，中立面までの距離 ρ をとる．中立面の位置は後に示すように，釣合い条件から求まる．また，中立面とはりの横断面との交線（図 5.30(c)に N-N で示す）を断面の中立軸（neutral axis of the section）と呼ぶ．

2）変形のパターンに対するひずみを求める．

　図 5.26(b)にのような円弧形をしたはりの中立面の曲率半径 ρ と，曲げモーメント M の関係を調べる．図 5.26(a)において，変形前に dx だけ離れた，中心軸に垂直な二つの断面 mn と pq を考える．変形後にこの二つの断面は，図 5.26(b)に示すように曲率中心 O で交わるので，二つの断面のなす角度 $-d\theta$ は

$$-d\theta = \frac{dx}{\rho} \tag{5.10}$$

となる.

ここで中立面から,円弧の外側に向かって中立面に垂直な座標軸 y をとり,中立面から y だけ離れた位置での軸方向のひずみを考える.この位置で,断面 mn と pq とで挟んだ繊維の長さは,変形前 dx であったが,変形後 $(\rho + y)(-d\theta)$ となったため,軸方向のひずみ ε は次のようになる.

$$\varepsilon = \frac{(\rho + y)(-d\theta) - dx}{dx} = \frac{y}{\rho} \tag{5.11}$$

3)ひずみから応力を求める.

フックの法則より,横断面上の垂直応力 σ は

$$\sigma = E\varepsilon = E\frac{y}{\rho} \tag{5.12}$$

となる.すなわち,応力は中立軸からの距離に比例して変化する.$\rho > 0$ のとき,$y \geq 0$ なら引張応力,$y \leq 0$ なら圧縮応力である.はりの断面におけるこのような応力分布を図5.26(d)に示す.

4)応力と曲げモーメントの関係を求める.

式(5.12)のように分布した曲げ応力は,この断面内での力の釣合いに関する次の二つの条件を満たさなければならない.

【条件1】 軸方向の外力は 0 としているから,式(5.12)のように分布した曲げ応力によるこの断面上の軸方向の合力は 0 でなければならない.

$$\int_A \sigma dA = 0 \tag{5.13}$$

ここに,A は断面の全面積,dA は図5.27に示す中立軸から y の距離にある断面の微小要素面積である.式(5.12)を式(5.13)に代入すれば,

$$\frac{E}{\rho}\int_A y dA = 0$$

すなわち,

$$\int_A y dA = 0 \tag{5.14}$$

この式の左辺の積分は断面一次モーメント(geometrical moment of area)と呼ばれ,中立軸は断面の一次モーメントが 0 となる軸であることを意味している.したがって,断面の中立軸は断面の図心を通ることがわかる.

【条件2】 モーメントの釣合いから,式(5.12)のように分布した曲げ応力は,図5.26(d)あるいは図5.27で示したように,この応力によるモーメントの合計が断面上の曲げモーメント M であるから,

$$M = \int_A \sigma y dA = \frac{E}{\rho}\int_A y^2 dA \tag{5.15}$$

ここに,おのおのの微小要素面積 dA に中立軸からの距離 y の2乗 y^2 を掛けたものの総和,すなわち積分

注)$d\theta$ の前に $-$ がつく理由については,後に詳しく述べるが,はりが下向きに傾く方向を正とすることからくる.

また,はりのたわみの正方向(y軸の方向)は図 5.26(b),(c)にあるように,下方向にとることが日本では慣例となっている.

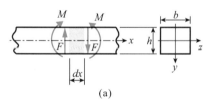

(a)

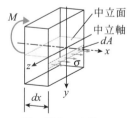

(b) 微小部分の立体図

図5.27 はりの微小部分

$$I = \int_A y^2 dA \tag{5.16}$$

を断面二次モーメント（moment of inertia of area）と呼び，記号 I で表す．式(5.15)は，

$$\frac{1}{\rho} = \frac{M}{EI} \tag{5.17}$$

と書ける．この式は，はりの曲げにおける中立面の曲率 $1/\rho$ が曲げモーメント M に比例し，EI に反比例することを示している．同じモーメント M に対して，EI が大きければ，曲率 $1/\rho$ が小さい，すなわちはりは曲がりにくいので，EI は曲げ剛性（flexural rigidity）と呼ばれ，はりの曲がりにくさを表す量である．この曲げ剛性は，E に関係する材料の剛性と，I に関係する断面の形および寸法によるものとの両方に関係している．2 つの条件をまとめると，軸方向の合力を生じない条件(5.13)から中立軸の位置が決まり（中立軸は断面の図心を通る），断面上の曲げモーメント M を生じる条件(5.15)から曲率 $1/\rho$ が式(5.17)のように決まる．

　さて，式(5.17)を式(5.12)に代入すれば，曲げ応力 σ を求めるための式が得られる．

$$\sigma = \frac{My}{I} \tag{5.18}$$

中立軸から，引張側および圧縮側の最も外側の部分までの距離をそれぞれ図5.28 に示すように e_1 および e_2 と書けば，それぞれの位置で応力は正，負の最大値をとる．

$$\sigma_{max}^{+} = \frac{Me_1}{I} = \frac{M}{Z_1}, \qquad \sigma_{min}^{-} = -\frac{Me_2}{I} = -\frac{M}{Z_2} \tag{5.19}$$

ここに，

$$Z_1 = \frac{I}{e_1}, \qquad Z_2 = \frac{I}{e_2} \tag{5.20}$$

を断面係数（section modulus）と呼ぶ．Z_1，Z_2 は断面の形および寸法のみに関係した量である．

5・3・2　中立軸と断面二次モーメント（neutral axis and moment of inertia of area）

　具体的に中立軸（neutral axis of the section）の位置を求め，断面二次モーメントを計算してみる．図5.29に示すような図形において，任意な点 O を原点とする直角座標系を (y_1, z_1)，図心 G を原点とする座標系を (y, z) とする．式(5.14)で示したように図心の定義より次式が成り立つ．

$$\int_A y \, dA = 0 \qquad \int_A z \, dA = 0 \tag{5.21}$$

各々の積分は z 軸と y 軸に関する断面一次モーメントである．

　一方，任意な点 O を原点とする直角座標系 (y_1, z_1) と，図心 G を原点とする座標系を (y, z) の関係は，

$$y = y_1 - \bar{y}, \qquad z = z_1 - \bar{z}$$

補足）式(5.17)内の断面二次モーメントは，図5.26(b)に示すように xy 平面内ではりが曲がる場合の値であり，図5.26(c)の z 軸を中心としてはりの断面の回転を考えている．このことを明記するために記号 I_z を用いることもある．

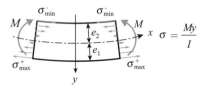

図 5.28　はりの横断面に生じる曲げ
モーメントと曲げ応力の関係

補足）純粋曲げ以外の場合は，ここで示した理論は厳密には成り立たないが，断面の寸法に比べはりの長さが十分に長ければ，『はりの軸線に垂直な断面が変形後も平面でかつ軸線に垂直である．』という仮定が良い近似として成立し，この仮定に基づいて導いた理論で十分精密にはりの変形状態や内部応力を求めることができる．

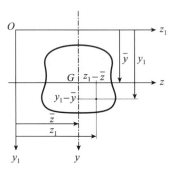

図 5.29　はりの断面と図心

であるから，これらを式(5.21)に代入すると次式が得られる．

$$\overline{y}=\frac{\int_A y_1 dA}{A},\qquad \overline{z}=\frac{\int_A z_1 dA}{A} \tag{5.22}$$

注）図 5.29 における断面で，はりを y 軸方向に曲げるような荷重を加えたとき，断面形状が y 軸に対して対称でない場合，ねじりや，z 軸方向の変形も伴い，複雑な変形をする．ここでは，y 軸に対して対称な形状のみを考え，z 方向の変形は考えない．従って，図心 G は対称軸 y 上にあることになる．

式(5.22)から，任意な直角座標系 (y_1, z_1) において，図心の座標 $\overline{y}$ と $\overline{z}$ はそれぞれ y_1 軸と z_1 軸に関する断面一次モーメントを図形の面積 A で割ることによって求めることができる．

断面二次モーメントを求める際，図心を通る軸と図心を通らない平行な軸に関するそれぞれの断面二次モーメントの間の関係を利用すると計算が簡便になることが多い．このような平行な軸に関する断面二次モーメントの関係を導いておこう．

図5.30のように図心 G を通る z 軸に平行な任意の z_1 軸に関する断面二次モーメントは，両軸間の距離を d とすると

$$I_{z_1}=\int_A (y+d)^2 dA=\int_A y^2 dA+2d\int_A y dA+d^2\int_A dA \tag{5.23}$$

ここで，右辺第 1 項は z 軸に関する断面二次モーメントで I_z，第 2 項は図心を通る z 軸に関する断面一次モーメントであるから 0，第 3 項は d^2A となるから，式(5.23)は次のように表わすことができる．

$$I_{z_1}=I_z+d^2 A \tag{5.24}$$

図 5.30 平行軸の定理

これを平行軸の定理（parallel-axis theorem）という．

中立軸が求められれば，断面二次モーメントは計算できる．以下，いくつかの断面形状について，断面二次モーメントおよび断面係数を求める．

(1) 長方形断面（図 5.31）

底面から $\frac{h}{2}$ の位置が中立軸 N-N である．したがって

$$e_1=e_2=\frac{h}{2}$$

また $dA=bdy$ だから，式(5.16)より

$$I=\int_A y^2 dA=\int_{-\frac{h}{2}}^{\frac{h}{2}} by^2 dy=\frac{bh^3}{12} \tag{5.25}$$

$$Z_1=Z_2=\frac{I}{e_1}=\frac{bh^2}{6} \tag{5.26}$$

図5.31 長方形断面

(2) 二等辺三角形断面（図 5.32）

底面に z_1 軸をおくと，$dA=b(1-\frac{y_1}{h})dy_1$ と表される．従って，z_1 軸に関する断面一次モーメント S_{z_1} を求めると

$$S_{z_1}=\int_A y_1 dA=\int_0^h b(1-\frac{y_1}{h})y_1 dy_1=\frac{bh^2}{6}$$

式(5.22)より図心の y_1 座標 $\overline{y}$ は，

図5.32 二等辺三角形断面

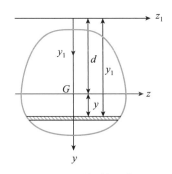

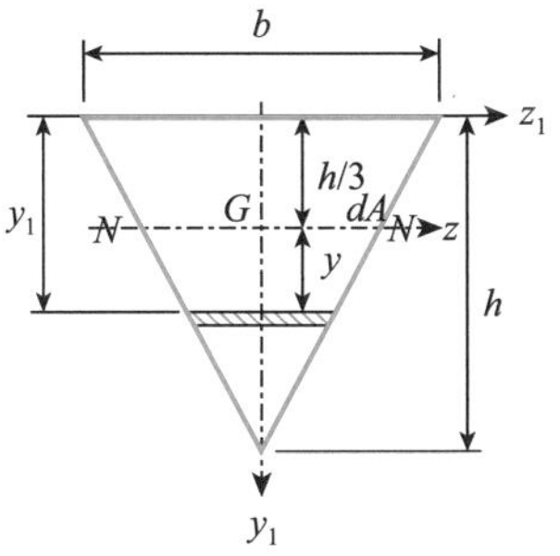

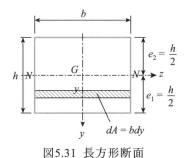

$$\bar{y} = \frac{S_{z_1}}{A} = \frac{bh^2/6}{bh/2} = \frac{h}{3} \tag{5.27}$$

となる．すなわち，底面から $h/3$ の位置に中立軸がある．したがって，図心を通る z 軸に関する断面二次モーメントは，式(5.16)より，

$$I = \int_A \left(y_1 - \frac{h}{3} \right)^2 dA = \int_0^h b \left(1 - \frac{y_1}{h} \right) \left(y_1 - \frac{h}{3} \right)^2 dy_1 = \frac{bh^3}{36} \tag{5.28}$$

また，$e_1 = \dfrac{2}{3}h$，$e_2 = \dfrac{1}{3}h$　より

$$Z_1 = \frac{I}{e_1} = \frac{bh^2}{24}, \qquad Z_2 = \frac{I}{e_2} = \frac{bh^2}{12} \tag{5.29}$$

(3) 円形断面（図 5.33）

中立軸は中心線である．図より，

$$dA = 2 \times \left(\frac{d}{2} \cos\theta \right) dy$$

ここで，θ と y の関係より，

$$y = \frac{d}{2} \sin\theta, \quad dy = \frac{d}{2} \cos\theta \, d\theta$$

従って，式(5.16)より

$$I = \int_A y^2 dA = 2 \int_0^{\frac{\pi}{2}} \left(\frac{d}{2} \sin\theta \right)^2 2 \left(\frac{d}{2} \right)^2 \cos^2\theta \, d\theta = \frac{\pi d^4}{64} \tag{5.30}$$

また，$e_1 = e_2 = d/2$　より

$$Z_1 = Z_2 = \frac{I}{e_1} = \frac{\pi d^3}{32} \tag{5.31}$$

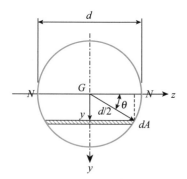

図 5.33 円形断面

(4) I 型断面（図 5.34）

上下対称だから，

$$e_1 = e_2 = \frac{h}{2}$$

中心を通る z 軸に関する断面二次モーメントは，式(5.16)より

$$I = \int_A y^2 dA = 2 \left(\int_0^{\frac{h_2}{2}} b_2 y^2 dy + \int_{\frac{h_2}{2}}^{\frac{h}{2}} b_1 y^2 dy \right) \\ = \frac{1}{12} \left\{ b_2 h_2{}^3 + 2 b_1 h_1 (h^2 + h h_2 + h_2{}^2) \right\} \tag{5.32}$$

また，

$$Z_1 = Z_2 = \frac{1}{6h} \left\{ b_2 h_2{}^3 + 2 b_1 h_1 (h^2 + h h_2 + h_2{}^2) \right\} \tag{5.33}$$

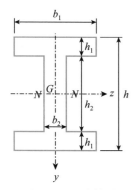

図 5.34 I 型断面

【例題 5.5】

図 5.35 に示す3つの断面形状に対して，断面積 A，z 軸まわりの断面二次モーメント I_z および断面係数 Z_z を求めよ．

【解答】

それぞれ以下のようになる.

(a)： $A = 900\,\text{mm}^2$, $I_z = 46.9 \times 10^3\,\text{mm}^4$, $Z_z = 3.75 \times 10^3\,\text{mm}^3$

(b)： $A = 900\,\text{mm}^2$, $I_z = 67.5 \times 10^3\,\text{mm}^4$, $Z_z = 4.50 \times 10^3\,\text{mm}^3$

(c)： $A = 900\,\text{mm}^2$, $I_z = 97.2 \times 10^3\,\text{mm}^4$, $Z_z = 5.40 \times 10^3\,\text{mm}^3$

断面積は3つの断面とも等しいが，断面二次モーメント I_z および，断面係数 Z_z は，縦長になるほど大きくなる．式(5.19)より，はりの断面に生じる曲げ応力の最大値は断面係数に反比例するから，曲げを受ける方向に薄くなるに従い，応力は大きくなる．式(5.25), (5.26)より，断面積 $A = bh$ が等しければ，断面二次モーメント I_z は，はりの断面の高さ h の2乗に比例し，断面係数 Z_z は，はりの断面の高さ h に比例する.

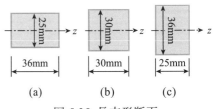

図 5.35　長方形断面

【例題 5.6】

平行軸の定理を用いて，長方形断面の断面二次モーメントの式(5.25)から，図 5.34 の I 形断面の断面二次モーメントを求めよ.

【解答】

I 形断面のフランジ（上下の板状の部分）とウェブ（中央の柱状の部分）はいずれも長方形断面であり，式(5.25)によれば，それぞれの中心線に関する断面の二次モーメントは

上のフランジの断面二次モーメント： $I_F = \dfrac{b_1 h_1{}^3}{12}$

ウェブの断面二次モーメント： $I_W = \dfrac{b_2 h_2{}^3}{12}$

である．また，フランジの面積 A_F は

$$A_F = b_1 h_1$$

であり，フランジの上下の板状の部分の中心と中立軸 N-N の距離 d は

$$d = \dfrac{h_1 + h_2}{2}$$

である．したがって，平行軸の定理を用いれば，

$$I = I_W + 2(I_F + A_F d^2) = \frac{1}{12}\left\{ b_2 h_2{}^3 + 2 b_1 h_1 (h^2 + h h_2 + h_2{}^2) \right\}$$

この結果は，式(5.32)と一致する.

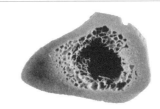

図 5.36　骨の断面

軽く，かつ高強度になるように，骨の断面は複雑な形状をしている．竹や木材の断面等，自然界には複雑な断面形状をしているものが数多く見られる.

【例題 5.7】

図 5.37 のように，直径 50mm の円形断面を有する長さ 1.0m の単純支持はりが，中央に 500N の集中荷重を受けるとき，このはりに生じる最大曲げ応力を求めよ.

【解答】

はりの左端に原点を有する x 座標を右向きに用いる．はりの長さ l ，集中荷重 P とすれば，最大曲げモーメント $M_{\max}$ は，はりの中央に生じるので，

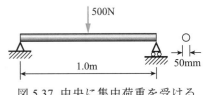

図 5.37　中央に集中荷重を受ける
単純支持はり

$$M_{\text{max}} = \frac{P}{2} \times \frac{l}{2} = \frac{Pl}{4} = 125\text{N} \cdot \text{m} \tag{a}$$

式(5.31)より，このはりの断面係数 Z_1 は，

$$Z_1 = \frac{\pi d^3}{32} = 1.227 \times 10^{-5}\text{m}^3 \tag{b}$$

従って，式(5.19)より，

$$\sigma_{\text{max}} = \frac{M_{\text{max}}}{Z_1} = \frac{125\text{N} \cdot \text{m}}{1.227 \times 10^{-5}\text{m}^3} = 10.2 \times 10^6\,\text{N/m}^2 = 10.2\text{MPa}$$

答：$\sigma_{\text{max}} = 10.2\text{MPa}$

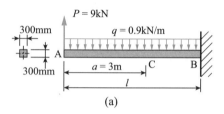

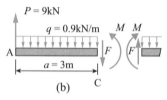

Fig. 5.38 The cantilever subjected to
the uniform distributed load
and the concentrated load.

【Example 5.8】

As shown in Fig.5.38, a cantilever beam has the square cross-section 0.3m × 0.3m and subjected to the uniformly distributed load 0.9kN/m on the upper surface and the upward concentrate load 9kN at the left edge. Determine the maximum bending stress σ_{max} at a section 3m from the free end.

【Solution】

A free-body diagram for a 3m segment of the beam is shown in Fig. 5.38(b). From equilibrium of this segment, the bending moment M at the section C is given as.

$$M = Pa - \frac{qa^2}{2} = 9 \times 3 - \frac{0.9 \times 3^2}{2} = 22.95\text{kN} \cdot \text{m}$$

From Eq.(5.26),

$$Z_1 = \frac{bh^2}{6} = \frac{0.3 \times 0.3^2}{6} = 0.0045\text{m}^3$$

Thus, the maximum stress σ_{max} can be obtained by Eq.(5.19) as follows

$$\sigma_{\text{max}} = \frac{22.95\text{kN} \cdot \text{m}}{0.0045\text{m}^3} = 5.1 \times 10^6\,\text{Pa} = 5.1\text{MPa}$$

The top fibers of the beam are in compression and the bottom ones in tension.

Ans. : $\sigma_{\text{max}} = 5.1\text{MPa}$

5・4　曲げにおけるせん断応力（shear stress under bending）

はりの断面には，曲げモーメント M とせん断力 F が加わっている．断面に平行な方向の応力，せん断応力（shear stress）は，断面に加わる平行方向の内力，すなわちせん断力 F に関係する．図5.39に示すように，はりのせん断応力 τ は，断面上で一定とはならない．しかし，せん断応力を断面全体にわたって積分すれば，断面に加わっているせん断力となるから，

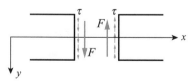

図5.39 はりの断面上のせん断力と
せん断応力

$$F = \int_A \tau dA \tag{5.34}$$

となる．ここで，A は断面の断面積である．

5・4・1　せん断応力の平均値 （average value of shearing stress）

せん断応力が，断面上で一様であると仮定すれば，式(5.34)より，

$$\boxed{\tau = \frac{F}{A}}$$ (5.35)

として，せん断応力を求めることができる．この式より求められるせん断応力は，式(5.34)より，断面上のすべてのせん断応力を足し合わせて平均を取ったことと等価である．

注）はりの曲げ問題の場合，せん断応力の最大値と曲げ応力の最大値を比べると，曲げ応力の最大値のほうがはるかに大きい場合がほとんどである．従って，はりの破壊を考えるとき，せん断応力の効果は考慮しなくてもよい場合が多い．

【例題 5.9】

図 5.40 のように，一辺 10mm の正方形断面を有する長さ 2.0m の片持はりの先端が 10N の集中荷重を受けるとき，このはりに生じる最大曲げ応力 σ_{max} は，最大平均せん断応力 τ_{max} に比べ何倍となるかを求めよ．荷重をさらに増加して行ったとき，最初に破壊する場所を予想せよ．

【解答】

図 5.40(b) に示すように，x 軸の原点をはりの左端にとる．はりの長さ l，集中荷重 P とすれば，曲げモーメント M，せん断力 F は，左端より x の断面で切断して考えれば，次式となる．

$$M = -(l-x)P$$
$$F = P$$ (a)

上式を式(5.18)と(5.35)にそれぞれ代入すれば，x の断面における曲げ応力 σ と平均せん断応力 τ は，

$$\sigma = \frac{M}{I_z}y = -\frac{P}{I_z}(l-x)y$$ (b)
$$\tau = \frac{F}{A} = \frac{P}{A}$$

ここで，このはりの断面の一辺の長さを a で表せば，式(5.25)において $b = h = a$ とすれば，

$$I_z = \frac{a^4}{12} , \ A = a^2$$ (c)

式(c)を式(b)に代入すれば，曲げ応力と平均せん断応力は，

$$\sigma = -\frac{12P}{a^4}(l-x)y , \ \tau = \frac{P}{a^2}$$ (d)

この式より，$x = 0, y = -a/2$ で曲げ応力は正の最大値，

$$\sigma_{max} = -\frac{12P}{a^4}l(-\frac{a}{2}) = \frac{6P}{a^3}l = 120\text{MPa}$$ (e)

をとる．一方，平均せん断応力 τ は，式(d)より，はりの軸方向にわたって一様であるから，その最大値は，

$$\tau_{max} = \frac{P}{a^2} = 0.1\text{MPa}$$ (d)

式(e)と(d)より，最大曲げ応力と最大平均せん断応力の比は，

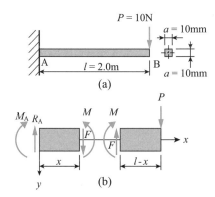

図 5.40　先端に集中荷重を受ける
片持はり

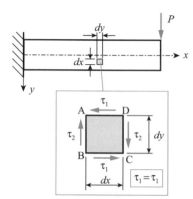

図 5.41　せん断応力の共役性

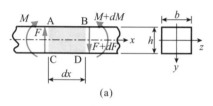

(a)

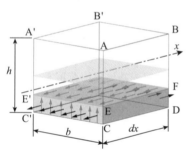

(b) 微小部分の立体図

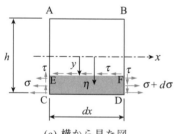

(c) 横から見た図

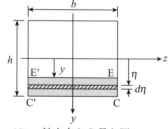

(d) x 軸方向から見た図

図 5.42　長方形断面はりの応力

$$\frac{\sigma_{max}}{\tau_{max}} = 6\frac{l}{a} = 1200 \tag{f}$$

となる．この問題の場合，最大曲げ応力は，最大平均せん断応力に比べ 1200 倍大きい．さらに荷重を増して行けば，最大曲げ応力が引張強さに達したときに，$x = 0, y = -a/2$，すなわち，はりの固定端の上部から破壊すると予想される．

答：1200倍，固定端上部から破壊．

5・4・2　長方形断面はりのせん断応力（shearing stress of a bar with rectangular cross section）

長方形断面を有するはりのせん断応力について考える．図 5.41 のように，横断面のせん断応力 τ_2 と，軸に水平な断面のせん断応力 τ_1 は，せん断応力の共役性（8 章で詳しく説明）より等しいから，τ_1 の分布を求めれば，横断面のせん断応力の分布を求めることができる．

図 5.42(a)のように，高さ h，幅 b の長方形断面を持つはりの横断面に生じるせん断応力について考える．図 5.42(b), (c) には，x の位置から微小長さ dx の位置の直方体内部のせん断応力について示してある．横断面のせん断応力を求めるかわりに，EF を含む面上のせん断応力を求める．図 5.42(c)で説明すれば，CE の面上の E 点近傍のせん断応力は，EF の面上の E 点近傍におけるせん断応力と等しい．そこで，EF 面でのせん断応力を求めて，dx を小さくすれば，E 点のせん断応力を求めることができる．図 5.42(b)のグレーで表した直方体の x 軸方向の力の釣合いは，

$$\int_y^{\frac{h}{2}}(\sigma + d\sigma)bd\eta - \int_y^{\frac{h}{2}}\sigma bd\eta - b\tau dx = 0 \tag{5.36}$$

従って，

$$\tau = \int_y^{\frac{h}{2}}\frac{d\sigma}{dx}d\eta \tag{5.37}$$

ここで，式(5.18)と式(5.8)より，

$$\frac{d\sigma}{dx} = \frac{d}{dx}\left(\frac{M}{I}\eta\right) = \frac{\eta}{I}\frac{dM}{dx} = \frac{\eta}{I}F \tag{5.38}$$

となるから，この式を式(5.37)に代入すれば，

$$\tau = \int_y^{\frac{h}{2}}\frac{\eta}{I}Fd\eta = \frac{F}{I}\int_y^{\frac{h}{2}}\eta d\eta = \frac{F}{2I}\left(\frac{h^2}{4} - y^2\right) \tag{5.39}$$

となる．さらに，断面二次モーメント I は，式(5.25)で与えられるから，

$$\tau = \frac{6F}{bh^3}\left(\frac{h^2}{4} - y^2\right) = \frac{3F}{2A}\left(1 - \frac{4y^2}{h^2}\right) \quad (A = bh) \tag{5.40}$$

を得る．この式から，長方形断面では横断面のせん断応力は，図 5.43 に示すように放物線状に分布し，棒の上下の面 $y = -h/2$ および $y = h/2$ で 0 となり，中央部 $y = 0$ で最大となる．最大値 τ_{max} は

$$\tau_{max} = \frac{3F}{2A} \tag{5.41}$$

となり，平均せん断応力 F/A の $3/2 = 1.5$ 倍である．

【Example 5.10】

As shown in Fig.5.38(a) at Ex.5.8, determine the maximum shearing stress $\tau_{\max}$ in the square cross-section at the section 3m from the free end.

【Solution】

By the equilibrium of the 3m segment of the beam shown in Fig.5.38(b), the equilibrium of the forces is given as follows.

$$-P + qa + F = 0$$

Thus, the shearing force at the section is given by

$$F = P - qa = 9 \times 10^3[\text{N}] - 0.9 \times 10^3[\text{N/m}] \times 3[\text{m}] = 6.3\text{kN}$$

By Eq.(5.41), the maximum sharing stress $\tau_{\max}$ is determined as

$$\tau_{\max} = \frac{3}{2}\frac{F}{A} = \frac{3}{2} \times \frac{6.3\text{kN}}{0.3\text{m} \times 0.3\text{m}} = 0.105\text{MPa}$$

The maximum shearing stress occurs at the neutral axis $y = 0$.

答： $\tau_{\max} - 0.105\text{MPa}$

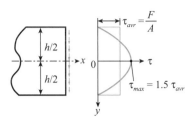

図5.43 長方形断面における
せん断応力 τ の分布

5・4・3　任意形状断面のせん断応力（shearing stress of arbitrary cross section）

図 5.44(a)のように，横断面が対称図形であるはりの場合について考える．図 5.44(b)のように，微小長さ dx の部分の中立面から y 離れた面から下の部分の応力による x 軸方向の力の釣合いより，

$$-\int_y^{e_1} \sigma dA - \tau b(y)dx + \int_y^{e_1}(\sigma + d\sigma)dA = 0 \tag{5.42}$$

せん断力 τ について解けば，

$$\tau = \frac{1}{b(y)}\int_y^{e_1}\frac{d\sigma(\eta)}{dx}dA \tag{5.43}$$

ここで，b は中立面から距離 y の位置のはりの幅で，y の関数である．同様に，応力 σ も式(5.18)で表され，y の関数である．混乱をさけるために $b(y)$, $\sigma(y)$ のように表してある．式(5.18)を用いれば，式(5.43)は，

$$\tau = \frac{1}{b(y)}\int_y^{e_1}\frac{dM}{dx}\frac{\eta}{I_z}dA = \frac{1}{b(y)I_z}\frac{dM}{dx}\int_y^{e_1}\eta dA \tag{5.44}$$

となる．ここで，η は，図 5.44(a)で表される中立面からの距離であり，積分内でのみ用いる変数である．式(5.44)に式(5.8)を用いれば，結局

$$\tau = \frac{FQ}{bI_z}, \quad Q = \int_y^{e_1}\eta dA \tag{5.45}$$

と表される．Q は断面の中立軸まわりの面積モーメント（moment of area）に相当する．

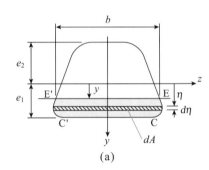

(a)

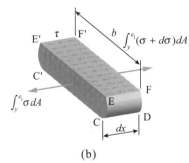

(b)

図5.44 左右対称な断面における
せん断応力

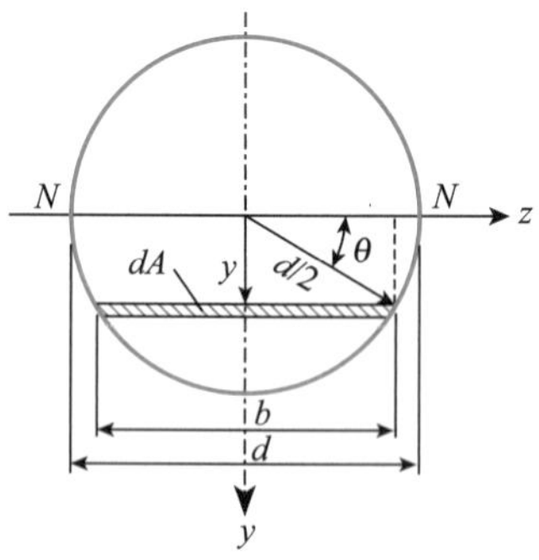

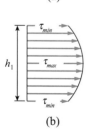

図 5.45　円形断面

【例題 5.11】

　図5.45のように，直径 d の円形断面はりの断面に，せん断力 F が加わっているとき，その断面のせん断応力 τ の分布と最大せん断応力 $\tau_{\max}$ を求めよ．

【解答】

　式(5.45)を用いれば，せん断応力 τ の分布を求めることができる．図5.45を参照すれば，中立面（z軸）より y 離れた位置の幅 b は，

$$b \equiv b(y) = \sqrt{d^2 - 4y^2} \tag{a}$$

また，図の斜線部の微小面積 dA は，$b(\eta)d\eta$ で表されるから，中立軸まわりの面積モーメント Q は

$$Q = \int_y^{d/2} \eta dA = \int_y^{d/2} \eta b(\eta) d\eta \tag{b}$$

ここで，積分変数を $d^2 - 4\eta^2 = t^2$ と置き換えれば，

$$\eta = y \Rightarrow t = b(y) \ , \quad \eta = \frac{d}{2} \Rightarrow t = 0 \ , \quad \eta d\eta = -\frac{1}{4}tdt \tag{c}$$

となるから，式(b) は，

$$Q = -\int_{b(y)}^0 \frac{t^2}{4}dt = -\left[\frac{t^3}{12}\right]_{b(y)}^0 = \frac{\{b(y)\}^3}{12} \tag{d}$$

したがって，式(5.45)よりせん断応力 τ は

$$\tau = \frac{FQ}{bI_z} = \frac{16Fb^2}{3\pi d^4} = \frac{16F}{3\pi d^2}\left(1 - 4\frac{y^2}{d^2}\right) \tag{e}$$

となる．そして，$y = 0$ すなわち中立面で最大となり，最大値は，

$$\tau_{\max} = \frac{16F}{3\pi d^2} = \frac{4}{3}\left(\frac{4F}{\pi d^2}\right) \tag{f}$$

となる．この値は，平均せん断応力 $\dfrac{4F}{\pi d^2}$ の 4/3 倍となる．

5・4・4　Ｉ形断面はりのせん断応力（shearing stress of a wide-flange beam）

　図 5.46(a)のようなＩ形断面はりの場合，そのウェブ（中央の柱状の部分）の断面に生じるせん断応力の分布は，長方形断面のはりの場合と同じ考え方で求めることができる．いま図 5.46(a)において，ウェブ内の任意の位置 y でせん断応力 τ を求める．図に示したような寸法を用いれば，断面の影を付けた部分の中立軸のまわりの面積モーメントは

$$Q = \int_y^{\frac{h}{2}} \eta dA = \int_y^{\frac{h_1}{2}} \eta t d\eta + \int_{\frac{h_1}{2}}^{\frac{h}{2}} \eta b d\eta$$

$$= \left[\frac{t}{2}\eta^2\right]_y^{\frac{h_1}{2}} + \left[\frac{b}{2}\eta^2\right]_{\frac{h_1}{2}}^{\frac{h}{2}} = \frac{t}{2}\left(\frac{h_1^2}{4} - y^2\right) + \frac{b}{2}\left(\frac{h^2}{4} - \frac{h_1^2}{4}\right) \tag{5.46}$$

となる．これを式(5.45)に代入すれば，ウェブ内の任意の y でのせん断応力 τ は

(a)

(b)

図 5.46　Ｉ型断面棒とせん断応力

$$\tau = \frac{F}{tI}\left\{\frac{b}{2}\left(\frac{h^2}{4}-\frac{h_1^2}{4}\right)+\frac{t}{2}\left(\frac{h_1^2}{4}-y^2\right)\right\} \tag{5.47}$$

となる．この式からわかるように，せん断応力は中立軸 $y=0$ において最大，

$$\tau_{\max} = \frac{F}{tI}\left\{\frac{b}{2}\left(\frac{h^2}{4}-\frac{h_1^2}{4}\right)+\frac{th_1^2}{8}\right\} \tag{5.48}$$

となり，フランジ（上下の板状の部分）との境目 $y=h_1/2$ において最小となる．

$$\tau_{\min} = \frac{F}{tI}\left\{\frac{b}{2}\left(\frac{h^2}{4}-\frac{h_1^2}{4}\right)\right\} \tag{5.49}$$

$y=0$ と $y=h_1/2$ の中間では，図5.46(b)の線図の水平座標で表わされるように放物線状にせん断応力が変化する．

注）フランジの自由表面 AB および CD において，せん断応力は 0 である．一方，境目 BC の上では式(5.49)によって与えられる値をとる．このことからわかるように，フランジの幅に沿う応力の分布が極めて不均一である．そのため，厳密には式(5.45)を用いてフランジにおけるせん断応力の分布を論じることができない．しかし，通常の寸法の標準 I 形鋼や広フランジ断面形鋼に対しては，フランジは断面全体を支える全せん断力をほとんど分担しないため，フランジにおけるせん断応力を考慮する必要は少ない．

5・5　はりのたわみ（deflection of beam）

前節までに示したように，はりの断面には曲げモーメントによる曲げ応力（垂直応力）とせん断力によるせん断応力が同時に生じている．ここでは，各々の応力によるはりの変形，すなわちたわみ（deflection）について考える．

5・5・1　曲げモーメントによるたわみ（deflection by bending moment）

左右対称な断面形状を持つ真直はりに，対称軸と軸線を含む面内で曲げモーメントが作用すれば，はりは曲げモーメントの作用面内で曲げられる．これによってはりの各部は垂直および水平方向へ移動するが，材料力学ではこのはりの変位を断面の図心に生じた変位，すなわち軸線の変位で代表させる．断面内の他の点の変位は，垂直方向にも水平方向にも図心の変位とはわずかずつ異なるはずであるが，それらの違いは微小であるから無視できる．この軸線が曲げモーメントによって変形した状態をたわみ曲線（deflection curve）または弾性曲線（elastic curve）という．変形前の軸線からこのたわみ曲線までの垂直変位量 y をたわみ（deflection），この曲線の接線と変形前の軸線とのなす角 θ をたわみ角（angle of deflection）という．たわみ角は，時計方向を正とし，その単位はラジアンである．

図 5.47 に示すように，左端を原点として，変形前の軸線方向に x 軸，対称軸の下方向に y 軸をとり，たわみ曲線上に微小長さ $NN' = ds = \sqrt{dx^2+dy^2}$ の部分を考える．点 N と点 N' における法線のなす角，すなわち図中の $\angle N'O'N$ は $-d\theta$ に等しいから

$$-d\theta = \frac{ds}{\rho} \qquad \therefore \ \frac{1}{\rho} = -\frac{d\theta}{ds} \tag{5.50}$$

一方，たわみ曲線の傾きは

$$\tan\theta = \frac{dy}{dx} \tag{5.51}$$

式(5.51)と式 $ds = \sqrt{dx^2+dy^2}$ を式(5.50)に代入すれば，曲率 $1/\rho$ は次のように得られる．

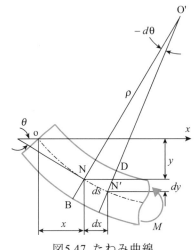

図5.47 たわみ曲線

注）図では，N→N' と進むに従い θ は減少している．従って，$\angle N'O'N$ を $-d\theta$ として，負号を付けて表す．

注）式(5.51)の両辺を x で微分すれば，

$$\frac{1}{\cos^2\theta}\frac{d\theta}{dx} = \frac{d^2y}{dx^2}$$

これより，

$$d\theta = \cos^2\theta\frac{d^2y}{dx^2}dx = \frac{d^2y/dx^2}{1+\left(dy/dx\right)^2}dx$$

$$\frac{1}{\rho} = -\frac{\dfrac{d^2y/dx^2}{1+(dy/dx)^2}\,dx}{\sqrt{dx^2+dy^2}} = -\frac{d^2y/dx^2}{\left[1+(dy/dx)^2\right]^{3/2}} \tag{5.52}$$

一般に，たわみ角 θ は極めて小さいから，$(dy/dx)^2 = \tan^2\theta$ は 1に対して無視することができる．このことを考慮すれば，式(5.52)は次のようになる．

$$\frac{1}{\rho} = -\frac{d^2y}{dx^2} \tag{5.53}$$

式(5.17) より，$1/\rho = M/EI$ だから，

$$\boxed{\frac{d^2y}{dx^2} = -\frac{M}{EI}} \tag{5.54}$$

これがはりのたわみ曲線の微分方程式である．

たわみ角 θ が微小なとき，$\tan\theta \cong \theta$ であるから，式(5.51)より，

$$\boxed{\theta = \frac{dy}{dx}} \tag{5.55}$$

と表される．

モーメントの分布 $M(x)$ がわかれば，式(5.54)を積分してはりのたわみ角 θ および，たわみ y を求めることができる．式(5.54)を積分すれば，

$$\theta = \frac{dy}{dx} = -\int \frac{M}{EI}dx + C_1 \tag{5.56}$$

$$y = -\int\left(\int \frac{M}{EI}dx\right)dx + C_1 x + C_2 \tag{5.57}$$

ここで C_1, C_2 は積分定数であり，はりの境界条件 (boundary condition of beam) から決定される．このようにしてはりのたわみを求める方法を重複積分法 (double-integration method) という．

式(5.7)，(5.8)，(5.54)より，はりに作用するせん断力 F と分布荷重 q は，はりのたわみ式(5.57)を x について微分することにより，次式で与えられる．

$$F = \frac{dM}{dx} = -EI\frac{d^3y}{dx^3} \quad (EI \text{ が一定の場合}) \tag{5.58}$$

$$q = -\frac{dF}{dx} = EI\frac{d^4y}{dx^4} \quad (EI \text{ が一定の場合}) \tag{5.59}$$

【例題 5.12】

図5.48のように，先端に曲げモーメント M_0 を受ける長さ l の片持ちはりのたわみとたわみ角を求めよ．ただし，はりの曲げ剛性を EI で，一定とする．

【解答】

例題5.3を参照すれば，x の位置の断面の曲げモーメントは $-M_0$ である．したがって式(5.54)より

$$\frac{d^2y}{dx^2} = -\frac{M}{EI} = \frac{M_0}{EI} \tag{a}$$

EI を一定として，式(a)を積分していけば，

注）式(5.54)の左辺はたわみ曲線の凹凸を表す．y 座標を下向きに取っていることから，モーメントが正の場合，下に凸，すなわち，y の２階微分は負になる．

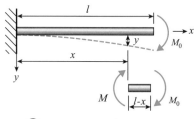

図 5.48 先端に曲げモーメントを
受ける片持ちはり

5・5　はりのたわみ

$$\frac{dy}{dx} = \frac{M_0}{EI}(x + C_1) \tag{b}$$

$$y = \frac{M_0}{EI}\left(\frac{1}{2}x^2 + C_1 x + C_2\right) \tag{c}$$

積分定数 C_1, C_2 は境界条件（図5.49参照）

(1)　$x = 0$ で $y = 0$ 　　　　　　　　　　　　　(d)

(2)　$x = 0$ で $\dfrac{dy}{dx} = 0$ 　　　　　　　　　　　(e)

から決定され，

$$C_1 = 0 , \quad C_2 = 0 \tag{f}$$

となる．ここで，(1)の条件は，固定端ではりが y 方向に変形しない条件，(2)の条件は固定端で軸線が折れ曲がらなく，たわみ角が 0 である条件である．

式(f)を式(b),(c)に代入すれば，はりのたわみ角 θ およびたわみ y は，

$$\theta = \frac{dy}{dx} = \frac{M_0}{EI}x \tag{g}$$

$$y = \frac{M_0}{2EI}x^2 \tag{h}$$

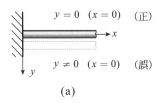

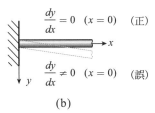

図 5.49　固定端の境界条件

となる．はりの先端 $x = l$ でたわみおよびたわみ角は最大となり，先端の変位 $(y)_{x=l}$ とたわみ角 $(\theta)_{x=l}$ は次のようになる．

$$\text{答} : (y)_{x=l} = \frac{M_0 l^2}{2EI} , \quad (\theta)_{x=l} = \frac{M_0 l}{EI}$$

【例題 5.13】

図 5.50 のような，先端に集中荷重 P を受ける一端固定の長さ l のはりの先端のたわみ y，たわみ角 θ を求めよ．ただし，はりの曲げ剛性を EI で，一定とする．

【解答】

例題5.4を参照すれば，x の位置の断面の曲げモーメント M は

$$M = -P(l - x) \tag{a}$$

したがって，たわみの微分方程式(5.54)より

$$\frac{d^2 y}{dx^2} = -\frac{M}{EI} = \frac{P}{EI}(l - x) \tag{b}$$

式(b)を積分していけば，

$$\frac{dy}{dx} = \frac{P}{EI}\left(lx - \frac{1}{2}x^2 + C_1\right) \tag{c}$$

$$y = \frac{P}{EI}\left(\frac{l}{2}x^2 - \frac{1}{6}x^3 + C_1 x + C_2\right) \tag{d}$$

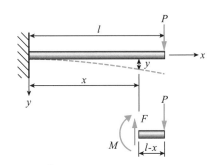

のつり合い $\Rightarrow$ $F = P$

のつり合い $\Rightarrow$ $M = -P(l - x)$

図 5.50　せん端に集中荷重を受ける片持ちはり

例題5.13と固定の条件は同じである．従って，境界条件

(1)　$x = 0$ で $y = 0$ 　　　　　　　　　　　　　(e)

(2)　$x = 0$ で $\dfrac{dy}{dx} = 0$ 　　　　　　　　　　　(f)

から

$$C_1 = 0 \ , \ C_2 = 0 \tag{g}$$

となる．式(g)を式(c), (d)に代入して，はりのたわみ角 θ およびたわみ y は

$$\theta = \frac{dy}{dx} = \frac{P}{EI}\left(lx - \frac{1}{2}x^2\right) \tag{h}$$

$$y = \frac{P}{EI}\left(\frac{l}{2}x^2 - \frac{1}{6}x^3\right) \tag{i}$$

となる．はりの先端 $x = l$ でたわみとたわみ角は最大となり，先端の変位 $(y)_{x=l}$ とたわみ角 $(\theta)_{x=l}$ は次のようになる．

$$答：(y)_{x=l} = \frac{Pl^3}{3EI} \ , \ (\theta)_{x=l} = \frac{Pl^2}{2EI}$$

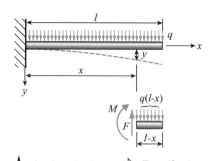

load equivelume $\Rightarrow F = q(l - x)$

moment equivelume $\Rightarrow M = -\frac{q}{2}(l - x)^2$

Fig.5.51 The cantilever subjected to the uniformly distributed load.

【Example 5.14】

As shown in Fig.5.51, the cantilever subjected to the uniformly distributed load q over the span l. Determine the slope and the deflection curve. The flexural rigidity is denoted as EI.

【Solution】

The bending moment M at the cross section is given as

$$M = -\frac{q}{2}(l-x)^2 \tag{a}$$

Substituting Eq.(a) into Eq.(5.54), we have

$$\frac{d^2y}{dx^2} = -\frac{M}{EI} = \frac{q}{2EI}(l-x)^2 \tag{b}$$

By integrating Eq.(b),

$$\frac{dy}{dx} = \frac{q}{2EI}\left(l^2x - lx^2 + \frac{1}{3}x^3 + C_1\right) \tag{c}$$

$$y = \frac{q}{2EI}\left(\frac{l^2}{2}x^2 - \frac{l}{3}x^3 + \frac{1}{12}x^4 + C_1x + C_2\right) \tag{d}$$

By the following boundary conditions, we obtain

$$\left. \begin{array}{l} (1) \ \ y = 0 \ \ at \ \ x = 0 \\ (2) \ \ \dfrac{dy}{dx} = 0 \ \ at \ \ x = 0 \end{array} \right\} \ \rightarrow \ \ C_1 = 0 \ , \ C_2 = 0 \tag{e}$$

Thus, the equations for the slope and the deflection become

$$\theta = \frac{dy}{dx} = \frac{q}{EI}\left(\frac{l^2}{2}x - \frac{l}{2}x^2 + \frac{1}{6}x^3\right) \tag{f}$$

$$y = \frac{q}{EI}\left(\frac{l^2}{4}x^2 - \frac{l}{6}x^3 + \frac{1}{24}x^4\right) \tag{g}$$

The deflection and the slope take maximum values at the end of the beam $x = l$ as follows.

$$(y)_{x=l} = \frac{ql^4}{8EI} \ , \ \ (\theta)_{x=l} = \frac{ql^3}{6EI} \tag{h}$$

Ans．：Eqs.(f) and (g)

【Example 5.15】

As shown in Fig.5.52, the simply supported beam subjected to the uniformly distributed load p over the span l. Determine the slope and the deflection curve. The beam rigidity is denoted as EI.

【Solution】

The bending moment M at the cross section is given as

$$M = -\frac{p}{2}x^2 + \frac{pl}{2}x \tag{a}$$

Substituting Eq.(a) into Eq.(5.54), we have

$$\frac{d^2y}{dx^2} = -\frac{M}{EI} = \frac{p}{EI}\left(\frac{1}{2}x^2 - \frac{l}{2}x\right) \tag{b}$$

By integrating Eq.(b),

$$\frac{dy}{dx} = \frac{p}{EI}\left(\frac{1}{6}x^3 - \frac{l}{4}x^2 + C_1\right) \tag{c}$$

$$y = \frac{p}{EI}\left(\frac{1}{24}x^4 - \frac{l}{12}x^3 + C_1x + C_2\right) \tag{d}$$

By the following boundary conditions, we obtain

(1) $y = 0$ _at_ $x = 0$ → $C_2 = 0$

(2) $y = 0$ _at_ $x = l$ → $-\frac{1}{24}l^4 + C_1l + C_2 = 0$ → $C_1 = \frac{l^3}{24}$ (e)

Thus, the equations for the slope and the deflection become

$$\theta = \frac{dy}{dx} = \frac{p}{24EI}\left(4x^3 - 6lx^2 + l^3\right) \tag{f}$$

$$y = \frac{p}{24EI}\left(x^4 - 2lx^3 + l^3x\right) \tag{g}$$

The deflection takes the maximum value at the center of the beam $x = l/2$. Then, the maximum value of deflection $(y)_{x=l/2}$ is obtained as follows.

$$(y)_{x=l/2} = \frac{5pl^4}{384EI} \tag{h}$$

Ans．：Eqs.(f) and (g)

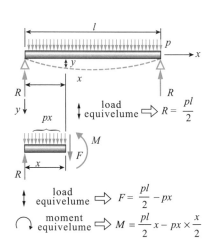

Fig.5.52 The simply supported beam subjected to the uniformly distributed load.

【例題 5.16】

図5.53(a)のように，長さ l の単純支持はりの左端から a の位置に集中荷重 P を加えた．たわみ曲線を求めよ．ただし，はりの曲げ剛性を EI とする．

【解答】

この問題では x の範囲によって曲げモーメント M の表示式が異なるので，それぞれの範囲ごとに別々に取り扱う必要がある．はり全体の力の釣合いと，モーメントの釣合いより，両端の支持反力 R_1, R_2 は，図5.53(b)に示すようになる．さらに，荷重 P の作用点を境に，右側，左側それぞれの領域における

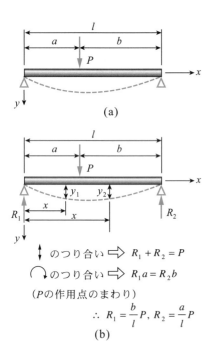

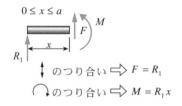

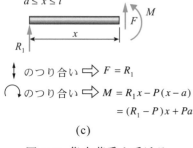

図 5.53　集中荷重を受ける
　　　　単純支持はり

曲げモーメントは，図5.53(c)に示すように得られる．従って，はりのたわみの微分方程式(5.54)は，

$$\frac{d^2y}{dx^2} = -\frac{M}{EI} = \begin{cases} -\dfrac{bP}{lEI}x & (0 \le x \le a) \\[2mm] -\dfrac{aP}{lEI}(l-x) & (a \le x \le l) \end{cases} \tag{a}$$

式(a)を積分して行けば，

$$\frac{dy}{dx} = \begin{cases} \dfrac{bP}{lEI}\left(-\dfrac{1}{2}x^2 + C_1\right) & (0 \le x \le a) \\[2mm] \dfrac{aP}{lEI}\left\{\dfrac{1}{2}(l-x)^2 + C_3\right\} & (a \le x \le l) \end{cases} \tag{b}$$

$$y = \begin{cases} \dfrac{bP}{lEI}\left(-\dfrac{1}{6}x^3 + C_1 x + C_2\right) & (0 \le x \le a) \\[2mm] \dfrac{aP}{lEI}\left\{-\dfrac{1}{6}(l-x)^3 - C_3(l-x) + C_4\right\} & (a \le x \le l) \end{cases} \tag{c}$$

　両端が回転自由に支持されていることより，境界条件は，

$$\begin{aligned} x = 0 &\quad \text{で} \quad y_1 = 0 \\ x = l &\quad \text{で} \quad y_2 = 0 \end{aligned} \tag{d}$$

の２つのみである．しかし，式(b), (c)より，未知係数は C_1, C_2, C_3, C_4 の４つであるので，これらを決定するには，さらに２つの条件が必要である．$x = a$ において，式(b), (c) の上段と下段の式のたわみと，たわみ角が等しいことから，以下の連続条件式が成立していなければならない．

$$\begin{aligned} x = a &\quad \text{で} \quad y_{(x=a-0)} = y_{(x=a+0)} \\ x = a &\quad \text{で} \quad \frac{dy}{dx}_{(x=a-0)} = \frac{dy}{dx}_{(x=a+0)} \end{aligned} \tag{e}$$

式(b), (c)を境界条件(d)に適用すれば，

$$C_2 = 0 , \quad C_4 = 0 \tag{f}$$

さらに連続条件 (e) に適用すれば，

$$b\left(-\frac{1}{6}a^3 + C_1 a\right) = a\left(-\frac{1}{6}b^3 - C_3 b\right) \tag{g}$$

$$b\left(-\frac{1}{2}a^2 + C_1\right) = a\left(\frac{1}{2}b^2 + C_3\right) \tag{h}$$

式(g), (h) より

$$C_1 = \frac{a(l+b)}{6} , \quad C_3 = -\frac{b(l+a)}{6} \tag{i}$$

式(b), (c)に式(f), (i)を用いれば，たわみ角とたわみは次のようになる．

$$\theta = \begin{cases} \theta_1 = \dfrac{dy_1}{dx} = \dfrac{bP}{6lEI}\left\{-3x^2 + a(l+b)\right\} & (0 \le x \le a) \\[2mm] \theta_2 = \dfrac{dy_2}{dx} = \dfrac{aP}{6lEI}\left\{3(l-x)^2 - b(l+a)\right\} & (a \le x \le l) \end{cases}$$

$$y = \begin{cases} y_1 = \dfrac{bP}{6lEI}\left\{-x^2 + a(l+b)\right\}x & (0 \le x \le a) \\[2mm] y_2 = \dfrac{aP}{6lEI}\left\{-(l-x)^2 + b(l+a)\right\}(l-x) & (a \le x \le l) \end{cases} \tag{j}$$

中央に集中荷重が加わる場合，最大たわみは中央（$x = l/2$）に生じ，以下となる．

$$y_{\max} = (y_1)_{x=l/2} = \frac{Pl^3}{48EI} \quad (a = b = \frac{l}{2}\text{ の場合}) \tag{k}$$

答：式(j)

【例題 5.17】
図 5.54(a)のように，長さ l の単純支持はりの支点 A，B に曲げモーメント M_A，M_B（$M_B > M_A$）が作用するとき，支点 A，B のたわみ角 θ_A，θ_B を求めよ．ただし，はりの曲げ剛性を EI で，一定とする．

【解答】
点A，B の反力を R_A，R_B とすれば，力の釣合いと点 B まわりのモーメントの釣合い条件は，

$$-R_A - R_B = 0 \tag{a}$$
$$-R_A l - M_A + M_B = 0 \tag{b}$$

これらより，

$$R_A = -R_B = \frac{M_B - M_A}{l} \tag{c}$$

左端から x の断面における曲げモーメントは

$$M = R_A x + M_A = \frac{M_B - M_A}{l}x + M_A \tag{d}$$

式(d)を式(5.54)に代入して順次積分すれば

$$\frac{d^2 y}{dx^2} = -\frac{1}{EI}\left(\frac{M_B - M_A}{l}x + M_A\right) \tag{e}$$

$$\frac{dy}{dx} = -\frac{1}{EI}\left(\frac{M_B - M_A}{2l}x^2 + M_A x + C_1\right) \tag{f}$$

$$y = -\frac{1}{EI}\left(\frac{M_B - M_A}{6l}x^3 + \frac{M_A}{2}x^2 + C_1 x + C_2\right) \tag{g}$$

境界条件は，$x = 0$ および $x = l$ で $y = 0$ であるから，

$$C_1 = -\frac{(2M_A + M_B)l}{6} , \quad C_2 = 0 \tag{h}$$

これらを式(f), (g) に代入すれば

$$\theta = \frac{dy}{dx} = \frac{l}{6EI}\left\{-\frac{3(M_B - M_A)}{l^2}x^2 - \frac{6M_A}{l}x + (2M_A + M_B)\right\} \tag{i}$$

$$y = -\frac{1}{EI}\left(\frac{M_B - M_A}{6l}x^3 + \frac{M_A}{2}x^2 - \frac{(2M_A + M_B)l}{6}x\right) \tag{j}$$

支点 A，B のたわみ角 θ_A，θ_B は，式(i)より以下となる．

答：$\theta_A = \frac{(2M_A + M_B)l}{6EI}$, $\theta_B = -\frac{(M_A + 2M_B)l}{6EI}$

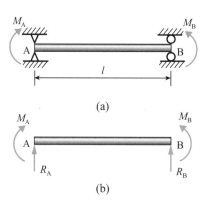

図5.54 両端にモーメントを受ける両端支持はり

5・5・2　せん断力によるたわみ（deflection by shearing force）

　曲げモーメントによる変形がはりの変形の大部分を占めるが，ここではせん断力による変形について考える．前項で示したように，せん断応力は，はりの断面内で変化し，中立軸において最大になる．この最大値 τ_{max} によるせん断ひずみ γ は

$$\gamma = \frac{\tau_{max}}{G} \tag{5.60}$$

となる．図5.55のように，微小長さ dx 部の γ によるたわみ dy_s は，

$$dy_s = \gamma dx = \frac{\tau_{max}}{G} dx \tag{5.61}$$

である．両辺を dx で割れば，せん断力によるたわみに関する微分方程式が以下のように得られる．

$$\frac{dy_s}{dx} = \frac{\tau_{max}}{G} \tag{5.62}$$

この式を x 軸方向に積分すれば，せん断力によるはりのたわみが求められる．

【例題 5.18】

　長さ l，断面積 A の片持はりの先端に荷重 P が加えられている．せん断荷重によるたわみ成分 y_s の中立軸上の分布を表す式を求めよ．ただし，断面の平均せん断応力 τ_m と最大せん断応力の比を κ とする．

【解答】

　断面の平均せん断応力 τ_m と最大せん断応力の比が κ であるから，

$$\tau_{max} = \kappa \tau_m = \kappa \frac{F}{A} \tag{a}$$

となる．また，例題 5.4 よりせん断力 F は，

$$F = P \tag{b}$$

であるから，式(a), (b) を式(5.62)に代入し整理すれば，

$$\frac{dy_s}{dx} = \frac{\kappa}{GA} F = \frac{\kappa}{GA} P \tag{c}$$

となる．上式を x について積分すれば，

$$y_s = \int \frac{\kappa}{GA} P dx = \frac{\kappa}{GA} Px + C \tag{d}$$

$x = 0$ において，$y_s = 0$ より，$C = 0$ となるから，せん断力によるたわみは，

$$y_s = \frac{\kappa}{GA} Px \tag{e}$$

となる．

【練習問題】

【5.1】　図 5.56 の諸断面において，水平線と平行な中立軸の位置を求め，中立軸（z 軸）まわりの断面二次モーメントと断面係数を求めよ．

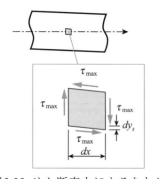

図5.55　せん断応力によるたわみ

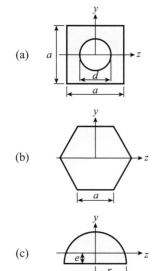

図5.56　種々の断面形状

$$[答 \ (a) \ I_z = \frac{a^4}{12} - \frac{\pi d^4}{64} \ , \ Z = \frac{a^3}{6} - \frac{\pi d^4}{32a} \ , \quad (b) \ I_z = \frac{5\sqrt{3}}{16}a^4 \ , \ Z = \frac{5}{8}a^3]$$

$$(c) \ e = \frac{4}{3\pi}r \ , \ I_z = \left(\frac{\pi}{8} - \frac{8}{9\pi}\right)r^4 \ , \ Z_1 = \frac{3\pi}{(3\pi-4)}\left(\frac{\pi}{8} - \frac{8}{9\pi}\right)r^3 \ , \ Z_2 = \frac{3\pi}{4}\left(\frac{\pi}{8} - \frac{8}{9\pi}\right)r^3]$$

【5.2】 Determine the second moment of area I around the horizontal axis passing through the centroid for the area shown in Fig.5.57.

[Ans. 6875mm^4]

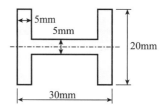

Fig. 5.57 H-shape cross section.

【5.3】 直径 d の丸棒から，幅 b, 高さ h の長方形断面の棒を切り出すとき，次の条件を満たす長方形断面の形状を求めよ.

   (a) 曲げ応力が最小となる断面

   (b) たわみが最小となる断面

$$[答 \ (a) \ b = \frac{d}{\sqrt{3}} \ , \ h = \sqrt{\frac{2}{3}}d, \ (b) \ b = \frac{d}{2} \ , \ h = \frac{\sqrt{3}}{2}d]$$

【5.4】 As shown in Fig.5.58, the beam AB simply supported at the both ends has the span l = 4m and carries the uniform load of intensity q = 10N/m over the full span. The cross section of the beam is the rectangular. Calculate the maximum bending stress σ_{max} and the maximum average shear stress τ_{max}.

[Ans. σ_{max} = 480MPa at the center , τ_{max} = 0.4MPa at the point A and B]

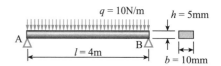

Fig.5.58 The simply supported beam subjected to the uniformly distributed load.

【5.5】 図 5.59 のように，はりの中央の長さ b の部分に等分布荷重 q が作用する単純支持はりについて，

   (a) はりの SFD，BMD

   (b) はりの断面を半径 $a \times a$ の正方形として，曲げ応力の最大値と，それが生じる位置

を求めよ

$$[答 \ x = \frac{l}{2} \ , \ \sigma_{max} = \frac{3qb(2l-b)}{4a^3}]$$

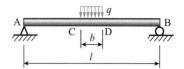

図5.59 一部に等分布荷重を受ける単純支持はり

【5.6】 図 5.60 のように，長さ $2a + l$ のはりの両端から a の部分が支持されている．このはりに等分布荷重 q が加わったときのせん断力図とモーメント図を描け．

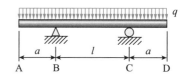

図5.60 等分布荷重を受ける単純支持はり

【5.7】 As shown in Fig.5.61, a laminated wood beam is made up of three 2cm × 4cm plates glued together to form a solid cross section 4cm × 6cm. The allowable shear stress in the glued joints is τ_a = 5MPa. If the beam is 10cm long and simply supported at its ends, what is the safe load P_{max} that can be carried at mid-span? What is the corresponding maximum bending stress?

[Ans. P_{max} = 18kN, σ_{max} = 18.8MPa]

Fig.5.61 The cross section of the wood beam.

【5.8】 For the beam shown in Fig.5.62, plot SFD and BMD, and determine the deflection δ_B and the slope θ_B at point B. The beam rigidity is denoted as EI.

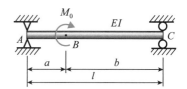

Fig.5.62 The simply supported beam subjected to the moment.

[Ans. $\delta_B = \dfrac{ab(b-a)}{3l}\dfrac{M_0}{EI}$, $\theta_B = \dfrac{(l^2 - 3ab)}{3l}\dfrac{M_0}{EI}$]

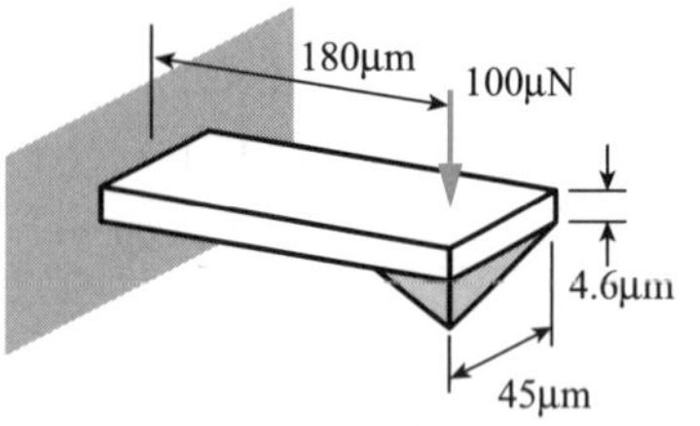

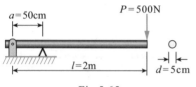

Fig.5.63 原子間力顕微鏡のプローブ

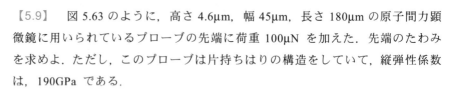

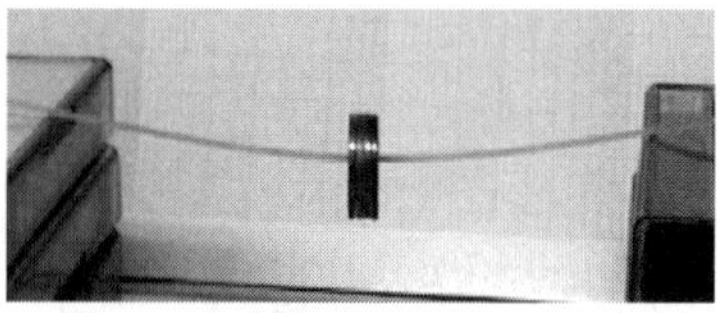

図5.64 乾燥パスタのはり

【5.9】　図 5.63 のように，高さ 4.6μm，幅 45μm，長さ 180μm の原子間力顕微鏡に用いられているプローブの先端に荷重 100μN を加えた．先端のたわみを求めよ．ただし，このプローブは片持ちはりの構造をしていて，縦弾性係数は，190GPa である．

[答　2.80μm]

【5.10】　図 5.64 のように，スパン 10cm で直径 1.6mm の乾燥パスタが単純支持されている．中央に５円玉を，麺が折れるまで吊るす実験を行った．

　　(a) 破壊しないで吊るせる５円玉の最大個数を求めよ．

　　(b) その時の最大たわみを求めよ．

ただし，５円玉一個の質量を 4g とする．また，別途実験を行った結果，このパスタの縦弾性係数，引張強さはそれぞれ，3GPa, 25MPa であった．

[答　(a) 10 個, (b) 8.46mm]

Fig.5.65

【5.11】　As show in Fig.5.65, the concentrated load P = 500N is applied to the chip of the cantilever with the diameter d = 5cm. Determine the following values.

　　(a) The placement where the maximum bending stress is occurred.

　　(b) The maximum bending moment.

　　(c) The bending deformation δ at the chip of the beam.

This cantilever is made by wood, and the Young's modulus E = 10GPa.

[Ans. (a) x = 50cm, (b) $M_{\max}$ = 750N·m, (c) δ = 24.4cm]

図5.66

【5.12】　図 5.66 のように，長さ $3l$ のはりの両端から距離 l の位置に，取っ手が取り付けられている．BC の中央に集中荷重 P を加えた時の荷重点の変位 δ を求めよ．ただし，BC の部材は剛体とし，はりの曲げ剛性を EI とする．

[答　$\dfrac{Pl^3}{6EI}$]

図5.67

【5.13】　As shown in Fig.5.67, the uniformly distributed load q is applied to the cantilever. Draw the SFD and BMD.

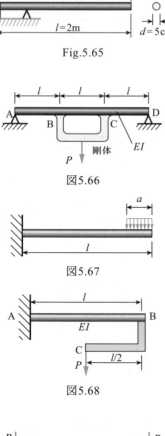

図5.68

【5.14】　図 5.68 に示すはりについて，点 A, B における曲げモーメント M_A, M_B を求めよ．さらに，AB 間の断面に生じるせん断力図とモーメント図を描け．

[答　$M_A = -\dfrac{Pl}{2}$, $M_B = \dfrac{Pl}{2}$]

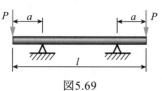

図5.69

【5.15】　図 5.69 のように，長さ l のはりの両端からそれぞれ距離 a の部分が単純支持されている．両端に集中荷重 P を加えたときの中央のたわみ y_C を求めよ．ただし，はりの曲げ剛性を EI とする．

$$[答 \quad y_C = -\frac{Pa(l-2a)^2}{8EI}]$$

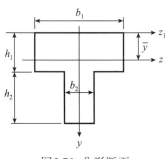

図5.70 凸形断面

【5.16】 図 5.70 のような凸型の断面形状のはりにおいて，底面から中立軸までの距離 $\bar{y}$ と z 軸まわりの断面二次モーメント I_z を求めよ。

$$[答 \quad \bar{y} = \frac{b_1 h_1^2 + 2b_2 h_1 h_2 + b_2 h_2^2}{2(b_1 h_1 + b_2 h_2)}$$

$$I_z = \frac{b_1 h_1^3 + b_2 h_2^3}{3} - \frac{(b_1 h_1^2 - b_2 h_2^2)^2}{4(b_1 h_1 + b_2 h_2)}]$$

【5.17】 図 5.71 のように，片持ちはりの先端に荷重を加える。せん断力により生じる先端のたわみ δ_F と，曲げモーメントにより生じる先端のたわみ δ_M を求めよ。縦弾性係数 $E = 200\text{GPa}$, 横弾性係数 $G = 80\text{GPa}$ とする。

$$[答 \quad \delta_F = 1.88\mu\text{m}, \ \delta_M = 0.200\text{mm}]$$

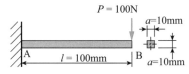

図5.71 集中荷重を受ける片持はり

【5.18】 図 5.72 のように，固定部から距離 a の位置に集中荷重を受ける片持ちはりのたわみ曲線を求めよ。はりの曲げ剛性を EI とする。

$$[答 \quad y(x) = \begin{cases} \dfrac{P}{EI}\left(\dfrac{a}{2}x^2 - \dfrac{1}{6}x^3\right) & ,(0 \leq x \leq a) \\[3mm] \dfrac{Pa^3}{3EI} + \dfrac{Pa^2}{2EI}(x-a) & ,(a \leq x \leq a+b) \end{cases}]$$

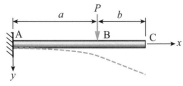

図5.72 集中荷重を受ける片持はり

第5章　はりの曲げ

― メ モ ―

第5章　はりの曲げ

― メ モ ―

第6章

はりの複雑な問題

Complex Problems on Beam

- はしご車のはしごは，断面形状が軸方向に変化する（図6.1(a)）．また，3ヶ所以上で支えられている場合は，力やモーメントの釣合いだけでは，支持反力を求めることができない（図6.1(b)）．
- 本章では，力の釣合い条件に変位の境界条件を考慮しなければ解けない不静定はりや連続はりについて考える．
- はりの複雑な問題を解く方法として，重ね合わせ法，特異関数を用いる方法について考える．
- 組み合わせはりや曲がりはり等の応用問題について考える．

(a) はしご車のはしご

(b) 3点以上で支持されている橋桁

図6.1 複雑なはりの例

注）9章において，不静定はりとして固定はりや連続はりの問題を系統的に取り扱う方法について考える．

6・1 不静定はり（statically indeterminate beam）

これまで取り扱ってきた単純支持はりや片持はりなどの問題では，支点の反力や固定端の回転に抵抗する固定モーメントを，はり全体の力とモーメントの釣合い条件のみから定めることができた．このようなはりを静定はり（statically determinate beam）という．これに対して，静力学の釣合い条件だけでは未知反力やモーメントを定められず，それらを定めるには，さらにたわみやたわみ角に関する変位の境界条件（boundary condition）を考慮しなければならないようなはりを不静定はり（statically indeterminate beam）という．ここでは，5章で学んだ静定はりから一歩進んで，より複雑な不静定はりの問題について考える．

例えば，図6.2のように，一端を移動支点で支持され，他端を固定支持されているはりに，等分布荷重 q が作用しているとき，このはりのたわみおよびたわみ角を求める．未知数は図6.2(b)のように，支点反力 R_A, R_B および右端でのモーメント M_B の3つである．一方，力とモーメントのつりあい条件は

$$R_A + R_B = ql, \quad R_B l - M_B = \frac{1}{2}ql^2 \tag{6.1}$$

の2つだけであり，この問題において反力と固定モーメントに関する3つの未知数を決めるためには，条件が1つ不足し，3つの未知数 R_A, R_B, M_B は定まらない．したがって，この問題は不静定はりの問題であり，残る条件は変位の境界条件より補充される．具体的には，3−2＝1個を未知数として，はりの各支点における変形の条件を書けば，未知数を決めるために必要な数の方程式が得られる．すなわち，不静定はりの問題を解くポイントは，未知数を含む変形の条件式を書くことにある．

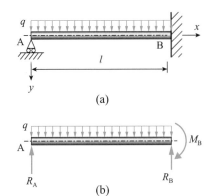

(a)

(b)

図6.2 等分布荷重を受ける一端固定他端支持はり

6・1・1 重複積分法による解法（solution by double integration method）

5章で説明した重複積分法を用いて，図6.3に示す手順で不静定はりの問題を解くことができる．まず，(1)未知反力や未知の固定モーメントを仮定する．

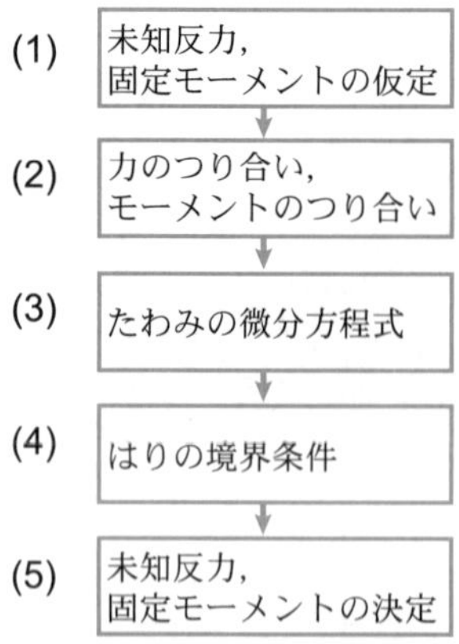

(1)	未知反力，固定モーメントの仮定
(2)	力のつり合い，モーメントのつり合い
(3)	たわみの微分方程式
(4)	はりの境界条件
(5)	未知反力，固定モーメントの決定

図 6.3　重複積分法による解法手順

ついで，(2)力の釣合いとモーメントの釣合いを考える．そして，(3)未知反力や未知の固定モーメントを含んだままのたわみの微分方程式を導き，これを積分してたわみ角やたわみの表示式を導く．(4)これらを境界条件に適用して，(5)未知量を決める．この方法を用いて図6.2の問題を解くことで，重複積分法（double-integration method）による解法を説明する．

まず支点反力 R_A を未知のままにして，左端から x の位置のモーメント M を求める．

$$M = R_A x - \frac{1}{2}qx^2 \tag{6.2}$$

たわみの微分方程式(5.54)は

$$\frac{d^2y}{dx^2} = -\frac{M}{EI} = -\frac{1}{EI}\left(R_A x - \frac{1}{2}qx^2\right) \tag{6.3}$$

となる．この式を順次積分する．

$$\theta = \frac{dy}{dx} = -\frac{1}{EI}\left(\frac{1}{2}R_A x^2 - \frac{1}{6}qx^3 + C_1\right) \tag{6.4}$$

$$y = -\frac{1}{EI}\left(\frac{1}{6}R_A x^3 - \frac{1}{24}qx^4 + C_1 x + C_2\right) \tag{6.5}$$

式(6.5)は，はりのたわみを表す式であるが，それには 3 つの未知数 R_A, C_1, C_2 が含まれている．この 3 つの未知数は 3 つの境界条件

$$
\begin{array}{ll}
\text{(i)} & x = 0 \ \text{で} \ y = 0 \\
\text{(ii)} & x = l \ \text{で} \ y = 0 \\
\text{(iii)} & x = l \ \text{で} \ \theta = 0
\end{array}
\tag{6.6}
$$

から求められる．式(6.6)に式(6.4)，(6.5)を代入すれば，

$$C_1 = -\frac{q}{48}l^3, \quad C_2 = 0, \quad R_A = \frac{3}{8}ql \tag{6.7}$$

が得られる．これより，たわみ角 θ と，たわみ y は

$$
\begin{aligned}
\theta &= \frac{q}{48EI}(8x^3 - 9x^2 l + l^3) \\
y &= \frac{q}{48EI}(2x^4 - 3x^3 l + xl^3)
\end{aligned}
\tag{6.8}
$$

となる．また，式(6.1)と(6.7)より，支持反力，固定モーメントは，

$$R_A = \frac{3}{8}ql, \quad R_B = \frac{5}{8}ql, \quad M_B = \frac{1}{8}ql^2 \tag{6.9}$$

と得られる．

【例題 6.1】

図6.4(a)のように，全長 l の両端を固定したはりにおいて，集中荷重 P が左の固定支端から a の位置（点B）に作用している．両端の反力 R_A, R_C，固定モーメント M_A, M_C および荷重点のたわみ δ_B を求めよ．

【解答】

図6.4(b)より，未知数は R_A, M_A, R_C, M_C の 4 個である．有効なつりあい条

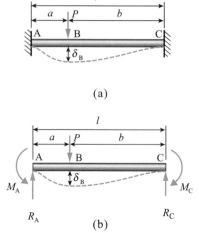

(a)

(b)

図 6.4　両端が固定されたはり

(1) 未知反力，固定モーメントの仮定．

6・1 不静定はり

件の数は，上下方向の力の釣合いとモーメントの釣合いの 2 個である.

$$R_C = P - R_A$$
$$M_C = M_A - R_A l + Pb \tag{a}$$

注）水平方向の力の釣合いは自動的に満たされているので，この場合考慮する必要はない.

ここで，未知数を決めるためには，条件が 2 個不足しており，不静定はりの問題となる.

未知数 R_A, M_A を含むたわみ曲線を求めるために，左端から x の位置のモーメント M を求める.

(2) 力の釣合い，モーメントの釣合い.

$$M = \begin{cases} R_A x - M_A & (x < a) \\ R_A x - M_A - P(x-a) & (x > a) \end{cases} \tag{b}$$

はりのたわみの微分方程式(5.54)に式(b)のモーメントを代入すると，

(3) たわみの微分方程式.

$$\frac{d^2 y}{dx^2} = -\frac{1}{EI}\begin{cases} R_A x - M_A & (x < a) \\ R_A x - M_A - P(x-a) & (x > a) \end{cases} \tag{c}$$

順次積分すると，

$$\theta = \frac{dy}{dx} = -\frac{1}{EI}\begin{cases} \dfrac{1}{2}R_A x^2 - M_A x + C_1 & (x < a) \\ \dfrac{1}{2}R_A x^2 - M_A x - \dfrac{P}{2}(x-a)^2 + C_2 & (x > a) \end{cases} \tag{d}$$

$$y = -\frac{1}{EI}\begin{cases} \dfrac{1}{6}R_A x^3 - \dfrac{1}{2}M_A x^2 + C_1 x + C_3 & (x < a) \\ \dfrac{1}{6}R_A x^3 - \dfrac{1}{2}M_A x^2 - \dfrac{P}{6}(x-a)^3 + C_2 x + C_4 & (x > a) \end{cases} \tag{e}$$

式(e)には 6 つの未知数が含まれているが，それらは次の 4 つの境界条件式および，2 つの連続条件式から求められる.

(4) はりの境界条件

(i) $x = 0$ で $y = 0$, $\theta = 0$

(ii) $x = l$ で $y = 0$, $\theta = 0$ $\qquad$ (f)

(iii) $x = a$ で $y_{x=a+0} = y_{x=a-0}$, $\theta_{x=a+0} = \theta_{x=a-0}$

式(f)に式(d), (e) を代入すれば，

$$C_1 = 0,\ C_3 = 0$$
$$\frac{1}{2}R_A l^2 - M_A l - \frac{P}{2}b^2 + C_2 = 0,\ \ \frac{1}{6}R_A l^3 - \frac{1}{2}M_A l^2 - \frac{P}{6}b^3 + C_2 l + C_4 = 0 \tag{g}$$
$$C_2 = C_1 = 0,\ C_4 = C_3 = 0$$

が得られる. これより固定モーメント M_A, M_C と支持反力 R_A, R_C は

(5) 未知反力，固定モーメントの決定

答：$M_A = \dfrac{ab^2}{l^2}P$, $M_C = \dfrac{a^2 b}{l^2}P$, $R_A = \dfrac{(3a+b)b^2}{l^3}P$, $R_C = \dfrac{a^2(a+3b)}{l^3}P$

また，荷重点のたわみ δ_B は

答：$\delta_B = \dfrac{Pa^3 b^3}{3EIl^3}$

【Example 6.2】

Find the equation $y(x)$, which expresses the deflection curve for a beam with built-in ends as shown in Fig.6.5(a). The beam has a span l and carries a uniformly

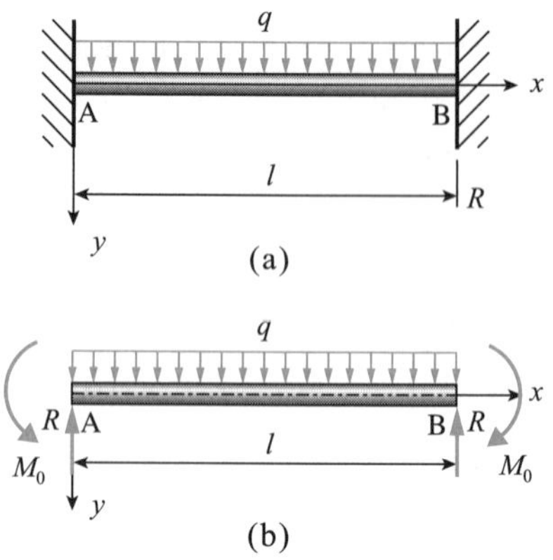

Fig.6.5 The beam with buit-in ends subjectd to the uniformly distributed load.

distributed load of intensity q. The bending rigidity is EI (= const.).

【Solution】

Let R and M_0 represent the reaction force and the reaction moment induced at the built-in ends A and B as shown in Fig.6.5(b). From the equilibrium condition of the beam, we have

$$R = \frac{q}{2}l \tag{a}$$

However, there is no way, from the static equilibrium of the beam, to determine the reaction moment M_0. This means that the beam is a statically indeterminate beam.

Let us now write the equation of the deflection curve, in which the unknown M_0 is included, as follows.

$$M = -M_0 + \frac{q}{2}lx - \frac{q}{2}x^2 \tag{b}$$

$$\therefore \quad \left. \begin{array}{l} \theta = \dfrac{dy}{dx} = -\dfrac{1}{EI}\left(-M_0 x + \dfrac{ql}{4}x^2 - \dfrac{q}{6}x^3 + C_1\right) \\[3mm] y = -\dfrac{1}{EI}\left(-\dfrac{M_0}{2}x^2 + \dfrac{ql}{12}x^3 - \dfrac{q}{24}x^4 + C_1 x + C_2\right) \end{array} \right\} \tag{c}$$

By substituting Eq.(c) into the boundary conditions as,

$$\begin{array}{l} y = 0\,,\ \theta = 0 \quad at \ \ x = 0 \\ y = 0\,,\ \theta = 0 \quad at \ \ x = l \end{array} \tag{d}$$

The coefficients C_1 and C_2 can be given as follows.

$$C_1 = 0\,,\ C_2 = 0\,,\ M_0 = \frac{q}{12}l^2 \tag{d}$$

Using these values we find

$$\theta = \frac{qx}{12EI}(l-x)(l-2x)\,,\ y = \frac{qx^2}{24EI}(l-x)^2 \tag{e}$$

$$\textbf{Ans. :}\quad y = \frac{qx^2}{24EI}(l-x)^2$$

6・1・2　重ね合わせ法による解法 （solution by method of superposition）

　不静定はりの問題は，重ね合わせ法（method of superposition）によって解くこともできる．

　はりに2種類以上の荷重が同時に作用しているときの変位 y を求めるには，各荷重が独立に作用するときの変位 $y_1, y_2, \ldots$ を求め，その和をとればよい．これを重ね合わせの原理（principle of superposition）という．重ね合わせの原理は支配方程式の線形性に基づいている．すなわち，y を支配する微分方程式が，y を一次の形（$\dfrac{d^2 y_1}{dx^2}$, $\dfrac{d^2 y_2}{dx^2}$ … も一次とみなす）で含んでいれば，y に関して重ね合わせの原理が成り立つ．はりに曲げモーメント M が作用するときの変位 y の満たすべき式(5.54)は $\dfrac{d^2 y}{dx^2} = -\dfrac{M}{EI}$ であり，線形である．したがって，はりの問題は重ね合わせ法によって解くこともできる．

注）重ね合わせの考え方は1章の1.3.7項にあるので参考にして欲しい．

　重ね合わせの原理に基づいてはりの問題を解く際，表6.1に示すような片持はりに関する基本的な問題の解を重ね合わせることで，多くの問題を容易に求めることができる．

【例題 6.3】

　同じはりに対して，異なる荷重や支持の条件を与えた問題1と2がある．それらの問題において，はりに生じるモーメントおよびたわみを，それぞれ M_1, y_1, M_2, y_2 と表す．このとき，それぞれの問題のたわみを重ね合わせたたわみ $y = y_1 + y_2$ は，$M = M_1 + M_2$ なるモーメントの分布に対するたわみの微分方程式(5.54)を満足することを示すことで，はりの曲げ問題において重ね合わせ法が成立することを証明せよ．

【解答】

　問題1，問題2はそれぞれ以下のたわみの微分方程式を満足する．

$$\frac{d^2 y_1}{dx^2} = -\frac{M_1}{EI} \tag{a}$$

$$\frac{d^2 y_2}{dx^2} = -\frac{M_2}{EI} \tag{b}$$

式(a), (b) の左辺，右辺をそれぞれ加え合わせると，以下の関係が得られる．

$$左辺 : \frac{d^2 y_1}{dx^2} + \frac{d^2 y_2}{dx^2} = \frac{d^2 (y_1 + y_2)}{dx^2} = \frac{d^2 y}{dx^2} \tag{c}$$

$$右辺 : -\frac{M_1}{EI} - \frac{M_2}{EI} = -\frac{(M_1 + M_2)}{EI} = -\frac{M}{EI} \tag{d}$$

式(a), (b) の両辺をそれぞれ加え合わせ，式(c), (d) の関係を用いれば，

$$\frac{d^2 y}{dx^2} = -\frac{M}{EI} \tag{e}$$

が得られ，問題1，2の解を足し合わせた $y = y_1 + y_2$ は，たわみ曲線の微分方程式(5.54)を満足する．従って，はりの曲げ問題において，重ね合わせ法が成立する．

【例題 6.4】

　図6.6のように，長さ l の片持ちはりの自由端に集中荷重 P が作用しているとき，固定端から x の点のたわみ $y(x)$ を重ね合わせの原理を用いて求めよ．ただし，はりの曲げ剛性を EI とする．

【解答】

　図6.7に示すように，固定端から x までの部分は，長さ x の片持はりの自由端に大きさ $P(l-x)$ のモーメントと，大きさ P の集中荷重が作用している問題とみなすことができる．モーメントと集中荷重によるそれぞれのたわみを δ_1 と δ_2 とすれば，表6.1の基本的な問題の解から

$$\delta_1 = \frac{P(l-x) \cdot x^2}{2EI}, \quad \delta_2 = \frac{Px^3}{3EI} \tag{d}$$

x の位置のたわみ $y(x)$ は重ね合わせにより，以下のように簡単に求められる．

表6.1 重ね合わせの原理に用いる基本的な問題のたわみとたわみ角

はりの種類	δ	θ
	$\dfrac{Ml^2}{2EI}$	$\dfrac{Ml}{EI}$
	$\dfrac{Pl^3}{3EI}$	$\dfrac{Pl^2}{2EI}$
	$\dfrac{ql^4}{8EI}$	$\dfrac{ql^3}{6EI}$

注）重ね合わせ法による解法では，不静定はりの問題を静定はりの問題に分解し，個々について解いた結果を重ね合わせることによって未知の反力や固定モーメントを求める．すなわち，不静定はりならば，その支点には，はりの完全な拘束に必要かつ十分な数以上の過剰拘束（redundant constraint）が，かならず存在する．未知の反力や固定モーメントの数を m 個，有効なつりあい条件の数を n 個とすれば，不静定はりの場合 $m > n$ であるから，その過剰拘束の数は $m - n$ となる．

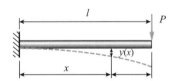

図 6.6 集中荷重を受ける片持ちはり

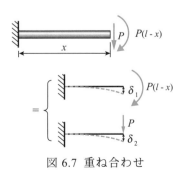

図 6.7 重ね合わせ

$$y(x) = \delta_1 + \delta_2 = \frac{P}{EI}\left(\frac{l}{2}x^2 - \frac{1}{6}x^3\right) \tag{e}$$

【Example 6.5】

Use the method of superposition to analyze problems of a simply supported beam with a span l.

(a) If the beam carries a uniformly distributed load of intensity q as shown in Fig.6.8(a), determine the deflection δ_B at the middle of the beam.

(b) If the beam carries a concentrated moment M_0 at point B as shown in Fig.6.9(a), determine the deflection δ_B and the slope θ_B at the point B.

【Solution】

(a) The right-half part of the beam can be seen as a cantilever beam with length $l/2$ carrying a uniformly distributed load of intensity q and a concentrated load $ql/2$ at the free point C at the upward direction. Based on the basic solutions listed in Table 6.1, we have

$$\delta_1 = \frac{q\left(\frac{l}{2}\right)^4}{8EI}, \quad \delta_2 = \frac{\left(\frac{ql}{2}\right)\left(\frac{l}{2}\right)^3}{3EI} \tag{a}$$

where δ_1 and δ_2 are the deflection due to the distributed load q and the deflection due to the concentrated load $ql/2$, respectively. Thus

$$\delta_B = \delta_2 - \delta_1 = \frac{5ql^4}{384EI} \tag{b}$$

(b) From the static equilibrium of the beam, we have

$$R = \frac{M_0}{l} \tag{c}$$

Treat the left and the right parts of the beam as cantilever beams with the length a and b respectively, as shown in Fig.6.9(b).

$$\delta_1 = \frac{Ra^3}{3EI} = \frac{M_0 a^3}{3EIl}, \quad \delta_2 = \frac{Rb^3}{3EI} = \frac{M_0 b^3}{3EIl} \tag{d}$$

Thus

$$\delta_B = \delta_2 \times \frac{a}{l} - \delta_1 \times \frac{b}{l} = \frac{M_0 ab(b-a)}{3EIl}, \quad \theta_B = \frac{\delta_2 + \delta_1}{l} = \frac{M_0\left(a^2 - ab + b^2\right)}{3EIl}$$

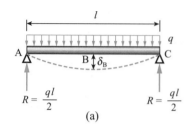
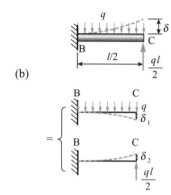

Fig.6.8 The simply suported beam subjectd to the uniformly distributed load

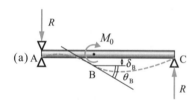
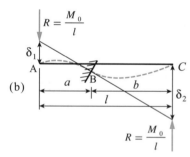
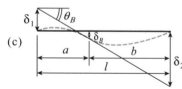

Fig.6.9 The simply supported beam subjected to the concetrated moment.

【例題 6.6】

重ね合わせの方法を用いて，例題6.1と同じ図6.10(a)のはりについて両端の反力，固定モーメントを求めよ．

【解答】

図6.10(b)のように，右の固定支点を取り除いて，荷重 P, R_C, モーメント M_C を受ける静定はり（ここでは，片持ちはり）として問題を考える．図6.10(c)のように重ね合わせによりたわみとたわみ角を求める．このとき，右の固定支

点による拘束条件，すなわち点Cのたわみとたわみ角がともに 0 であること，を未知の反力 R_C と未知の固定モーメント M_C によって満足させる．重ね合わせの原理によれば，その条件は，

$$\delta_1 + \delta_2 + \delta_3 = 0$$
$$\theta_1 + \theta_2 + \theta_3 = 0 \tag{a}$$

として表される．ここで，δ_1, θ_1, δ_2, θ_2, δ_3, θ_3 は、図6.10(c)に示すように，それぞれ，片持ちはりが集中荷重 P ，モーメント M_C, 集中荷重 R_C を受けるときの点Cのたわみ，たわみ角であり，表6.1より，次のようになる．

$$\delta_1 = \frac{Pa^3}{3EI} + \frac{Pa^2}{2EI} \times b \ , \quad \delta_2 = \frac{M_C l^2}{2EI} \ , \quad \delta_3 = -\frac{R_C l^3}{3EI}$$

$$\theta_1 = \frac{Pa^2}{2EI} \ , \quad \theta_2 = \frac{M_C l}{EI} \ , \quad \theta_3 = -\frac{R_C l^2}{2EI} \tag{b}$$

式(b)を式(a)に代入すれば，

$$M_C = \frac{Pa^2 b}{l^2} \ , \quad R_C = \frac{Pa^2(a+3b)}{l^3} \tag{c}$$

が得られる．これらをはり全体のつりあい条件に代入して，左端の支点反力と固定モーメントは次のように求められる．

$$\textbf{Ans.} : \quad R_A = \frac{Pb^2(b+3a)}{l^3} \ , \quad M_A = \frac{Pab^2}{l^2}$$

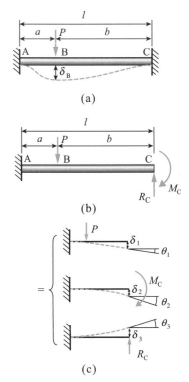

図 6.10 重ね合わせ法による
例題 6.1 の解法

【Example 6.7】

As shown in Fig.6.11(a), the cantilever is simply supported at the free end and subjected to the uniformly distributed load. Determine the reaction force R_A at the left end of the beam by using the method of superposition.

【Solution】

Removing the left support, we obtain the cantilever beam shown in Fig.6.11(b), which is a statically determinate beam. The condition of loading in Fig.6.11(b) can be given as a sum of two separate conditions of loading as shown in Fig.6.11(c) and (d). In Fig.6.11(c), only the uniform load is acting and δ_1 represents the downward deflection at the point A. From Table 6.1, δ_1 can be given as

$$\delta_1 = \frac{ql^4}{8EI} \tag{a}$$

In Fig.6.11(d), only a vertical force R_A is acting at point A and δ_2 represents the upward deflection of this point. From Table 6.1, δ_2 can be given as

$$\delta_2 = \frac{R_A l^3}{3EI} \tag{b}$$

Superposing the two states of loading in Fig.6.11(c) and (d), we conclude that the net deflection at point A is

$$\delta_A = \delta_1 - \delta_2 \tag{c}$$

Now since the support at A allows no deflection, the true value of δ_A is zero and we

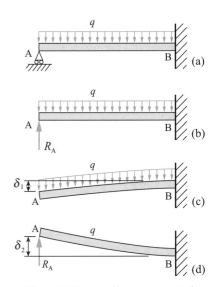

Fig.6.11 The cantilever supported
at the free end.

conclude that

$$\delta_1 - \delta_2 = \frac{ql^4}{8EI} - \frac{R_A l^3}{3EI} = 0 \tag{d}$$

Solving Eq.(d), the reaction force is given as in the answer.

$$\textbf{Ans.}: \quad R_A = \frac{3}{8}ql$$

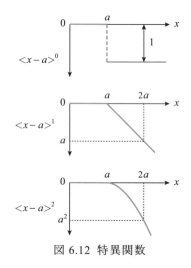

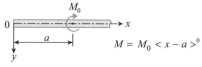

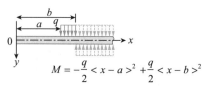

図 6.12　特異関数

(a) 曲げモーメントが作用する場合

(b) 集中荷重が作用する場合

(c) 等分布荷重が作用する場合

図 6.13　特異関数による曲げモーメントの表示（左端 $(x=0)$ は自由端）

特異関数による解法の利点：はりの両端以外の所に荷重や支持部がある場合，2つ以上の領域に分けて考え，その分割部分でそれぞれの領域の値の連続性を考慮する必要がある．しかし，特異関数を用いれば，式を分ける必要もなく，連続条件も自動的に満足される．

6・2　特異関数による解法（solution by singularity function）

集中荷重を受けるはりでは荷重点でせん断力が，また段付きはりでは段部で曲げこわさ EI が不連続に変化するから，はりにおける M/EI をはりの全領域で簡略な一つの連続関数で表すことができない．このような問題に対してはりのたわみ曲線を求める方法として，6.1.1 項で重複積分法による解法を示した．しかし，この方法はスパンを分割する領域の数に比例して積分定数の数が増し，取り扱いが煩雑になる．

ここでは，領域を分割することなく，はりのたわみの微分方程式(5.54)を一つの式で表すことにより，簡単にたわみを求める方法について説明する．

次式は本解法に用いる特異関数（singularity function）とその特性を示す．

$$\left.\begin{array}{ll}
\langle x-a \rangle^n = \begin{cases} 0 & (x<a,\ n\geq 0) \\ (x-a)^n & (x>a,\ n\geq 0) \end{cases} \\[2mm]
\displaystyle\int \langle x-a \rangle^n dx = \frac{\langle x-a \rangle^{n+1}}{n+1} + C & (n\geq 0) \\[3mm]
\displaystyle\frac{d}{dx}\langle x-a \rangle^n = n\langle x-a \rangle^{n-1} & (n\geq 0)
\end{array}\right\} \tag{6.10}$$

この特異関数 $\langle x-a \rangle^n$ は $x<a$ のとき 0 で，$x>a$ では単なる $(x-a)^n$ の関数として扱える．図 6.12 は $n=0,1,2$ のときの特異関数を示したもので，$n=0$ の場合は，単位段階関数と呼ばれている．

図 6.13 は，はりの左端 $(x=0)$ を自由端としたはりに，モーメントや荷重が加わった場合の曲げモーメント M の特異関数による表示式を示す．(a) は $x=a$ の部分に曲げモーメント M_0 が加えられた場合，(b)は $x=a$ の部分に集中荷重 P が作用する場合，(c)は $x=a\sim b$ の部分に等分布荷重 q が作用する場合である．これらを組み合わせることにより，はりのたわみ曲線が簡単に求められる．

【例題 6.8】

図6.13に示すはりの断面のせん断力 F の分布を，特異関数を用いて表せ．さらに，せん断力図，曲げモーメント図を描け．

【解答】

力の釣合いによりせん断応力の分布を求め，それを特異関数で表すことで解答できる．また，式(5.8)より，せん断力 F は曲げモーメント M の微分として得られることを用いれば，曲げモーメントの特異関数による表示を基に，せん断力は以下のように得られる．

(a) $F = \dfrac{dM}{dx} = M_0 \dfrac{d<x-a>^0}{dx} = 0$

(b) $F = \dfrac{dM}{dx} = -P \dfrac{d}{dx}\left(<x-a>^1\right) = -P<x-a>^0$

(c) $F = \dfrac{dM}{dx} = \dfrac{d}{dx}\left(-\dfrac{q}{2}<x-a>^2 + \dfrac{q}{2}<x-b>^2\right)$
$\qquad = -q<x-a>^1 + q<x-b>^1$

答：図 6.14

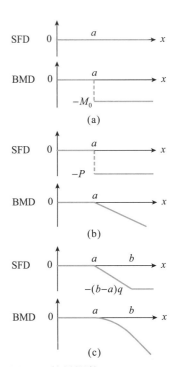

図6.14 特異関数のSFD，BMD

【例題 6.9】

図6.15のように，単純支持はりに集中荷重 P, 等分布荷重 q および曲げモーメント M_0 が作用している．支点 A, B における反力を R_A, R_B とし，x の位置に生じるはりの曲げモーメント M を，特異関数を用いて求めよ．また，曲げモーメント M を，スパン領域を分割した式で表せ．

【解答】

x の位置で切断したはりのフリーボディーダイアグラム図6.15(b)と，図6.13を参照すれば，点 x における曲げモーメント M は，特異関数を用いて，

$$M = R_A<x-0>^1 - P<x-a>^1 - M_0<x-b>^0 - \dfrac{q}{2}<x-c>^2 \qquad (a)$$

と表される．ここで，B 点，すなわち $x=l$ において，外部からモーメントは与えられていないから，$M=0 \ (x=l)$ より，

$$R_A l - P(l-a) - M_0 - \dfrac{q}{2}(l-c)^2 = 0 \qquad (b)$$

式(b)より，A 点の支持反力 R_A は，

$$R_A = P(1 - \dfrac{a}{l}) + \dfrac{M_0}{l} + \dfrac{q}{2}\dfrac{(l-c)^2}{l} \qquad (c)$$

式(a)で表されるモーメント M を，スパン領域を分割した式で表せば，

$$M = \begin{cases} R_A x & (0 \leq x \leq a) \\ R_A x - P(x-a) & (a \leq x \leq b) \\ R_A x - P(x-a) - M_0 & (b \leq x \leq c) \\ R_A x - P(x-a) - M_0 - \dfrac{q}{2}(x-c)^2 & (c \leq x \leq l) \end{cases} \qquad (d)$$

答：式(a), (d)

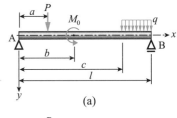
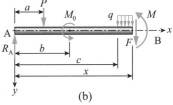

図6.15 種々の荷重を受ける
単純支持はり

【Example 6.10】

As shown in Fig.6.16(a), the simply supported beam of length l is subjected to the concentrated load P. Determine the deflection curve of beam by using singularity function. The bending rigidity is EI.

【Solution】

From the equilibrium condition of bending moment at the cross section B, the supported reaction force R_A at the point A is

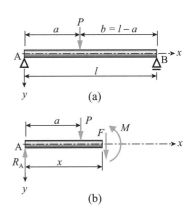

Fig.6.16 The simply supported beam
with the concentrated load.

$$R_A = P(\frac{l-a}{l}) = P\frac{b}{l} \tag{a}$$

Fig.6.16(b) shows the free body diagram in the left side x of the beam. The bending moment M at the point x is.

$$M = R_A <x-0>^1 -P<x-a>^1 = P\frac{b}{l}<x-0>^1 -P<x-a>^1 \tag{b}$$

By substituting Eq.(b) into the fundamental equation(5.54), and integrate twice, we obtain

$$\frac{d^2y}{dx^2} = -\frac{M}{EI} = \frac{P}{EI}\left\{-\frac{b}{l}<x-0>^1 + <x-a>^1\right\} \tag{c}$$

$$\frac{dy}{dx} = \frac{P}{EI}\left\{-\frac{b}{2l}<x-0>^2 +\frac{1}{2}<x-a>^2 +C_1\right\} \tag{d}$$

$$y = \frac{P}{EI}\left\{-\frac{b}{6l}<x-0>^3 +\frac{1}{6}<x-a>^3 +C_1x + C_2\right\} \tag{e}$$

To find constants of integration C_1, C_2, we have the following relational expression as the boundary conditions in the both side of beam:

$$y = 0 \quad \text{at} \quad x=0, \ x=l \tag{f}$$

Substituting Eq.(e) into Eq.(f), we find

$$C_2 = 0 \quad , \quad -\frac{bl^2}{6}+\frac{1}{6}b^3 +C_1l = 0 \tag{g}$$

From the Eq.(g)

$$C_1 = \frac{b}{6l}(l^2 - b^2) = \frac{ab(a+2b)}{6l} \ , \ C_2 = 0 \tag{h}$$

The deflection y is obtained by substituting Eq.(h) into (e) as follows.

$$\textbf{Ans.} \ : \ y = \frac{P}{6EIl}\left\{-b<x>^3 +l<x-a>^3 +ab(a+2b)x\right\}$$

【例題 6.11】

　特異関数法を用いて，例題6.1と同じ，図6.17(a)に示す両端が壁に固定された長さ l のはりに集中荷重 P が加わる問題のたわみ曲線を求めよ．はりの曲げ剛性を EI（= 一定）とする．

【解答】

　図6.17(b)に示すように，固定端 A の反力を R_A，固定モーメントを M_A とすれば，位置 x の断面における曲げモーメント M は

$$M = R_A <x-0>^1 -M_A <x-0>^0 -P<x-a>^1 \tag{a}$$

式(a)をたわみの微分方程式(5.54)に代入して順次積分すれば，

$$\frac{d^2y}{dx^2} = -\frac{M}{EI} = \frac{1}{EI}\left\{-R_A <x>^1 +M_A <x>^0 +P<x-a>^1\right\} \tag{b}$$

$$\frac{dy}{dx} = \frac{1}{EI}\left\{-\frac{R_A}{2}<x>^2 +M_A <x>^1 +\frac{P}{2}<x-a>^2 +C_1\right\} \tag{c}$$

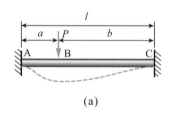

(a)

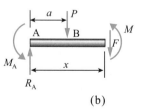

(b)

図 6.17 集中荷重を受ける
　　　両端固定はり

$$y = \frac{1}{EI}\left\{ -\frac{R_A}{6} <x>^3 + \frac{M_A}{2} <x>^2 + \frac{P}{6} <x-a>^3 + C_1 x + C_2 \right\} \quad \text{(d)}$$

固定端 A の境界条件

$$y = 0 , \frac{dy}{dx} = 0 \text{ at } x = 0 \quad \text{(e)}$$

を式(c), (d)に用いれば,

$$C_1 = 0 , \ C_2 = 0 \quad \text{(f)}$$

固定端 B の境界条件

$$y = 0 , \frac{dy}{dx} = 0 \text{ at } x = l \quad \text{(g)}$$

を式(c), (d)に用いれば,

$$-\frac{R_A}{2} l^2 + M_A l^1 + \frac{P}{2}(l-a)^2 = 0 , \ -\frac{R_A}{6} l^3 + \frac{M_A}{2} l^2 + \frac{P}{6}(l-a)^3 = 0 \quad \text{(h)}$$

これらの式より,

$$R_A = \frac{(l-a)^2(2a+l)}{l^3} P = \frac{b^2(3a+b)}{l^3} P$$
$$M_A = \frac{(l-a)^2}{l^2} aP = \frac{ab^2}{l^2} P \quad \text{(i)}$$

式(f), (i) を式(d)に代入すれば, はりのたわみ y は次式となる.

$$y = \frac{1}{EI}\left\{ -\frac{b^2(3a+b)}{6l^3} P <x>^3 + \frac{ab^2}{2l^2} P <x>^2 + \frac{P}{6} <x-a>^3 \right\} \quad \text{(j)}$$

答:式(j)

6・3 断面が不均一なはり (beam with different cross-sections)

木の枝, 骨などの自然界にあるはりは, 終端が太く, 先が細い構造の物が多い(図 6.18). このような形状は, 応力を軽減し, 軽くて, 丈夫な構造である. ここでは, 断面形状が一様ではないはりについて学ぶ.

6・3・1 断面が不均一なはり

断面が変化するはりの問題についても, 第 5 章に述べた計算方法が応用できる. このとき, 各断面の応力は式(5.18)より

$$\sigma = \frac{My}{I(x)} \quad \text{(6.11)}$$

によって表され, たわみ曲線の微分方程式は式(5.54)より

$$\frac{d^2 y}{dx^2} = -\frac{M}{EI(x)} \quad \text{(6.12)}$$

によって表されることは, 断面が均一なはりの場合と同様であるが, 式(6.12)を積分してたわみ角やたわみを求める際に, 断面二次モーメント I が長さに沿って変化することに注意しなければならない.

(a) 木の枝

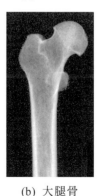

(b) 大腿骨

図 6.18 断面が不均一なはりの例

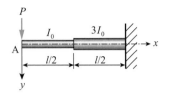

Fig.6.19 Stepped cantilever beam.

はしご車のはしご：織り込まれたはしごを延ばし消化活動を行う．先端にいくほど幅が狭く，高さが低い構造になっている．

【Example 6.12】

As shown in Fig.6.19, a stepped cantilever beam with the length l carries a concentrated load P at its free end. The second moments of area for the two parts of the beam are I_0 and $3I_0$ as shown. Find the deflection y_A at the free end A.

【Solution】

Moment at point x is

$$M = -Px \tag{a}$$

Thus, the differential equation for the deflection curve becomes as follows.

$$\frac{d^2y}{dx^2} = \frac{Px}{EI(x)} = \begin{cases} \dfrac{Px}{EI_0} & (x < \dfrac{l}{2}) \\[2mm] \dfrac{Px}{3EI_0} & (x > \dfrac{l}{2}) \end{cases} \tag{b}$$

The integrations of Eq.(b) can be given as

$$\frac{dy}{dx} = \begin{cases} \dfrac{Px^2}{2EI_0} + C_1 & (x < \dfrac{l}{2}) \\[2mm] \dfrac{Px^2}{6EI_0} + C_2 & (x > \dfrac{l}{2}) \end{cases} \tag{c}$$

$$y = \begin{cases} \dfrac{Px^3}{6EI_0} + C_1 x + C_3 & (x < \dfrac{l}{2}) \\[2mm] \dfrac{Px^3}{18EI_0} + C_2 x + C_4 & (x > \dfrac{l}{2}) \end{cases} \tag{d}$$

The boundary conditions and the continuity conditions are shown as

$$\left(\frac{dy}{dx}\right)_{x=l} = 0 , \ (y)_{x=l} = 0$$

$$\left(\frac{dy}{dx}\right)_{x=\frac{l}{2}-0} = \left(\frac{dy}{dx}\right)_{x=\frac{l}{2}+0} , \ (y)_{x=\frac{l}{2}-0} = (y)_{x=\frac{l}{2}+0} \tag{e}$$

By substituting Eq.(c) and (d) into Eq.(e), the coefficients C_1, C_2, C_3, C_4 are given as

$$C_1 = -\frac{Pl^2}{4EI_0} , \ C_2 = -\frac{Pl^2}{6EI_0} , \ C_3 = \frac{5Pl^3}{36EI_0} , \ C_4 = \frac{Pl^3}{9EI_0} \tag{f}$$

The deflection at the point A is obtained by Eq.(d), (e) and (f) as follows.

$$\textbf{Ans.} : \ y_A = (y)_{x=0} = \frac{5Pl^3}{36EI_0}$$

6・3・2　平等強さのはり

　一般に，はりの各断面に作用する曲げモーメントの大きさは軸線に沿って変化するため，式(5.19)からわかるように，断面が一様であれば，各断面の最大曲げ応力の大きさも曲げモーメントの大きさに比例して変化する．しかし，その断面係数 Z が曲げモーメント M と同じ割合で変化するように断面の形状を変える，すなわち M/Z を一定にすることによって，最大曲げ応力 σ_{max} が軸線に沿って一定となるようにすることができる．このような，各断面に作用する最大応力の大きさがすべて等しい値を示すはりを，平等強さのはり（beam

of uniform strength） と呼ぶ．

【例題 6.13】

図6.21のような先端に集中荷重 P を受ける長さ l の片持はりにおいて，幅 b_0 が一定で高さ h が変化する場合について，平等強さとなるようにはりの寸法を決めよ．ただし，固定端におけるはりの高さを h_0 とし，材料の縦弾性係数を E とする．

【解答】

断面係数は，式(5.26)より次のようになる．

$$Z = \frac{b_0 h^2}{6} \tag{a}$$

モーメントは

$$M = -Px \tag{b}$$

であるから，任意断面における最大曲げ応力は次式で与えられる．

$$\sigma_{max} = \frac{|M|}{Z} = \frac{6Px}{b_0 h^2} \tag{c}$$

平等強さとなるためには，この最大曲げ応力が一定である必要があるから，

$$\sigma_{max} = \frac{6Px}{b_0 h^2} = const. = c \tag{d}$$

と，定数 c でおけば，はりの高さ h は，次式で表される x の関数となる．

$$h = \sqrt{\frac{6P}{b_0 c} x} \tag{e}$$

固定端 $x = l$ において，高さは $h = h_0$ であるから

$$c = \frac{6Pl}{b_0 h_0^2} , \quad h = h_0 \sqrt{\frac{x}{l}} \tag{f}$$

答： $h = h_0 \sqrt{\dfrac{x}{l}}$

図 6.20 ダイビングプール（先端の高さが小さく，根元が大きい）
（提供：シンコースポーツ（株））

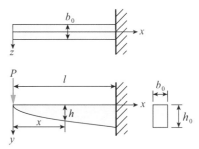

図 6.21 先端に集中荷重を受ける平等強さの片持はり

6・4 組合せはり（composite beam）

曲げを受けるはりでは，曲げ応力は引張りと圧縮の2種類の応力が発生する．強度上の観点から，引張りに強い鉄筋と，圧縮に強いコンクリートとを組み合せた鉄筋コンクリートをはりとして用いれば，より機能的なはりを得ることができる．このように，2種以上の異種材料を軸方向に平行に接着して得たはりを，組合せはり（composite beam）と呼ぶ．本節では，この組合せはりの応力とたわみ，たわみ角について考える．

はりの曲げ理論における基本的仮定，『はりの軸線に垂直な断面が曲げ変形後も平面を保ち軸線に垂直である』は，はりの長さが断面の寸法に比べて十分長ければ，組合せはりの曲げ問題においても近似的に成り立つと考えられる．したがって，曲げ変形時に両材料の接合面が滑らかならば，組合せはりの変形

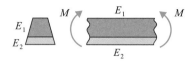

図6.22 組合せはり

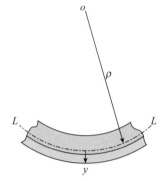

図6.23 組合せはりの曲げ

図6.24 断面内の応力

も，均質材のはりと同様に，変形後の中立面の曲率半径 ρ を用いて考えることができる．

図6.22のような，縦弾性係数がそれぞれ E_1，E_2 の2種類の材料を接着した 1 本のはりを考える．これが曲げモーメント M を受けると，1 本のはりとして曲がるから，図6.23に示すように，どこかに中立面 $L\text{-}L$ が存在する．したがって，5.4節の式(5.11)と同様に，中立面から y だけ離れた位置での軸方向のひずみは

$$\varepsilon = \frac{y}{\rho} \tag{6.13}$$

と書ける．そして，応力はひずみに縦弾性係数を掛けたものであるから，中立面から y だけ離れた位置での応力は次式となる．

$$\sigma_i = \frac{E_i}{\rho} y \quad (i = 1,\, 2) \tag{6.14}$$

ここで，i は，材料につけた番号を示す．すなわち，各材料中では曲げ応力は y に比例するが，その比例定数は材料ごとに異なる．結局，はりの断面内での応力分布は，図6.24に示すようなものとなる．

式(6.14)からわかるように，組合せはりの曲げ問題を解くために，中立面の位置と曲率半径 ρ を求めなければならない．

式(6.14)のように分布した曲げ応力は，この断面内での力の釣合いとモーメントの釣合いに関する次の2つの条件を満たさなければならない．

(1) 軸方向の力の釣合い:

軸方向の外力は 0 としているから，式(6.14)のように分布した曲げ応力によるこの断面上の軸方向の合力は 0 でなければならないから，

$$\int_A \sigma dA = \int_{A_1} \sigma_1 dA + \int_{A_2} \sigma_2 dA = 0 \tag{6.15}$$

ここで，A_i は材料ごとの断面積を表す．式(6.14)を式(6.15)に代入すれば，

$$\frac{1}{\rho}\left(E_1 \int_{A_1} y dA + E_2 \int_{A_2} y dA \right) = \frac{1}{\rho}(E_1 S_1 + E_2 S_2) = 0 \tag{6.16}$$

ここで，$S_i = \int_{A_i} y\, dA$ は，中立軸に関する材料ごとの断面一次モーメントである．式(6.16)は中立軸が満たすべき条件である．式(6.16)より，一般に n 個の層から成る組合せはりの中立軸は，次の式を満足することがわかる．

$$\sum_{i=1}^{n} E_i S_i = 0 \tag{6.17}$$

図 6.25 のように，はりの断面の上端から中立軸までの距離を $\bar{y}$ とし，上端および中立軸から下方へ座標 y_1 と y をとると，

$$y = y_1 - \bar{y}$$

が成り立つ．これを式(6.17)に代入すれば，

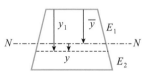

図6.25 中立軸の位置

$$\sum_{i=1}^{n} E_i S_i = \sum_{i=1}^{n} E_i \int_{A_i} y dA = \sum_{i=1}^{n} \left\{ E_i \int_{A_i} y_1 dA - E_i \int_{A_i} \bar{y} dA \right\}$$

$$= \sum_{i=1}^{n} E_i \int_{A_i} y_1 dA - \bar{y} \sum_{i=1}^{n} E_i A_i = 0$$

これより，はりの断面の上端から中立軸までの距離 $\bar{y}$ は

$$\bar{y} = \frac{\sum_{i=1}^{n} E_i \int_{A_i} y_1 dA}{\sum_{i=1}^{n} E_i A_i} \tag{6.18}$$

となる．この関係より，中立軸の位置を求めることができる．

(2) モーメントの釣合い：

　モーメントの釣合いから，式(6.14)のように分布した曲げ応力は，この断面上の曲げモーメント M を生じなければならない．

$$\begin{aligned} M &= \int_{A_1} \sigma_1 y dA + \int_{A_2} \sigma_2 y dA \\ &= \frac{1}{\rho} \left(E_1 \int_{A_1} y^2 dA + E_2 \int_{A_2} y^2 dA \right) \\ &= \frac{1}{\rho} \left(E_1 I_1 + E_2 I_2 \right) \end{aligned} \tag{6.19}$$

ここで，$I_i = \int_{A_i} y^2 dA$ は，中立軸に関する各材料の断面二次モーメントである．

式(6.19)より，一般に n 個の層から成る組合せはりについては，

$$\frac{1}{\rho} = \frac{M}{\sum_{i=1}^{n} E_i I_i} \tag{6.20}$$

となり，式(6.20)より曲率半径 ρ が求められる．

　以上のように，中立軸の位置と曲率半径 ρ を求めれば，式(6.14)より組合せはりの各材料中の応力を次式のように得ることができる．

$$\sigma_i = \frac{E_i M}{\sum_{i=1}^{n} E_i I_i} y \tag{6.21}$$

また，はりのたわみおよびたわみ角は，式(5.54)に式(6.20)を代入して，たわみの微分方程式

$$\frac{d^2 y}{dx^2} = -\frac{M}{\sum_{i=1}^{n} E_i I_i} \tag{6.22}$$

を順次積分して求められる．

【Example 6.14】

　As shown in Fig.6.26, consider a composite beam of the cross-sectional dimensions. The upper part is wood with $E_w = 10\text{GPa}$ and the lower strap is steel with $E_s = 200\text{GPa}$. If this beam is subjected to the bending moment 50kN·m around the horizontal axis, calculate the maximum stresses in the steel and wood.

【Solution】

　The area of the wood and the steel are, respectively,

$$A_w = 180 \times 250 = 45000\text{mm}^2, \quad A_s = 180 \times 10 = 1800\text{mm}^2 \tag{a}$$

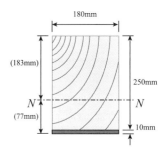

Fig.6.26 The cross section of the composite beam.

The centroid and moment of inertia around the centroidal axis for the cross-section are, respectively,

$$
\begin{aligned}
\bar{y} &= \frac{E_w \int_{A_w} y_1 dA + E_s \int_{A_s} y_1 dA}{E_w A_w + E_s A_s} \\
&= \frac{10\text{GPa} \times 45000\text{mm}^2 \times 125\text{mm} + 200\text{GPa} \times 1800\text{mm}^2 \times 255\text{mm}}{10\text{GPa} \times 45000\text{mm}^2 + 200\text{GPa} \times 1800\text{mm}^2} \\
&= 183\text{mm} \quad (\textit{from the top})
\end{aligned}
\tag{b}
$$

$$
\sum_{i=1}^{n} E_i I_i = 5.727 \times 10^9 \,[\text{GPa} \times \text{mm}^4] = 5.727 \times 10^6 \,[\text{Pa} \times \text{m}^4]
\tag{c}
$$

The maximum stresses in the wood and the steel are given as

$$
(\sigma_w)_{\max} = \frac{50 \times 10^3 \,\text{N} \cdot \text{m} \times 10 \times 10^9 \,\text{Pa} \times 183 \times 10^{-3} \,\text{m}}{5.727 \times 10^6 \,\text{Pa} \times \text{m}^4} = 16.0\text{MPa}
$$

$$
(\sigma_s)_{\max} = \frac{50 \times 10^3 \,\text{N} \cdot \text{m} \times 200 \times 10^9 \,\text{Pa} \times 77 \times 10^{-3} \,\text{m}}{5.727 \times 10^6 \,\text{Pa} \times \text{m}^4} = 134.5\text{MPa}
$$
(d)

Ans. : $(\sigma_w)_{\max} = 16.0\text{MPa}$, $(\sigma_s)_{\max} = 134.5\text{MPa}$

【例題 6.15】

図 6.27(a)に示すように，縦弾性係数が E_1, E_2 と異なる材質のはりを組み合わせたはりの問題は，図 6.27(b)に示すように，断面の幅を縦弾性係数に比例して変化させることにより，同一材料のはりの断面として扱うことができる事を示せ.

【解答】

図に示すように，変化後の面積を ' を付けて表すと，

$$
A_2' = \frac{E_2}{E_1} A_2
\tag{a}
$$

となる. また，式(5.22)より，同一材料に変化させた後の断面について，中立軸の位置は，

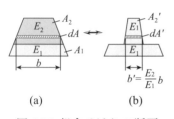

(a)　　　(b)

図 6.27 組合せはりの断面

$$
\bar{y} = \frac{\int_A y_1 dA}{A} = \frac{\int_{A_1} y_1 dA + \int_{A_2'} y_1 dA'}{A_1 + A_2'} = \frac{\int_{A_1} y_1 dA + \int_{\frac{E_2}{E_1} A_2} y_1 dA'}{A_1 + \frac{E_2}{E_1} A_2}
$$

$$
= \frac{\int_{A_1} y_1 dA + \int_{A_2} y_1 \frac{E_2}{E_1} dA}{A_1 + \frac{E_2}{E_1} A_2} = \frac{E_1 \int_{A_1} y_1 dA + E_2 \int_{A_2} y_1 dA}{E_1 A_1 + E_2 A_2}
$$
(b)

となり，式(6.18)と一致する. さらに，断面二次モーメントは，

$$
I = \int_A y^2 dA = \int_{A_1} y^2 dA + \int_{A_2'} y^2 dA' = \int_{A_1} y^2 dA + \frac{E_2}{E_1} \int_{A_2} y^2 dA
\tag{c}
$$

式(5.18)より，曲げ応力は次式となり，式(6.21)に一致する.

$$\sigma_1 = \frac{M}{I}y = \frac{M}{\displaystyle\int_{A_1} y^2 dA + \frac{E_2}{E_1}\int_{A_2} y^2 dA}y = \frac{E_1 M}{E_1 I_1 + E_2 I_2}y$$

(d)

$$\sigma_2 = \frac{A'}{A}\sigma = \frac{E_2 M}{E_1 I_1 + E_2 I_2}y$$

【例題 6.16】

　図 6.28 のように，コンクリートはりの曲げに対する抵抗を増すために，引張応力が生じるコンクリート部分に，鉄筋を埋め込んで補強した鉄筋コンクリートが使用される．いま，コンクリートのはりの上端から d の位置に鉄筋が配してある鉄筋コンクリートのはりを考える．このはりが，鉄筋に引張り応力が生じるようなモーメント M を受けるとき，コンクリートおよび鉄筋内に生じる曲げ応力を求めよ．ただし，鉄筋およびコンクリートの縦弾性係数をそれぞれ E_s, E_c とする．

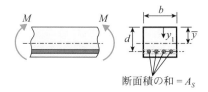

図6.28　鉄筋コンクリートはりの曲げ

【解答】

　鉄筋コンクリートはりを組合せはりとみなせば，その断面における応力分布は図6.29(a)のようになり，これを正確に計算することは困難であるため，通常は以下のようにモデル化を行なう．

(i) 通常 $E_s \gg E_c$ であるため，コンクリートが受けもつ引張応力を無視する．

(ii) 鉄筋は一般に細いから，鉄筋断面内で曲げ応力を一定とする．

仮定 (i), (ii) より，鉄筋コンクリートの断面における応力は，図 6.29(b)のようになり，次式のように書ける．

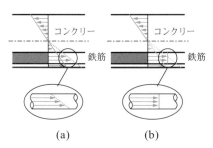

(a)　　　　　(b)

図6.29　鉄筋コンクリートの
断面内における応力分布

鉄筋：
$$\sigma_s = E_s \frac{d - \bar{y}}{\rho}$$

(a)

コンクリート：
$$\sigma_c = \begin{cases} E_c \dfrac{y_1 - \bar{y}}{\rho} & (0 \le y_1 \le \bar{y}) \\ 0 & (\bar{y} \le y_1) \end{cases}$$

(b)

ここで，ρ は中立面の曲率半径である．

　式(a), (b)に基づいて解析を行うために，まず中立軸の位置を求めなければならない．横断面における軸方向の力のつりあい条件より

$$E_s A_s \frac{d - \bar{y}}{\rho} + \int_0^{\bar{y}} E_c b \frac{y_1 - \bar{y}}{\rho} dy_1 = 0$$

(c)

式(c)を計算して整理すると，

$$\frac{1}{2}bE_c\bar{y}^2 + E_s A_s \bar{y} - E_s A_s d = 0$$

(d)

$E_s / E_c = n$ とおいて方程式(d)を解くと $\bar{y}$ を得る．

$$\bar{y} = \frac{-nA_s + \sqrt{n^2 A_s^2 + 2nbdA_s}}{b}$$

(e)

次に，式(6.20)中の項 $\displaystyle\sum_{i=1}^{n} E_i I_i$ を求める．

　横断面に働く曲げモーメントは

注）コンクリートは圧縮には強いが，引張には弱い．従って，$y_1 > \bar{y}$ である引張応力が生じる領域においては，$\sigma_c = 0$ として考えることができる．

$$M = E_s A_s \frac{(d-\bar{y})^2}{\rho} + \int_0^{\bar{y}} E_c b \frac{(y_1-\bar{y})^2}{\rho} dy_1 \tag{f}$$

ここでは

$$\left. \begin{aligned} \sum_{i=1}^{2} E_i I_i = M\rho &= E_s A_s (d-\bar{y})^2 + \int_0^{\bar{y}} E_c b (y_1-\bar{y})^2 dy_1 \\ &= E_s A_s (d-\bar{y})^2 + E_c b \frac{\bar{y}^3}{3} \end{aligned} \right\} \tag{g}$$

になり，鉄筋内の曲げ応力は

$$\sigma_s = \frac{M E_s (d-\bar{y})}{\displaystyle\sum_{i=1}^{2} E_i I_i} = \frac{n(d-\bar{y})M}{nA_s(d-\bar{y})^2 + b\dfrac{\bar{y}^3}{3}} \tag{h}$$

であり，コンクリート内の曲げ応力は以下のようになる．

$$\sigma_c = \begin{cases} \dfrac{M E_c (y_1-\bar{y})}{\displaystyle\sum_{i=1}^{2} E_i I_i} = \dfrac{(y_1-\bar{y})M}{nA_s(d-\bar{y})^2 + b\dfrac{\bar{y}^3}{3}} & (0 \le y_1 \le \bar{y}) \\ 0 & (\bar{y} \le y_1) \end{cases} \tag{i}$$

答：式(h), (i)

図 6.30 クレーンのフック

6・5　曲りはりの曲げ応力（bending stresses in curved beams）

図6.31(a)のような，xy 平面内に初めから曲がっているはりを考える．これを曲りはり（curved beam）という．ここでは，はり断面は xy 平面を対称面とする．はりの曲がり具合は，中心線（center line）と呼ばれる，はりの各断面での図心の軌跡（locus of centroids）による xy 平面上の平面曲線によって表わされる．

この節では，曲がりはりが xy 平面内にモーメント M を受けるときに各断面に生じる応力分布を調べる．そのため，図 6.31(b)のように，変形前に微小角 $d\phi$ だけ離れた，中心線に垂直な二つの隣り合う断面，mn と pq にはさまれるはりの微小部分を考える．角度 $d\phi$ が微小であるため，この微小部分の中心線を円弧とみなすことができる．円弧の中心が mn と pq の交点 O にあり，円弧の半径が中心線の曲率半径 R に等しい．

このような曲りはりの純粋曲げによって生じる応力分布を考える際に，真直なはりの場合と同一の仮定（平面でかつ中心線に垂直であったはりの横断面は曲がった後も平面を保ち中心線に垂直である）を用いる．したがって，曲げの結果として，断面 mn と pq はそれぞれの中立軸（中立面 $L\text{-}L$ と横断面の交線）のまわりに角度 $d\Delta/2$ だけ回転して，それぞれ図中の $m'n'$ と $p'q'$ の位置になる．図からわかるように，変形後の $m'n'$ と $p'q'$ のなす角は $d\phi - d\Delta$ となる．また，元の曲率を減らすような曲げモーメントを正と定義すれば，この回転によってはりの凸側（外側）の繊維は圧縮され，凹側（内側）の繊維は引き伸ばされる．

中立面 $L\text{-}L$ の位置はこれから決めるが，ここではとりあえずその半径（元の曲率中心からの距離）を r とする．よって，中立面から距離 y だけ隔たった任意の繊維では，曲がる前の長さは $(r - y)d\phi$ と書け，曲げによる伸びは

$yd\Delta$ と書けるから，その繊維に生じるひずみ ε は

$$\varepsilon = \frac{yd\Delta}{(r-y)d\phi} \tag{6.23}$$

となり，応力は

$$\sigma = \frac{Eyd\Delta}{(r-y)d\phi} \tag{6.24}$$

となる.

　式(6.24)には 2 個の未知数，中立面の半径 r と曲げによる角変位 $d\Delta$ が含まれている．これらは，2 個の静力学の方程式，すなわち式(6.24)のように分布した曲げ応力が，この断面内での力のつりあいに関する次の二つの条件を満たすことから決定される.

(1) 式(6.24)のように分布した曲げ応力による，この断面上の法線方向の合力は 0 でなければならない.

$$\int_A \sigma dA = \frac{Ed\Delta}{d\phi}\int_A \frac{y}{r-y}dA = 0 \tag{6.25}$$

(2) 式(6.24)のように分布した曲げ応力は，この断面上の曲げモーメント M を生じなければならない.

$$\int_A y\sigma dA = \frac{Ed\Delta}{d\phi}\int_A \frac{y^2}{r-y}dA = M \tag{6.26}$$

　中立面から距離 y だけ隔たった任意の要素 dA から元の曲率中心までの距離を s とすれば，$s = r - y$ となる．これを式(6.25)に代入すれば，

$$\int_A \frac{(r-s)dA}{s} = \int_A r\frac{dA}{s} - A = 0 \tag{6.27}$$

が得られ，これから

$$r = \frac{A}{\displaystyle\int_A \frac{dA}{s}} \qquad \text{または} \qquad \bar{y} = R - r = R - \frac{A}{\displaystyle\int_A \frac{dA}{s}} \tag{6.28}$$

ここに，$\bar{y}$ は断面の図心軸から中立軸に至る距離である.

　次に，式(6.26)に基づいて断面に生じる曲げ応力を計算する．式(6.26)中の積分を次のように簡単化する.

$$\int_A \frac{y^2 dA}{r-y} = -\int_A \left(y - \frac{ry}{r-y}\right)dA = -\int_A ydA + r\int_A \frac{ydA}{r-y} \tag{6.29}$$

式(6.29)の右辺の最初の積分は，断面の中立軸に関する面積モーメントを表わすものであり $-A\bar{y}$ に等しく，第二の積分は式(6.25)からわかるように 0 に等しい．したがって，式(6.29)は

$$\int_A \frac{y^2 dA}{r-y} = A\bar{y} \tag{6.30}$$

となる．この式を式(6.26)に代入すれば，

$$\frac{Ed\Delta}{d\phi} = \frac{M}{A\bar{y}} \tag{6.31}$$

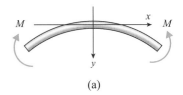

(a)

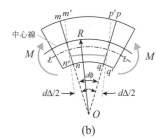

(b)

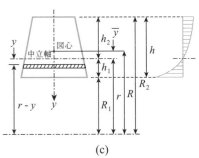

(c)

図 6.31　曲がりはりの曲げ応力

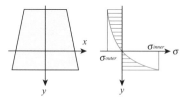

図 6.32 曲がりはりの断面上の
曲げ応力

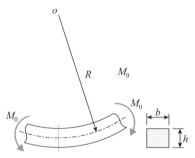

図 6.33 長方形断面の曲がりはり

が得られる. さらに, これを式(6.24)に代入すれば, 断面の応力を計算するための式が得られる.

$$\sigma = \frac{My}{A\bar{y}(r-y)} \tag{6.32}$$

式(6.32)によれば, 曲りはりの曲げ応力の分布は真直はりの場合のように直線的でなく, 図6.32に示すように双曲線となる. はり中の最大応力となる最も内側の繊維と最も外側の繊維の応力は

$$\sigma_{inner} = \frac{Mh_1}{A\bar{y}R_1} \ , \ \ \sigma_{outer} = -\frac{Mh_2}{A\bar{y}R_2} \tag{6.33}$$

となる. ここで, h_1 および h_2 は中立軸から最も遠い内側の繊維と外側の繊維までの距離であり, R_1 および R_2 は, はりの内側および外側の半径である.

【例題 6.17】

図6.33のように, 中心線の曲率半径を R とする, 幅 b 高さ h の長方形断面の曲りはりが純粋曲げモーメント M_0 を受けている. 中立面の半径および内側と外側の応力を求めよ. また, $h/R = 0.2, 0.5, 1.0, 1.5$ の各場合について, 中立面の半径と中心線の曲率半径 R との比, 内側と外側の応力の値と $\sigma_{straight}$ との比をそれぞれ計算せよ. ただし, $\sigma_{straight}$ は, 同様な断面をもつ真直はりが同様なモーメントを受けるときの最大応力である.

【解答】

式(6.28)より, 中立面の半径 r は

$$r = \frac{A}{\displaystyle\int_A \frac{1}{s}dA} = \frac{bh}{\displaystyle\int_{R-h/2}^{R+h/2} \frac{b}{s}ds} = \frac{h}{\log\left(\dfrac{R+h/2}{R-h/2}\right)} \tag{a}$$

中立面から最も遠い内側の繊維と外側の繊維までの距離 h_1とh_2 は

$$h_1 = r-\left(R-\frac{h}{2}\right) \ , \ \ h_2 = \left(R+\frac{h}{2}\right)-r \tag{b}$$

はりの内側および外側の半径 R_1と R_2 は

$$R_1 = R-\frac{h}{2} \ , \ \ R_2 = R+\frac{h}{2} \tag{c}$$

式(6.33)より, 最も内側の繊維の応力は

$$\sigma_{inner} = \frac{Mh_1}{A\bar{y}R_1} = \frac{M\left[r-(R-h/2)\right]}{bh(R-r)(R-h/2)} \tag{d}$$

であり, 最も外側の繊維の応力は

$$\sigma_{outer} = -\frac{Mh_2}{A\bar{y}R_2} = \frac{-M\left[(R+h/2)-r\right]}{bh(R-r)(R+h/2)} \tag{e}$$

である.

式(a), (d), (e)に基づいて, $h/R = 0.2, 0.5, 1.0, 1.5$ の各場合について, 中立面の半径と中心線の曲率半径 R との比 r/R, 内側と外側の応力の値と同様な断面をもつ真直はりが同様なモーメントを受けるときのそれとの比 σ_{inner} /

表6.2 比 r/R, $\sigma_{inner}/\sigma_{straight}$ および $\sigma_{outer}/\sigma_{straight}$

$\dfrac{h}{R}$	0.2	0.5	1.0	1.5
$\dfrac{r}{R}$	0.997	0.979	0.910	0.771
$\dfrac{\sigma_{inner}}{\sigma_{straight}}$	1.071	1.200	1.523	2.273
$\dfrac{\sigma_{outer}}{\sigma_{straight}}$	0.937	0.853	0.730	0.610

$\sigma_{straight}$ および $\sigma_{outer}/\sigma_{straight}$ をそれぞれ計算して，その結果を表6.2にまとめた．ただし，ここでは $\sigma_{straight} = \pm\dfrac{6M}{bh^2}$ である．

以上の例題からわかるように，長方形断面の場合には，中立面は断面の図心よりもはりの曲率中心に近い所に存在し，また，断面上に分布する引張側と圧縮側の力の総和が 0 である条件から，最大曲げ応力は凹側に起こる．よって，最も外側と最も内側の繊維の応力を等しくするためには，図心がはりの凹側に近い所にある断面形を採用する必要がある．

注）曲りはりが横荷重によって曲げられるような場合には，断面には軸力 N，せん断力 F とモーメント M が加わる．従って，任意の繊維に働く全軸応力は，モーメントによる曲げ応力と均一応力 N/A との和となる．

【Example 6.18】

A semicircular curved bar is loaded as shown in Fig.6.34(a) and has the trapezoidal cross-section shown in Fig.6.34(c). Calculate the stress σ_{inner} at point A and the stress σ_{outer} at point B if $a = b = h = 1\mathrm{cm}$ and $P = 30\mathrm{N}$.

【Solution】

It is seen from the equilibrium of portion of the bar above the section A-B shown in Fig.6.34(b) that the stress resultant on the section consists of a force P acting at the centroid of the section and a bending moment $M = PR$ where R is the radius of the centroidal axis. Therefore, based on Eqs.(6.33), the stress at point A and B will be

$$\sigma_{inner} = \frac{PRh_1}{A\bar{y}a} + \frac{P}{A} \ , \ \ \sigma_{outer} = -\frac{PRh_2}{A\bar{y}(a+h)} + \frac{P}{A} \tag{a}$$

For the cross-section shown in Fig.6.34(c), we have

$$A = \frac{b + ab/(a+h)}{2}h = 0.75 \times 10^{-4}\,\mathrm{m}^2 \tag{b}$$

$$R = \frac{\displaystyle\int_A y\,dA}{A} = \frac{\dfrac{b}{a+h}\displaystyle\int_a^{a+h} y^2\,dy}{A} = \frac{b\{(a+h)^3 - a^3\}}{3A(a+h)} = 1.556 \times 10^{-2}\,\mathrm{m} \tag{c}$$

$$r = \frac{A}{\displaystyle\int_A \frac{dA}{y}} = \frac{A}{\displaystyle\int_a^{a+h}\frac{b}{(a+h)}dy} = \frac{A}{\dfrac{b}{(a+h)}h} = 1.5 \times 10^{-2}\,\mathrm{m} \tag{d}$$

$$\bar{y} = R - r = 0.056 \times 10^{-2}\,\mathrm{m} \tag{e}$$

$$h_1 = r - a = 0.5 \times 10^{-2}\,\mathrm{m}, \ \ h_2 = a + h - r = 0.5 \times 10^{-2}\,\mathrm{m} \tag{f}$$

where r is radius of the neutral surface. Substituting these numerical values into Eq.(a), we obtain

Ans. : $\sigma_{inner} = 6\mathrm{MPa}$, $\sigma_{outer} = -2.4\mathrm{MPa}$

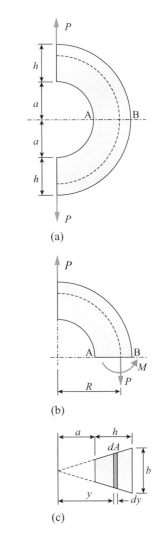

Fig.6.34 The semicircular curved bar with the trapezoidal cross-section.

6・6　連続はり（continuous beam）

1 本のはりが，3 個以上の支持点で支えられている場合，言い換えれば，2個以上のスパンを有するはりを連続はり（continuous beam）という．N 個の支持点からなるはりの場合，支持反力を未知数と考えることができるから，N 個の未知数がある．はり全体の力の釣合いとモーメントの釣合いより 2 個の式が得られ，残る未知数の数は，$N-2$ 個となる．従って，$N=2$ の場合は静定問題

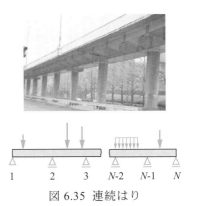

図 6.35　連続はり

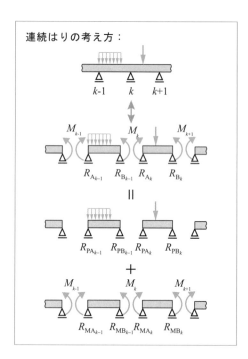

連続はりの考え方:

$M_{A_{k-1}}$　$M_{B_{k-1}}$　M_{A_k}　　M_{B_k}

$R_{A_{k-1}}$　$R_{B_{k-1}}$　R_{A_k}　R_{B_k}

(a) k–1 と k 番目のスパン

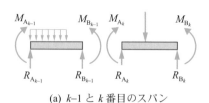

$M_{B_{k-1}}$　M_{A_k}

θ_{A_k}

$\theta_{B_{k-1}}$

$R_{B_{k-1}}$　R_{A_k}

(b) k 番目の支持部（点A_k, 点B_{k-1}）

図 6.36 スパンに加わる力と
モーメント

であるが，$N > 2$ の場合は不静定問題となる．よって，3 点以上の支持部，すなわち，スパンが 2 つ以上ある連続はりは，不静定問題として扱わなければならない．支持点の数が少ない場合は，重ね合わせ法や重複積分法等を用いて，比較的容易に問題を解くことができる．しかし，スパンの数が多くなった場合，この方法で取扱うのは複雑である．そこで，簡潔に連続はりの問題を取り扱うために，支持点で分割，すなわちスパンごとに分解し，それぞれの部分が結合されていると考える．

　それぞれのスパン間の結合に関する式を考えるために，図 6.36(a)に示すように，k–1 番目と k 番目のスパンを取り出す．k 番目のスパンの支持点を記号 A_k, B_k，支持反力を R_{Ak}, R_{Bk}，曲げモーメントを M_{Ak}, M_{Bk} と表す．さらに問題を一般的にするため，それぞれのスパンにおいてはりの縦弾性係数，断面二次モーメントを E_k, I_k と表すとする．この問題は，両端支持はりの両端に，曲げモーメント M_{Ak}, M_{Bk} が加わり，はりに任意の荷重が加わった問題と考えることができる．この問題を（1）両端に曲げモーメントを受ける両端支持はりと，（2）任意荷重を受ける両端支持はりの重ね合わせとして考えていく．まず両端のモーメントによるはりの両端のたわみ角をそれぞれ，$\theta_{MAk}, \theta_{MBk}$ と表せば，例題 5.17 の式(k), (l)より，

$$\theta_{MA_k} = \frac{(2M_{A_k} + M_{B_k})l_k}{6E_kI_k} \quad , \quad \theta_{MB_k} = -\frac{(M_{A_k} + 2M_{B_k})l_k}{6E_kI_k} \tag{6.34}$$

と表される．次に，任意荷重を受ける両端支持はりの両端のたわみ角を $\theta_{PAk}, \theta_{PBk}$ と表せば，このはりの両端のたわみ角 θ_{Ak}, θ_{Bk} は

$$\theta_{A_k} = \theta_{MA_k} + \theta_{PA_k} \quad , \quad \theta_{B_k} = \theta_{MB_k} + \theta_{PB_k} \tag{6.35}$$

点 A_k から見て，左側のはりと右側のはりは連続となっていなければならない．従って，点 A_k において，曲げモーメントは連続になる．図 6.36(b)を参考にすれば，点 A_k の左側のはりの曲げモーメントとたわみ角は $M_{B_{k-1}}, \theta_{B_{k-1}}$，右側のはりの曲げモーメントは M_{Ak}, θ_{Ak} であるから，

$$M_{B_{k-1}} = M_{A_k} \tag{6.36}$$

$$\theta_{B_{k-1}} = \theta_{A_k} \tag{6.37}$$

とならなければならない．式(6.37)に式(6.35)を代入すれば

$$\theta_{MB_{k-1}} + \theta_{PB_{k-1}} = \theta_{MA_k} + \theta_{PA_k} \tag{6.38}$$

さらに式(6.34)を用いれば，

$$-\frac{(M_{A_{k-1}} + 2M_{B_{k-1}})l_{k-1}}{6E_{k-1}I_{k-1}} + \theta_{PB_{k-1}} = \frac{(2M_{A_k} + M_{B_k})l_k}{6E_kI_k} + \theta_{PA_k} \tag{6.39}$$

式(6.36)を用いて，$M_{B_{k-1}}, M_{B_k}$ を $M_{A_k}, M_{A_{k+1}}$ で表せば

$$-\frac{(M_{A_{k-1}} + 2M_{A_k})l_{k-1}}{6E_{k-1}I_{k-1}} + \theta_{PB_{k-1}} = \frac{(2M_{A_k} + M_{A_{k+1}})l_k}{6E_kI_k} + \theta_{PA_k} \tag{6.40}$$

簡単のため，曲げモーメント M_{A_k} を M_k と表し，上式を整理すれば，

$$\frac{(2M_k + M_{k+1})l_k}{6E_k I_k} + \frac{(M_{k-1} + 2M_k)l_{k-1}}{6E_{k-1} I_{k-1}} = \theta_{PB_{k-1}} - \theta_{PA_k} \tag{6.41}$$

となる．さらに縦弾性係数と断面二次モーメントが等しく E, I の場合

$$M_{k-1}l_{k-1} + 2M_k(l_{k-1} + l_k) + M_{k+1}l_k = 6EI(\theta_{PB_{k-1}} - \theta_{PA_k}) \tag{6.42}$$

となる．式(6.41)と(6.42)をクラペイロン（Clapeyron）の３モーメントの式（equation of three moments）と呼ぶ．

また，A_k点（B_{k-1}点と同一）の支持反力 R_k は，任意荷重による支持反力を R_{PAk}，R_{PBk} 等と表せば，両端支持はりの両端に曲げモーメントが作用する場合の支持反力の式（例題 5.17(c)）より，

$$R_k = R_{A_k} + R_{B_{k-1}} = R_{PA_k} + R_{PB_{k-1}} + \frac{M_{k-1} - M_k}{l_{k-1}} - \frac{M_k - M_{k+1}}{l_k} \tag{6.43}$$

となる．

【Example 6.19】

Determine the reactions and the bending moment at the supports for the beam in Fig.6.37(a). *EI* is constant.

【Solution】

This problem can be solved by using Clapeyron's theorem. In consideration with Eq.(j) of Example 5.16, the slope θ_{PB1} and θ_{PA2} in Eq.(6.42) is given as follows.

$$\theta_{PB1} = -\frac{Pl^2}{16EI} , \ \theta_{PA2} = \frac{Pl^2}{16EI} \tag{a}$$

Since the no bending moment is applied to each side, the M_1 and M_3 are

$$M_1 = 0 , \quad M_3 = 0 \tag{b}$$

Take $k = 2$ in Eq.(6.42), and substitute Eq.(a) and (b). Then, the bending moment M_2 at center can be given as.

$$M_2 = -\frac{3Pl}{16} \tag{c}$$

Thus, by using Eq.(6.43) the reactions of the supports are given as

$$R_1 = \frac{P}{2} + \frac{M_2}{l} = \frac{5}{16}P$$

$$R_2 = \frac{P}{2} + \frac{P}{2} + \frac{-M_2}{l} - \frac{M_2}{l} = \frac{11}{8}P \tag{d}$$

$$R_3 = \frac{P}{2} + \frac{M_2}{l} = \frac{5}{16}P$$

【例題 6.20】

図 6.38(a)のように，等分布荷重 q を受ける長さ $3l$ のはりが４点で支持されている，それぞれの支持点における支持反力と，曲げモーメントを求めよ．

【解答】

長さ l の両端支持はりに，等分布荷重 q が加わったときの，両端の支持反

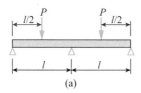

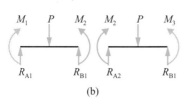

Fig.6.37 The beam supported at three points.

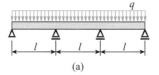

図 6.38 等分布荷重を受ける４点で支持されたはり

力 R_A, R_B, およびたわみ角 θ_A, θ_B は，例題 5.15 の式(f)より以下のようになる．

$$R_A = R_B = \frac{ql}{2} \ , \ \theta_A = \frac{ql^3}{24EI} \ , \ \theta_B = -\frac{ql^3}{24EI} \tag{a}$$

クラペイロンの定理より，2，3番目の支持部において，

$$2M_2(l+l) + M_3 l = -\frac{ql^3}{2}$$
$$M_2 l + 2M_3(l+l) = -\frac{ql^3}{2} \tag{b}$$

上式より，支持モーメントは，

$$M_2 = M_3 = -\frac{ql^2}{10} \tag{c}$$

となる．また，式(6.43)より，支持反力は次のようになる．

$$R_1 = R_A - \frac{-M_2}{l} = \frac{ql}{2} - \frac{ql}{10} = \frac{2}{5}ql$$
$$R_2 = R_A + R_B + \frac{-M_2}{l} - \frac{M_2 - M_3}{l} = \frac{ql}{2} + \frac{ql}{2} + \frac{ql}{10} = \frac{11}{10}ql$$
$$R_3 = R_A + R_B + \frac{M_2 - M_3}{l} - \frac{M_3}{l} = \frac{ql}{2} + \frac{ql}{2} + \frac{ql}{10} = \frac{11}{10}ql \tag{d}$$
$$R_4 = R_B + \frac{M_3}{l} = \frac{ql}{2} - \frac{ql}{10} = \frac{2}{5}ql$$

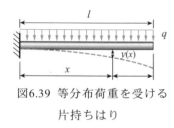

図6.39 等分布荷重を受ける
片持ちはり

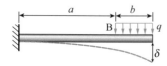

図6.40 先端に等分布荷重を受ける
片持ちはり

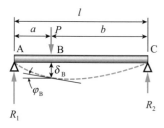

Fig.6.41 The simply supported beam
subjected to the concentrated load.

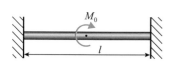

図6.42 両端が固定されたはり

【練習問題】

【6.1】　図 6.39 のように，等分布荷重 q が片持ちはりの全長に作用しているとき，固定端から x の点のたわみ $y(x)$ を重ね合わせ法を用いて求めよ．

$$\left[\text{答} \quad y(x) = \frac{q}{EI}\left(\frac{l^2}{4}x^2 - \frac{l}{6}x^3 + \frac{1}{24}x^4\right)\right]$$

【6.2】　図 6.40 のように，等分布荷重 q が長さ b の範囲に作用しているとき，自由端のたわみ δ とたわみ角 θ を求めよ．

$$\left[\text{答} \quad \theta = \frac{qb(3a^2 + 3ab + b^2)}{6EI} \ , \ \delta = \frac{qb(8a^3 + 18a^2 b + 12ab^2 + 3b^3)}{24EI}\right]$$

【6.3】　As shown in Fig.6.41, the simply supported beam carries a concentrated load P at point B. Determine the deflection δ_B and the slope θ_B at the point B. Use the method of superposition.

$$\left[\text{Ans.} \quad \delta_B = \frac{Pa^2 b^2}{3EIl} \ , \ \theta_B = \frac{Pab(b-a)}{3EIl}\right]$$

【6.4】　図 6.42 のように，長さ l のはりの両端が固定されたはりの中央に曲げモーメント M_0 を加えた．右端の支持反力と固定モーメントを求めよ．

$$\left[\text{答} \quad \frac{3M_0}{2l} \ , \ -\frac{M_0}{4}\right]$$

【6.5】 As shown in Fig.6.43, the continuous frame ABC is built-in at A, redundantly supported by a roller at C, and subjected to the action of a horizontal force P at B. Find the reaction R_C at C, neglecting axial extension of the vertical member AB. The flexural rigidity EI is constant throughout.

[Ans. $\dfrac{3}{8}P$]

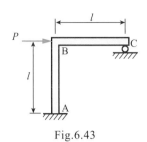

Fig.6.43

【6.6】 As shown in Fig.6.44, the simply supported beam loaded at the middle has cross-sectional moments of inertia I and $2I$ as indicated. Find the deflection δ at the middle of the beam. Young's modulus is denoted by E.

[Ans. $\delta = \dfrac{35Pl^3}{96EI}$]

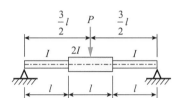

Fig.6.44 Stepped beam.

【6.7】 自由端に集中荷重 P を受ける長さ l の円形断面をもった平等強さの片持ちはりにおいて,固定端の直径を d_0 としたとき最大たわみを求めよ.縦弾性係数を E とする.

[答 $\dfrac{192Pl^3}{5E\pi d_0^4}$]

【6.8】 A simply supported beam 4m long and carrying a concentrated load P at the middle has the cross-section shown in Fig.6.45. Taking $P = 24$kN, $E_w / E_s = 1/20$, calculate the maximum stresses in the steel and the wood.

[Ans. $\sigma_s = 201$MPa, $\sigma_w = 33.7$MPa]

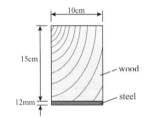

Fig.6.45 The corss-section of the composite beam

【6.9】 図 6.46 のように,横断面の寸法が幅 b,高さ h である 2 枚の板をボルトで結合した片持はりが点 A に集中荷重 P を受けるときに,ボルトに生じるせん断力 Q を求めよ.

[答 $\dfrac{3Pl}{4h}$]

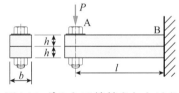

図6.46 ボルトで締結されたはり

【6.10】 Compare stresses in a 50×50mm rectangular bar subjected to end moments of 2083N·m in three special cases: (a) straight beam, (b) beam curved to a radius of 250mm along the centroidal axis (i.e., $R = 250$mm), and (c) beam curved to $R = 100$mm.

[Ans. (a) 100MPa, (b) 107MPa, (c) 120MPa]

【6.11】 図 6.47 のように,鋼のクレーンのフックが $P = 1$kN の荷重を受ける.フックの断面 AB は図に示すような台形である.点 A および点 B の応力を求めよ.

[答 $\sigma_A = -5$MPa, $\sigma_B = 12.5$MPa]

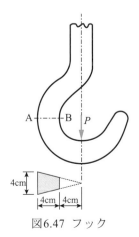

図6.47 フック

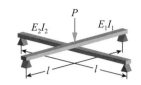

図6.48 交差した単純支持はり

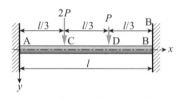

図6.49 集中荷重を受ける両端固定はり

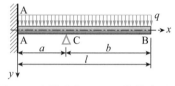

図6.50 支持されている片持ちはり

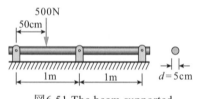

図6.51 The beam supported
at the three points.

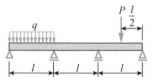

図6.52 分布荷重と集中荷重を受ける
連続はり

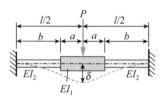

図6.53 両端が固定された断付きはり

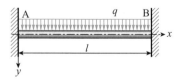

図6.54 等分布荷重を受ける両端が
固定されたはり

【6.12】　図 6.48 のように，長さ l，曲げ剛性 $E_1 I_1$ と長さ l，曲げ剛性 $E_2 I_2$ の両端支持はりが中央で互いに接触している．上のはりの中央に集中荷重 P を加えたときの中央のたわみを求めよ．

$$\left[答\ \frac{Pl^3}{48(E_1 I_1 + E_2 I_2)} \right]$$

【6.13】　図 6.49 のように，長さ l の両端固定はりの点 C と D にそれぞれ $2P$ と P の集中荷重を加えた．点 A，B における反力と固定モーメントを，特異関数法を用いて求めよ．はりの曲げ剛性を EI とする．

$$\left[答\ R_B = \frac{34}{27} P,\ M_B = -\frac{8}{27} Pl \right]$$

【6.14】　図 6.50 のように，長さ l の片持ちはりの固定端から a の位置が支持されている．このはりに等分布荷重 q を加えたときの B 点のたわみを求めよ．

$$\left[答\ \frac{q}{48EI}(6l^4 - 18al^3 + 18a^2 l^2 - 7a^3 l + a^4) \right]$$

【6.15】　As shown in Fig.6.51, the beam is supported at the three points and subjected to 500N load. Determine the deflection at the loaded point. Take Young's modulus E = 200GPa.

[Ans. 0.122mm]

【6.16】　図 6.52 のように，4 点で支持された連続はりに，等分布荷重 q と集中荷重 P が加えられている．それぞれの支持点における支持反力，およびモーメントを求めよ．

$$\left[答\ \begin{array}{l} R_1 = \frac{13}{30} ql + \frac{1}{40} P,\ R_2 = \frac{39}{60} ql - \frac{3}{20} P,\ R_3 = -\frac{1}{10} ql + \frac{29}{40} P,\ R_4 = \frac{1}{60} ql + \frac{2}{5} P, \\[2mm] M_1 = 0,\ M_2 = -\frac{1}{15} ql^2 + \frac{1}{40} Pl,\ M_3 = \frac{1}{60} ql^2 - \frac{1}{10} Pl,\ M_4 = 0 \end{array} \right]$$

【6.17】　図 6.53 のように，曲げ剛性 EI_1 と EI_2 からなる棒の両端が固定され，中央に集中荷重 P が加えられている．両端の固定モーメント M_0 を求めよ．

$$\left[答\ M_0 = -\frac{P\{b^2 I_1 + a(a + 2b) I_2\}}{4(bI_1 + aI_2)} \right]$$

【6.18】　図 6.54 のように，両端が壁に固定された長さ l のはりに，等分布荷重 q を加える．このはりのたわみ曲線を求めよ．はりの曲げ剛性を EI とする．

$$\left[答\ y = \frac{q}{24EI} x^2 (x - l)^2 \right]$$

第 7 章

柱の座屈

Buckling of Column

- 図 7.1 は鉛直に建てたテレホンカードに 5 円玉で圧縮荷重を加えた実験である．4 個までならほぼ鉛直を保つが 6 個以上加えると曲がってしまう．このような現象を座屈と呼ぶ．
- 今までは，棒に圧縮荷重を加えた場合，垂直に縮み，圧縮応力を生じるだけであると考えてきたが，実際には座屈が生じることもある．本章では，軸圧縮荷重が作用する柱の変形について考える．
- 機械や構造物では，軸方向圧縮荷重を受ける真直な棒とみなせる部品や部材が使用されていて，このような棒を柱という．特に，柱の長さが断面の寸法に比べて小さい場合を短柱，大きい場合を長柱（column）という．

(a) 5 円玉 2 個

(b) 5 円玉 4 個

(c) 5 円玉 6 個

図 7.1 テレホンカードの座屈

7・1 安定と不安定（stable and unstable）

物体に外力が作用すれば，外力の種類に対応した変形を生じて釣合い状態になる．さらに，変形を増すためには外力を増さなければならない．このような変形の釣合いを安定な釣合い（stable equilibrium）という．安定な釣合いにおいては，与えられた外力に対応する弾性変形の状態はただ一つしかなく，外力をわずかに加えればそれに応じた新しい変形状態に移るが，これを除去すれば元の状態に戻る．

しかし，弾性変形であっても釣合いが常に安定であるとは限らない．例えば，断面一様の細長い棒を鉛直に立て，軸方向に圧縮荷重を作用させた場合，荷重が小さい間は安定な釣合いを保って軸線は直線性を保つが，荷重が次第に大きくなってある値に達すると，棒の中央部に横方向の外力を作用させなくても側方にたわむようになる．さらに軸圧縮荷重を大きくすると，柱は側方に大きく変形するか，または側方へ跳ね飛んでしまい，柱の曲り変形はもはや外力に対応することなく安定領域を越えて不安定（unstable）になる．このように安定性が失われる限界の荷重を臨界荷重（critical load）といい，不安定な変形を長柱の座屈（buckling）という．

座屈時の長柱は圧縮による応力ではなく，曲げによる応力で破損するから，圧縮応力が降伏点よりはるかに小さくても長柱は座屈によって破損することに注意しなくてはならない．

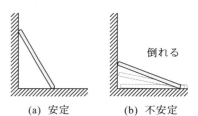

(a) 安定 (b) 不安定

図 7.2 壁に立てかけた棒の安定，不安定

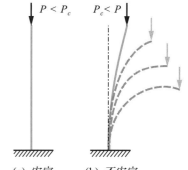

(a) 安定 (b) 不安定

図 7.3 長柱の安定，不安定

【例題 7.1】

図 7.4(a)に示すように，剛体棒の一方が回転自由に取り付けられ，もう一端がばねで支持されている．先端に軸方向に圧縮荷重 P を加えた時の剛体棒の挙動を考察せよ．ただし，この棒の長さを l，ばね定数を k とする．

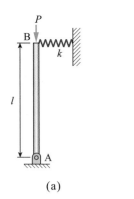

(a)

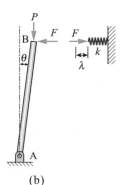

(b)

図 7.4 ばねで支持されている剛体棒

【解答】

ばねがない場合：圧縮荷重を完全に軸線に沿って加える事は事実上困難である．従って，この棒は圧縮荷重を加えることにより，わずかなモーメントを受ける事になり，棒は倒れる．

ばねがある場合：図 7.4(b)に示すように，棒が直立状態から θ 傾いた状態を考える．この時ばねの縮み λ は，

$$\lambda = l\sin\theta \tag{a}$$

であるから，棒の先端はばねから，

$$F = k\lambda = kl\sin\theta \tag{b}$$

の力を受ける．荷重 P と F の A 点まわりのモーメントの合計 M は，時計まわりを正とすれば，

$$M = Pl\sin\theta - Fl\cos\theta = l\sin\theta(P - kl\cos\theta) \tag{c}$$

となる．このモーメント M が正なら，棒は倒れる方向に回転し，負の場合，棒は鉛直に戻る方向に回転する．$\theta = 0$ 近傍を考えれば，$\cos\theta \cong 1$ よりこのモーメントの正負は P と kl の大小関係のみにより決まる．従って，棒の挙動は次のように記述できる．

$P < kl$ の時，棒は鉛直なまま安定．多少傾いてもばねにより戻される．
$P > kl$ の時，棒は倒れる．

7・2　弾性座屈とオイラーの公式（buckling and Euler's equation）

7・2・1　一端固定他端自由支持の長柱の座屈

これまでは，変形が微小であることにより，力の釣合いやモーメントの釣合いを変形前の形状に対して考えて来た．しかし，座屈では大きな変形が起こり，この変形を無視できないので，変形状態における力の釣合いから出発する．図 7.5 に示すように，軸線から e 離れた所に軸圧縮荷重 P が作用する長柱のたわみ状態を考える．ここで，先端のたわみを δ とおく．固定端 O から x の距離にある長柱のたわみを y とすれば，この断面のたわみによる曲げモーメント M は，

$$M = -P(\delta + e - y) \tag{7.1}$$

はりのたわみと曲げモーメントの関係式(5.54)を用いれば

$$\frac{d^2y}{dx^2} = \frac{P}{EI}(\delta + e - y) \tag{7.2}$$

ここで，

$$\frac{P}{EI} = \alpha^2 \tag{7.3}$$

とおけば，式(7.2)は次のようになる．

$$\frac{d^2y}{dx^2} + \alpha^2 y = \alpha^2(\delta + e) \tag{7.4}$$

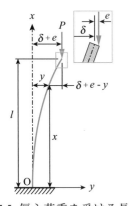

図 7.5 偏心荷重を受ける長柱

7・2 弾性座屈とオイラーの公式

式(7.4)の一般解は，A, B を定数として次式で与えられる．

$$y = A\sin\alpha x + B\cos\alpha x + \delta + e \tag{7.5}$$

長柱の端末条件は，下端が固定されているから

$$x = 0 \ \ \text{で，} \ \ \frac{dy}{dx} = 0 \ , \ \ y = 0 \tag{7.6}$$

さらに，上端のたわみを δ と置いたことから，

$$x = l \ \ \text{で，} \ \ y = \delta \tag{7.7}$$

式(7.5)を式(7.6), (7.7)に適用すれば，

$$\begin{aligned} \alpha A &= 0 \\ B + \delta + e &= 0 \\ A\sin\alpha l + B\cos\alpha l + e &= 0 \end{aligned} \tag{7.8}$$

となる．この式から A, B を消去し，δ について解けば，

$$\delta = \frac{1 - \cos\alpha l}{\cos\alpha l} e \tag{7.9}$$

さらに，たわみ y は，式(7.5)に式(7.8), (7.9) を用いて，

$$y = \frac{1 - \cos\alpha x}{\cos\alpha l} e \tag{7.10}$$

と得られる．式(7.9)で表される先端のたわみは $\cos\alpha l = 0$，すなわち

$$\alpha l = l\sqrt{\frac{P}{EI}} = \frac{2n+1}{2}\pi \ \ (n = 0, 1, \cdots) \tag{7.11}$$

において無限大に発散する．すなわち，どんなに e の値が小さい場合でも，式(7.11)を満足する荷重において，たわみが無限大となり，はりが座屈することを表している．このときの荷重を座屈荷重（buckling load）という．

一端固定，他端自由な長柱の座屈荷重は式(7.11)より，次のように表わされる．

$$P_c = \left(\frac{2n+1}{2}\right)^2 \frac{\pi^2 EI}{l^2} \ \ (n = 0, 1, \cdots) \tag{7.12}$$

荷重 P が式(7.12)で表される座屈荷重に近づくと，先端のたわみ δ は無限大になるが，その近傍では，式(7.10), (7.11), (7.9)より次のたわみ曲線で表される．

$$y \cong \frac{e}{\cos\alpha l}\left(1 - \cos\frac{2n+1}{2l}\pi x\right) = (\delta + e)\left(1 - \cos\frac{2n+1}{2l}\pi x\right) \tag{7.13}$$

このとき，たわみ曲線の形は n の値に応じて図 7.6 のように変化する．長柱を拘束して，$n = 0$ に対する分岐点を，座屈を伴わずに通過させたときの座屈荷重，すなわち $n = 1$ における座屈荷重は，式(7.12)から $n = 0$ の場合の 9 倍になる．このときのたわみ曲線は図 7.6(b)に示す複雑な形になる．また，$n = 2$ に対応するたわみ曲線は図 7.6(c)のようにさらに複雑な形を示す．しかし，荷重を 0 から次第に増加すると，式(7.12)において，$n = 0$ のときの座屈を最初に生じるため，$n = 1, 2, \ldots$ に対応する座屈を考えなくてもよい場合が多い．従って，一端固定，他端自由の棒の座屈荷重は以下のようになる．

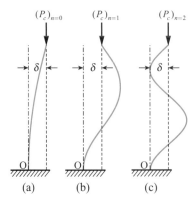

図 7.6 一端固定、他端自由の
長柱の座屈

注）たわみは抵抗の最も少ない方向に生じるから，式(7.12)の I には断面の図心を通る軸に関して最小の値を用いる．たとえば，長方形断面の場合，z, y 軸それぞれに対する断面二次モーメントは，図のようになる．$b > h$ であれば，I_z のほうが小さいため，z 軸まわりに曲げられるように座屈が生じる．

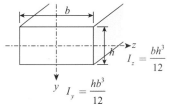

$$I_z = \frac{bh^3}{12}$$

$$I_y = \frac{hb^3}{12}$$

図 7.7 長方形断面の断面二次
モーメント

l [cm]	P_c [g]
14.3	350
12.8	390
11.4	500
10.2	635
9.0	760

(a)　　　　　　(b)

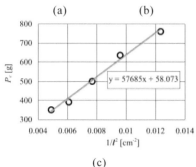

(c)

ボールペンの芯の座屈実験：図(a)に示す
ように，ボールペンの芯の一端を計りに
あて，もう一端を指で押すことにより座
屈荷重の測定を行った．(b)は測定結果で，
はさみで切断することにより，長さと座
屈荷重の関係を求めた．図(c)に示すよう
に，長さの2乗に座屈荷重は反比例する
ことがわかる．

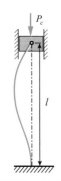

図 7.8　一端固定，他端支持の長柱

$$P_c = \frac{1}{4}\frac{\pi^2 EI}{l^2} \tag{7.14}$$

$n = 0$ に対応する分岐点について次のように考えることができる．$e = 0$ の場合，式(7.8)は次式のようにマトリックスで表せる．

$$\begin{bmatrix} \alpha & 0 & 0 \\ 0 & 1 & 1 \\ \sin\alpha l & \cos\alpha l & 0 \end{bmatrix}\begin{bmatrix} A \\ B \\ \delta \end{bmatrix} = \begin{bmatrix} 0 \\ 0 \\ 0 \end{bmatrix} \tag{7.15}$$

上式において，未知量がすべて 0 にならない A, B, δ を求めるには，係数の行列式が 0 でなければならない．この場合には

$$\begin{vmatrix} \alpha & 0 & 0 \\ 0 & 1 & 1 \\ \sin\alpha l & \cos\alpha l & 0 \end{vmatrix} = -\alpha\cos\alpha l = 0 \tag{7.16}$$

したがって，α は $\cos\alpha l = 0$ を満足する固有値（eigenvalue）であり，これに対応するたわみ曲線の式(7.13)は固有関数である．

7・2・2 各種端末条件の座屈 （buckling for each coefficient of fixity）

一般的な端末条件を考えるために式(7.4)において α を一定値と考え，x について 2 回微分すれば

$$\frac{d^4 y}{dx^4} + \alpha^2 \frac{d^2 y}{dx^2} = 0 \tag{7.17}$$

となる．この式の一般解は以下のようになる．

$$\begin{aligned} y &= A\sin\alpha x + B\cos\alpha x + Cx + D \\ \frac{dy}{dx} &= \alpha A\cos\alpha x - \alpha B\sin\alpha x + C \\ \frac{d^2 y}{dx^2} &= -\alpha^2 A\sin\alpha x - \alpha^2 B\cos\alpha x \end{aligned} \tag{7.18}$$

式(7.18)を用いて，種々の端末条件の下での長柱の座屈荷重と座屈のたわみ曲線は以下のように求められる．

(1) 一端固定，他端支持の長柱の座屈

図 7.8 に示す，一端固定，他端支持の端末条件は

$$\begin{aligned} x = 0 \ \text{で} \ \ y = 0, \ \frac{dy}{dx} = 0 \\ x = l \ \text{で} \ \ y = 0, \ M = -EI\frac{d^2 y}{dx^2} = 0 \end{aligned} \tag{7.19}$$

式(7.18)にこれらの条件を用いれば

$$\begin{aligned} B + D &= 0 \\ A\alpha + C &= 0 \\ A\sin\alpha l + B\cos\alpha l + Cl + D &= 0 \\ A\alpha^2\sin\alpha l + B\alpha^2\cos\alpha l &= 0 \end{aligned} \tag{7.20}$$

A, B, C, D のすべてが共に 0 とならないための条件は

$$\begin{vmatrix} 0 & 1 & 0 & 1 \\ \alpha & 0 & 1 & 0 \\ \sin\alpha l & \cos\alpha l & l & 1 \\ \alpha^2\sin\alpha l & \alpha^2\cos\alpha l & 0 & 0 \end{vmatrix} = -\alpha^2(\sin\alpha l - \alpha l\cos\alpha l) = 0 \quad (7.21)$$

上式より

$$\tan\alpha l = \alpha l \tag{7.22}$$

となる．この式を満足する αl の最小値は，数値的に解いて求めれば

$$\alpha l = l\sqrt{\frac{P}{EI}} \cong 4.4934,\ 7.7253,\ \cdots \tag{7.23}$$

座屈荷重は次のように得られる．

$$P_c = (4.4934)^2\frac{EI}{l^2} = 2.0457\frac{\pi^2 EI}{l^2} \quad (,\ 6.0469\frac{\pi^2 EI}{l^2},\ \cdots) \tag{7.24}$$

(2) 両端回転支持の長柱の座屈

図 7.9 に示す，両端が回転軸に支持されているときの端末条件は

$$x=0 \text{ および } x=l \text{ で，} y=0,\quad M=-EI\frac{d^2 y}{dx^2}=0 \tag{7.25}$$

式(7.18)をこれらの条件に適用し，(1) の場合と同様に $A,\ B,\ C,\ D$ のすべてが共に 0 とならないための条件を考えると，

$$\begin{vmatrix} 0 & 1 & 0 & 1 \\ 0 & \alpha^2 & 0 & 0 \\ \sin\alpha l & \cos\alpha l & l & 1 \\ \alpha^2\sin\alpha l & \alpha^2\cos\alpha l & 0 & 0 \end{vmatrix} = -\alpha^4 l\sin\alpha l = 0 \tag{7.26}$$

$\sin\alpha l = 0$ を満足する αl は次のように得られる．

$$\alpha l = l\sqrt{\frac{P}{EI}} = n\pi \quad (n=1,\ 2,\ \cdots) \tag{7.27}$$

上式より，座屈荷重は

$$P_c = n^2\frac{\pi^2 EI}{l^2} \quad (n=1,\ 2,\ \cdots) \tag{7.28}$$

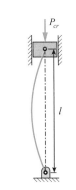

図 7.9 両端回転支持の長柱

(3) 両端固定の長柱の座屈

図 7.10 に示す両端を固定した場合の端末条件は

$$x=0 \text{ および } x=l \text{ で，} y=0,\quad \frac{dy}{dx}=0$$

(1), (2) の場合と同様にして計算を行ない，座屈荷重は

$$P_c = 4n^2\frac{\pi^2 EI}{l^2} \quad (n=1,\ 2,\ \cdots) \tag{7.29}$$

式(7.12)，(7.24)，(7.28)，(7.29)より得られる P_c の最小値の一般形は，次のように表わされる．

$$\boxed{P_c = L\frac{\pi^2 EI}{l^2} = \frac{\pi^2 EI}{l_0{}^2}} \tag{7.30}$$

ここで，$l_0 = l/\sqrt{L}$ を座屈長さ（buckling length）または相当長さ（reduced length）

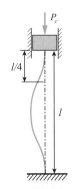

図 7.10 両端固定の長柱

表7.1　端末条件係数

端末条件	L	$l_0 = l/\sqrt{L}$
一端固定，他端自由	1/4	$2l$
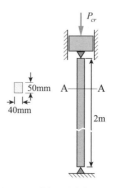		
一端固定，他端支持	2.046	$0.7l$
両端支持	1	l
両端固定	4	$l/2$

注）オイラーの公式は，長柱の釣合いが安定である限り，長柱の圧縮変形は弾性的であると仮定して求められており，そのため座屈応力は材料の降伏応力を越えない．

という．L は長柱の端末条件によって定まる係数で，端末条件係数（coefficient of fixity）と呼ばれ，表 7.1 のようになる．上述の長柱の弾性座屈はオイラー(Euler)によって研究されたことから，オイラー座屈（Euler buckling）といい，P_c をオイラーの座屈荷重（Euler's buckling load）あるいはオイラーの公式（Euler's equation）という．

P_c を長柱の断面積 A で割った値 σ_c を座屈応力（buckling stress）あるいは臨界応力（critical stress）といい，式(7.30)より

$$\sigma_c = \frac{P_c}{A} = \frac{L\pi^2 E}{\left(l/k\right)^2} = \frac{\pi^2 E}{\left(l_0/k\right)^2} = \frac{L\pi^2 E}{\lambda^2} = \frac{\pi^2 E}{\lambda_0^2} \tag{7.31}$$

ここで，

$$k = \sqrt{\frac{I}{A}} \tag{7.32}$$

は断面二次半径（radius of gyration of area）と呼ばれている．また

$$\lambda = \frac{l}{k} \tag{7.33}$$

と置き，これを細長比（slenderness ratio）という．同一座屈荷重を与える両端回転の長柱に換算した細長比

$$\lambda_0 = \frac{l_0}{k} = \frac{l}{k\sqrt{L}} \tag{7.34}$$

を相当細長比（effective slenderness ratio）という．式(7.31)において $\pi^2 E$ は一定値であるから，座屈応力 σ_c は λ_0 の2乗に反比例する．

【Example 7.2】

As shown in Fig.7.11, steel bar of rectangular cross-section 40 mm by 50 mm and pinned at each end is subject to axial compression. The bar is 2m long and $E = 200$GPa. Determine the buckling load by using Euler's formula.

【Solution】

The moment of inertia I is given by

$$I = \frac{bh^3}{12} = \frac{(50\text{mm})(40\text{mm})^3}{12} = 267 \times 10^3 \text{mm}^4 \tag{a}$$

By substituting $E = 200$GPa, $l = 2$m and $L = 1$ into Eq.(7.30), the buckling load is obtained as follows.

$$P_c = \frac{\pi^2 EI}{l^2} = \frac{\pi^2 (200 \times 10^9 \text{Pa})(267 \times 10^{-9} \text{m}^4)}{(2\text{m})^2} = 132 \times 10^3 \text{N} = 132\text{kN} \tag{b}$$

Ans. : $P_c = 132$kN

Fig.7.11 A steel bar with rectangular cross-section subjected to axial compression.

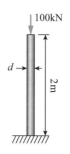

Fig.7.12　下端固定上端自由な棒

【例題 7.3】

図 7.12 のように，上端自由，下端固定の軟鋼製の円柱が，上端で 100kN の軸圧縮荷重を安定に支えるために必要な直径 d をオイラーの式で求めよ．また，この場合の細長比 λ および短柱としての応力 σ を求めよ．ただし，柱の長さは 2m，安全率は 3 とし，$E = 206$GPa とする．

7・2 弾性座屈とオイラーの公式

【解答】

安全率 3 であるから，この棒が座屈せずに安全に 100kN を加えられるためには，座屈荷重 P_c は，

$$P_c \geq 3 \times 100\text{kN} = 300\text{kN} \tag{a}$$

すなわち，300kN 以上となる必要がある．円形断面の直径を d とすれば，$I = \pi d^4 / 64$ であるから，式(7.14)より

$$P_c = \frac{\pi^2 E}{4l^2} \cdot \frac{\pi d^4}{64} \tag{b}$$

上式に式(a)と $E = 206\text{GPa}$，$l = 2\text{m}$ を代入して最小な d を求めれば

$$d = \sqrt[4]{\frac{4 \times 64 \times 2^2 \times 300 \times 10^3}{\pi^3 \times 206 \times 10^9}} = 83.3 \times 10^{-3}\text{m} = 83.3\text{mm} \tag{c}$$

また，円柱の断面積は $A = \pi d^2 / 4$ であるから最小断面二次半径は

$$k = \sqrt{I / A} = d / 4 = 20.8\text{mm} \tag{d}$$

よって，細長比は

$$\lambda = \frac{l}{k} = \frac{l}{d / 4} = 96.1 \tag{e}$$

一方，短柱としての応力は，$\sigma = P / A$ より

$$\sigma = \frac{4P}{\pi d^2} = \frac{4 \times 100 \times 10^3 \text{N}}{\pi \times 83.3^2 \text{mm}^2} = 18.4\text{N/mm}^2 = 18.4\text{MPa} \tag{f}$$

答：$d = 83.3\text{mm}$，$\lambda = 96.1$，$\sigma = 18.4\text{MPa}$

注）引張や圧縮による破壊の場合，実際に破壊する荷重や応力より小さい値を設計の指針として用いた．一方，座屈では座屈を起こさないためには，実際に使う荷重や応力より大きい値を設計に使う必要がある．式のみを丸暗記していると，逆の結果を導く恐れがあるので，常に安全にするにはどうすればよいのかに気を配ることが大切である．

注）一般にオイラーの式，あるいは公式と呼ばれる式は，

$$e^{i\theta} = \cos\theta + i\sin\theta$$

で表される複素数の関係式である．しかし，材料力学関連の分野では，座屈荷重を表す式をオイラーの式と呼んでいる．同じ呼び名でも異なる式を表すので注意が必要である．

【例題 7.4】

長さ，重さ，端末条件がそれぞれ等しく，同一材料からなる中実円柱と中空円筒がある．中空円筒の内外半径比を 1/3 としたとき，両部材の座屈荷重の比 P_{cs}/P_{ch} を求めよ．

【解答】

重さが等しいから両部材の断面積は同じである．したがって，中実円柱の直径を d，中空円筒の内径，外径をそれぞれ d_i，d_0 とすれば

$$\frac{\pi}{4}d^2 = \frac{\pi}{4}\left(d_0^2 - d_i^2\right) \qquad \therefore d^2 = d_0^2 - d_i^2 \tag{a}$$

長さ，端末条件がそれぞれ等しく，材料が同じであるから，式(7.30)より座屈荷重の比は断面二次モーメントの比に等しい．そこで，中実円柱および中空円筒の諸量にそれぞれ添字 s, h を付けて表わせば

$$\frac{P_{cs}}{P_{ch}} = \frac{I_s}{I_h} = \frac{d^4}{d_0^4 - d_i^4} = \frac{d^2}{d_0^2 - d_i^2} \times \frac{d^2}{d_0^2 + d_i^2} \tag{b}$$

$d_i / d_0 = 1/3$ であるから，式(a)より，

$$d^2 = d_0^2 - d_i^2 = \frac{8}{9}d_0^2 \tag{c}$$

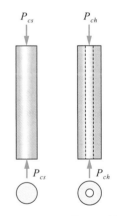

Fig.7.13 円柱と円筒

また,

$$d_0{}^2 + d_i{}^2 = \frac{10}{9}d_0{}^2 \tag{d}$$

したがって,式(c)と式(d)を式(b)に適用して

$$\frac{P_{cs}}{P_{ch}} = \frac{4}{5} \tag{e}$$

答：4/5

7・3 長柱の座屈に関する実験公式 （empirical formula of column）

　オイラーの公式は,座屈荷重に達するまで長柱は弾性変形をすると仮定して求めており,細長比がある値以上の長柱に対してのみ適用できる.しかし,実際の機械や構造物の構成部材では短い柱においても座屈を生じる.このような場合の座屈を考えるためには材料の塑性や粘性など弾性以外の性質も関係する複雑な現象を考慮する必要がある.そのため,短柱の圧縮による破壊強さと長柱の座屈荷重に基づく内挿法や多くの実験に基づいて実用範囲の柱の座屈応力と細長比の関係を求め,座屈荷重を決定する方法が従来より提案され,結果が利用されている.そこで,これらの実験的方法について示す.

7・3・1 ランキンの式 （Rankine formula）

　柱が破壊する危険応力として,柱が短い場合には材料の圧縮による降伏点 σ_s を,長い柱の場合には式(7.31)に基づく座屈応力 σ_c をそれぞれ考える.座屈応力を降伏点に等しいとした場合の相当細長比は,オイラーの公式が適用できる長柱の限界長さ λ_c を与えることになり,次式で表示される.

$$\lambda_c = \pi\sqrt{\frac{E}{\sigma_Y}} \tag{7.35}$$

　上式は図 7.14 の点 B における関係を示している.したがって,$\lambda_0 > \lambda_c$ (曲線 BC)であれば座屈変形を生じ,$\lambda_0 < \lambda_c$ (直線 AB)であれば圧縮破損を生じる.そこで,短柱と長柱の中間の柱の相当細長比 λ_0 に対する柱の座屈応力 σ_{ex} を次の補間公式で評価する.

$$\frac{1}{\sigma_{ex}} = \frac{1}{\sigma_Y} + \frac{1}{\sigma_c} \tag{7.36}$$

これより,σ_{ex} は

$$\sigma_{ex} = \frac{\sigma_Y}{1 + \sigma_Y \lambda_0{}^2/(\pi^2 E)} \tag{7.37}$$

この関係をランキン（Rankine）の式という.図 7.14 において,式(7.37)に基づく曲線は ABC よりかなり低く,必ずしも実験結果に合わないことから,次のような実験公式が提案された.

$$\sigma_{ex} = \frac{\sigma_0}{1 + a_0 \lambda_0{}^2} \tag{7.38}$$

ここで,σ_0 は材料の圧縮強さあるいは実験によって定めた値であり,a_0 は実

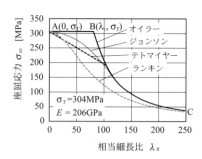

図 7.14 座屈応力と相当細長比

表 7.2 ランキンの式の定数

材料	σ_0(MPa)	a_0	λ_0
軟鋼	333	1/7500	< 90
硬鋼	481	1/5000	< 85
鋳鉄	549	1/1600	< 80
木材	49	1/ 750	< 60

験定数である. 表 7.2 は端末条件が $L=1$ (両端支持)の場合の σ_0 と a_0 の値および λ_0 の適用範囲を示している.

7・3・2　ジョンソンの式 （Johnson's equation）

座屈強さの上限値を圧縮による降伏点を σ_Y として次のような放物線の式

$$\sigma_{ex} = \sigma_Y + C\lambda_0^2 \quad (C \text{ は定数}) \tag{7.39}$$

を考える. 式(7.39)が式(7.31)のオイラーの曲線に接するように定数 C を定めれば

$$C = -\frac{\sigma_Y^2}{4\pi^2 E} \tag{7.40}$$

式(7.39)は，次のように表わされる.

$$\sigma_{ex} = \sigma_Y - \frac{\sigma_Y^2 \lambda_0^2}{4\pi^2 E} \tag{7.41}$$

上式をジョンソン （Johnson） の式という.

図 7.14 に示すようにオイラーの曲線との接点で

$$\sigma_{ex} = \frac{\sigma_Y}{2}, \quad \lambda_0 = \pi\sqrt{\frac{2E}{\sigma_Y}} \tag{7.42}$$

となり，$\sigma_Y / 2 < \sigma_{ex} < \sigma_Y$ の範囲で使用できる. ジョンソンの式は実験結果とかなりよく一致する.

【Example 7.5】

What is the maximum safe axial compress load with the wide-flange section? The minimum moment of inertia I, the area A and the length l are $I = 2\times10^7 \text{mm}^4$, $A = 8\times10^3 \text{mm}^2$, and $l = 6\text{m}$, respectively. The bar is pinned at each end. Use the Johnson's formula. Use a factor of safety with respect buckling of 3. Take $\sigma_Y = 250\text{MPa}$ and $E = 206\text{GPa}$.

【Solution】

The minimum radius of gyration of area is $k = \sqrt{I/A}$, and the equivalent slenderness ratio is $\lambda = 120$. By using the Eq.(7.41), the buckling stress can be given.

$$\sigma_{ex} = 139\text{MPa} \tag{a}$$

Then the maximum safe axial compress load can be given as follows.

$$P_{\max} = \frac{1}{3}\sigma_{ex} A = 371\text{kN} \tag{b}$$

$$\text{Ans.}: \quad P_{\max} = 371\text{kN}$$

7・3・3　テトマイヤーの式 （Tetmajer formula）

実験結果に基づいてテトマイヤー （Tetmajer） は次のような直線の式を提案した.

$$\sigma_{ex} = \sigma_0\left(1 - a_0\lambda_0\right) \tag{7.43}$$

表7.3 テトマイヤーの式の定数

材　料	σ_0(MPa)	a_0	λ_0
軟　鋼	304	0.00368	< 105
硬　鋼	328	0.00185	< 90
木　材	28.7	0.00626	< 100

ここで，σ_0 と a_0 は実験定数であり，両端支持に対する σ_0 と a_0 およびこの式の適用範囲を表 7.3 に示す．λ_0 の大きい場合に対してはオイラーの式を適用する．図 7.14 における式(7.43)の結果は軟鋼に対するものである．

【例題 7.6】

図 7.15 のように，長さ $l = 1\text{m}$，直径 5cm の両端回転端の軟鋼製円柱がある．この円柱の座屈応力をオイラーの式，ランキンの式，ジョンソンの式，テトマイヤーの式によって求め，比較せよ．ただし，$E = 206\text{GPa}$，$\sigma_Y = 390\text{MPa}$ とする．

【解答】

直径を d とすれば，断面二次モーメントは $I = \pi d^4 / 64$，断面積は $A = \pi d^2 / 4$ であるから，長さを l として断面二次半径 k と細長比 λ は

$$k = \sqrt{\frac{I}{A}} = \frac{d}{4}, \quad \lambda = \frac{l}{k} = \frac{4l}{d} \tag{a}$$

$d = 50\text{mm}$，$l = 1000\text{mm}$ を代入し，$k = 12.5\text{mm}$，$\lambda = 80$ となるから，式(7.31)より

オイラーの式：$\sigma_c = \dfrac{\pi^2 E}{\lambda^2} = \dfrac{\pi^2 \times 206 \times 10^3}{80^2} = 317\text{MPa}$ (b)

同様にして，式(7.38), (7.41), (7.43)および表 7.1〜7.3 を利用すれば

ランキンの式：$\sigma_{ex} = \dfrac{\sigma_0}{1 + a_0 \lambda_0^2} = \dfrac{333}{1 + 80^2 / 7500} = 180\text{MPa}$ (c)

ジョンソンの式：

$$\sigma_{ex} = \sigma_Y - \frac{\sigma_Y^2 \lambda_0^2}{4\pi^2 E} = 390 - \frac{390^2 \times 80^2}{4\pi^2 \times 206 \times 10^3} = 270\text{MPa} \tag{d}$$

テトマイヤーの式：

$$\sigma_{ex} = \sigma_0 (1 - a_0 \lambda_0) = 304(1 - 0.00368 \times 80) = 215\text{MPa} \tag{e}$$

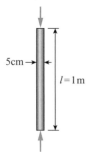

図 7.15 両端回転端の軟鋼製円柱

注）例題 7.6 の棒では，オイラー，ジョンソン，テトマイヤー，ランキンの順で座屈応力が小さくなっている．もし，この 3 つの値のいずれかを設計に用いるとしたら，ランキンの式の値を用いるのが最も安全である．仮にテトマイヤーの式による座屈応力 215MPa が最も正確だったとしても，それより小さい座屈応力を用いて設計した部材は，座屈を起こす事はない．

7・3・4 サウスウェル法（Southwell's method）

現実の長柱に荷重を加える場合，わずかな初期たわみが存在する．図 7.16 のように，初期たわみ y_0 が最初から存在する長柱に，軸荷重 P を加えたときのたわみを y_1 とする．初期たわみ y_0 の形が，長柱の座屈時のたわみの波形と相似であると仮定すると，y_1 は y_0 を用いて次のように表すことができる．

$$y_1 = \frac{P}{P_c - P} y_0 \tag{7.44}$$

式(7.44)は，軸荷重 P が座屈荷重 P_c に比べて小さいときには y_1 は非常に小さく，一方，P が P_c へ近づくと y_1 は急激に増大することを示している．また，式(7.44)は変形して次のように書くこともできる．

$$y_1 = P_c \frac{y_1}{P} - y_0 \tag{7.45}$$

式(7.45)によれば，y_1 と y_1/P は比例し，その傾きが座屈荷重，切片が初期

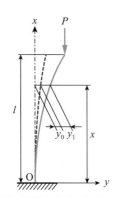

図 7.16 初期たわみを有する長柱

7・3 長柱の座屈に関する実験公式

たわみを表す．軸荷重 P とたわみ y_1 の測定結果から，座屈荷重 P_c を求める方法は，サウスウェル法（Southwell's method）と呼ばれている．図 7.17 は実験により測定されたたわみ y_1 と荷重 P の関係である．図 7.18 は，横軸に y_1/P，縦軸に y_1 をプロットしたものである．グラフはほぼ直線になっている．この傾きより，座屈荷重 P_cr を実験的に正確に求めることができる．

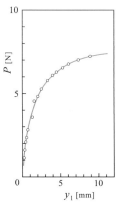

図 7.17 長柱の荷重－たわみ曲線

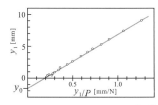

図 7.18 サウスウェルの曲線

【練習問題】

【7.1】 Determine the minimum diameter d of the steel bar, which can be support the compressive load 80kN. The length of the bar is 2m and the each end is fixed supported. Use a factor of safety with respect to buckling of 3 and Young's modulus $E = 206$GPa.

[Ans. $d = 39.4$mm]

【7.2】 両端固定の長柱の座屈荷重を表す式(7.29)を境界条件から導け．

[答 $\alpha\{2(1-\cos\alpha l) - \alpha l\sin\alpha l\} = 0$ より $\alpha l = 2n\pi$]

【7.3】 Calculate the buckling load P_c and the slenderness ratio λ for the rod with the free upper end and the fixed lower end. The rod has the length 3m, the width 7cm, the height 5cm and Young's modulus $E = 206$GPa.

[Ans. $P_c = 41.2$kN, $\lambda = 208$]

【7.4】 上端自由，下端固定の軟鋼製中空円筒に 300kN の軸圧縮荷重が作用するとき，荷重を安全に支えるために必要な肉厚 t をオイラーの式を用いて求めよ．ただし，円筒の長さは 5m，外径は 25cm とし，$E = 206$GPa，安全率は 5 とする．

[答 $t = 14.3$mm]

【7.5】 長さ 180cm，直怪 10cm の軟鋼製円柱に対し，安全な軸圧縮荷重 P_c をテトマイヤーの式を用いて求めよ．ただし，端末条件係数は 1，安全率は 2.5 とする．

[答 $P_c = 702$kN]

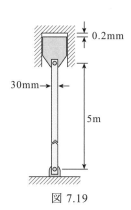

図 7.19

【7.6】 図 7.19 のように，長さ 5m，直径 30mm の円形断面を持つ長柱が 20℃ において上部剛体壁と 0.2mm のすきまがあるように取り付けられている．この長柱が座屈を起こすときの温度をオイラーの式を用いて求めよ．ただし，円柱の両端は回転端で，材料の線膨張係数を $\alpha = 1.12\times10^{-5}$ /℃ とする．

[答 25.6℃]

【7.7】 Determine the critical buckling load P_c for the column shown in Fig.7.20. The column is assumed as rigid, pinned at the center and supported by the two springs with the spring constant k_1 and k_2.

[Ans. $P_c = \dfrac{l}{4}(k_1 + k_2)$]

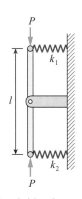

図 7.20 The rigid column supported by the springs.

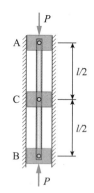

図 7.21　軸圧縮を受ける 3 点を
回転自由に拘束された棒

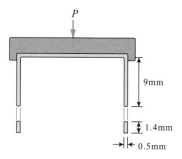

Fig.7.22 U-shaped Staple.

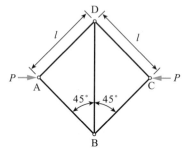

図 7.23　圧縮を受けるトラス

【7.8】　図 7.21 のように，長さを l，曲げ剛さ EI である柱に軸荷重 P が作用している．柱は両端 A，B と中間の点 C で回転自由に支持され，これらの 3 点が一直線上に拘束されている．このときの座屈荷重を求めよ．

$$[答　P_c = \frac{4\pi^2 EI}{l^2}]$$

【7.9】　As shown in Fig.7.22, a staple designed for use in an industrial staple gun is U-shaped with two 9-mm legs and with cross-sectional dimensions of 1.4mm × 0.5mm. Find the buckling load. The end of the each leg, where the force is applied, is assumed to be clamped and the other end is assumed to be free. Take $E = 200$GPa.

[Ans. 178N]

【7.10】　図 7.23 のように，等しい曲げ剛さ EI を持つ棒をピン結合したフレームの節点 A，C に圧縮力が作用するとき，座屈荷重 P_c をオイラーの式を用いて示せ．

$$[答　P_c = \frac{\sqrt{2}\,\pi^2 EI}{l^2}]$$

【7.11】　前問において，節点 A，C に引張力が作用するとき，座屈荷重 P_c をオイラーの式を用いて示せ．

$$[答　P_c = \frac{\pi^2 EI}{2l^2}]$$

第 8 章

複雑な応力

Complicated Stresses

- 実際の構造部材や機械部品に作用する外力は多種多様であるため，これらに生じる応力やひずみ状態も複雑である．例えば人工関節や車両のシャフトでは，圧縮，曲げ，ねじり荷重などが同時に作用する．これらの部材の強度を正確に評価するには，種々の応力およびひずみ成分が組み合わされた状態のもとにおける部材の挙動を知ることが重要である．
- 本章では，組合せ応力（combined stress）状態における応力とひずみの性質について述べる．

(a) 人工股関節
（提供：ジンマー（株））

(b) ガスタンク

図 8.1 複雑な応力が生じる構造物

8・1　3次元の応力成分（3-d stress components）

図 8.2 に示すように，物体内の点 O 近傍から微小な直方体要素を切り出す．各々の座標軸に垂直な面に生じる応力を，x, y, z 座標方向成分に分け，図 8.2 において矢印で表示した3つの応力成分で表すことができる．ここで，x, y, z 軸の正方向に向いた面を**正の面**，負方向に向いた面を**負の面**と呼ぶ．正の面における3つの応力成分は，2つの添字を付けて表す．第一の添字は作用面を，第二の添字は作用方向を示す．ただし，せん断応力を表わすときには，σ の代わりに τ を用い，垂直応力 $\sigma_{xx}, \sigma_{yy}, \sigma_{zz}$ は一つの添字によって $\sigma_x, \sigma_y, \sigma_z$ と表わすことが多い．3つの面上において，3つの応力成分が存在するから，一般的な応力状態では $3 \times 3 = 9$ 種類の応力成分からなる．しかし，6つのせん断応力の間には，

$$\tau_{xy} = \tau_{yx}, \quad \tau_{yz} = \tau_{zy}, \quad \tau_{zx} = \tau_{xz} \tag{8.1}$$

の関係がある．これは，一対のせん断応力は互いに他の共役せん断応力（conjugate shearing stress）であることを示す．このことから，応力成分は，合計6種類となる．

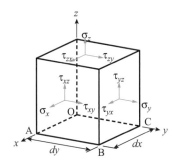

図 8.2　3軸応力状態

【例題 8.1】
z 軸まわりのモーメントの釣合いより，せん断応力の共役性を証明せよ．

【解答】
図 8.3 に微小要素を z 軸の方向からみた図を表す．z 軸まわりのモーメントの釣合い条件から

$$(\tau_{xy} dydz)dx - (\tau_{yx} dxdz)dy = 0 \quad \text{すなわち} \quad \tau_{xy} = \tau_{yx}$$

同様にして，x 軸および y 軸まわりのモーメントの釣合いを考えれば，式(8.1)が得られる．

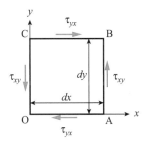

図 8.3　共役せん断応力

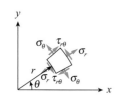

図 8.4 応力成分の円柱座標系表示
（r-θ 平面を表示）

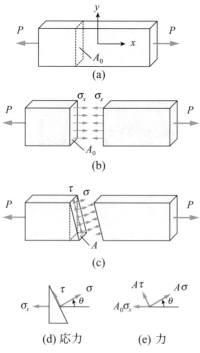

(a)

(b)

(c)

(d) 応力　　(e) 力

図 8.5 傾斜断面における応力
（1軸引張）

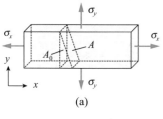

(a)

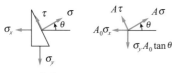

(b) 応力　　(c) 力

図 8.6 傾斜断面における応力
（2軸引張）

【例題 8.2】

円柱座標系における応力成分を図に示せ.

【解答】

円柱座標系を (r, θ, z) とすれば, 以下のような6つの応力成分で表される.

$$\sigma_r , \; \sigma_\theta , \; \sigma_z , \; \tau_{r\theta} , \; \tau_{\theta z} , \; \tau_{zr} \tag{a}$$

これを図で示すと, 図 8.4 のようになる.

8・2 傾斜断面の応力 (stress in a slanting cross section)

これまでは, 引張方向に対して垂直, せん断方向に対して平行な断面における応力について主に考えて来た. ここでは, 引張やせん断方向に対して任意の角度傾いた断面における応力について考える.

8・2・1 種々の応力状態における傾斜断面の応力 (stress in a slanting cross section in some stress state)

(1) 1軸引張

図 8.5(a)に示すように断面積 A_0 の部材が軸方向の荷重 P を受けている. 荷重方向を x 軸にとると, x 軸に垂直な断面には, 垂直応力 σ_x が生じる（図 8.5(b)）. 次に図 8.5(c)に示すように, 部材の垂直断面と角度 θ をなすある断面を考える. この傾斜断面に生じる応力の垂直, せん断方向成分を σ, τ で表す. 図 8.5(d) に図 8.5(c)に示す三角柱のそれぞれの断面に生じる応力成分を示す. 各々の面に加わる力は, 応力にそれぞれの面の断面積を乗じた値である. 傾斜面の断面積を A とおけば, この三角柱に加わる力は図 8.5(e)に示すようになる. 水平（x 軸）, 垂直（y 軸）方向の力の釣合いは,

$$A\sigma\cos\theta - A\tau\sin\theta - A_0\sigma_x = 0$$
$$A\sigma\sin\theta + A\tau\cos\theta = 0 \tag{8.2}$$

となる. ここで, 傾斜面の断面積 A と軸に垂直な面の断面積 A_0 は,

$$A\cos\theta = A_0 \tag{8.3}$$

の関係があるから, 式(8.2), (8.3) より, 傾斜面の応力は, σ_x を用いて

$$\sigma = \sigma_x \cos^2\theta , \; \tau = -\frac{1}{2}\sigma_x \sin 2\theta \tag{8.4}$$

と表される. 式(8.4)から, 傾斜した断面の応力の大きさは断面の傾斜角 θ の関数となり, $\theta = 45°$ の時にせん断応力は最大となる.

(2) 2軸引張

図 8.6 に x, y 軸方向の応力成分が同時にある場合の傾斜面の応力成分および, 力のベクトル図を示す. x, y 軸方向それぞれの力の釣合い式は,

$$A\sigma\cos\theta - A\tau\sin\theta - A_0\sigma_x = 0$$
$$A\sigma\sin\theta + A\tau\cos\theta - \sigma_y A_0 \tan\theta = 0 \tag{8.5}$$

となる. 上式および式(8.3)の関係より, 傾斜面の応力は,

$$\sigma = \sigma_x \cos^2\theta + \sigma_y \sin^2\theta = \frac{1}{2}(\sigma_x + \sigma_y) + \frac{1}{2}(\sigma_x - \sigma_y)\cos 2\theta$$

$$\tau = -\frac{1}{2}(\sigma_x - \sigma_y)\sin 2\theta$$

(8.6)

となる.

(3) 2軸引張とせん断（平面応力状態）

2軸引張に加え，せん断応力成分が加わった状態を考える. z 軸に垂直な面の応力は生じないことから， $\sigma_z = \tau_{xz} = \tau_{zx} = \tau_{yz} = \tau_{zy} = 0$ とする. 後にも述べるが，薄い板状の部材の場合，応力状態はこのような状態になっている. このように z 軸方向の応力が生じない状態を，平面応力（plane stress）と呼ぶ.

図 8.7 に x, y 軸方向の垂直応力成分とせん断応力成分がある場合の傾斜面の応力成分，および，力のベクトル図を示す. x, y 軸方向それぞれの力の釣合い式は，

$$A\sigma\cos\theta - A\tau\sin\theta - \sigma_x A_0 - \tau_{xy}A_0\tan\theta = 0$$

$$A\sigma\sin\theta + A\tau\cos\theta - \sigma_y A_0\tan\theta - A_0\tau_{xy} = 0$$

(8.7)

となる. 上式および式(8.3)の関係より，傾斜面の応力は以下となる.

$$\sigma = \frac{1}{2}(\sigma_x + \sigma_y) + \frac{1}{2}(\sigma_x - \sigma_y)\cos 2\theta + \tau_{xy}\sin 2\theta$$

(8.8)

$$\tau = -\frac{1}{2}(\sigma_x - \sigma_y)\sin 2\theta + \tau_{xy}\cos 2\theta$$

(8.9)

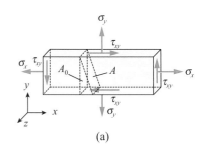

(a)

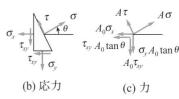

(b) 応力　　　　(c) 力

図 8.7 傾斜断面における応力
（平面応力状態）

注）平面応力状態については，この章の最後に詳しい説明がある.

8・2・2 主応力（principal stress）

前項において考えたように，傾斜面に対する垂直応力やせん断応力は，斜面の角度の関数となっている. そして，垂直応力のみが生じ，せん断応力が0となる角度が存在する. このときの垂直応力は極大値または極小となる. このような面を主応力面（principal plane）と呼び，このときの垂直応力を主応力（principal stress），この面の法線方向を主軸（principal axis）という. 平面応力状態の場合，主応力は2つ存在し，次式で求められる.

$$\left.\begin{array}{c}\sigma_1\\\sigma_2\end{array}\right\} = \frac{1}{2}(\sigma_x + \sigma_y) \pm \frac{1}{2}\sqrt{(\sigma_x - \sigma_y)^2 + 4\tau_{xy}^2}$$

(8.10)

ここで，$\sigma_1 > \sigma_2$ であると同時に，σ_1 は応力の最大値，σ_2 は最小値である. また，主軸の方向，すなわち x 軸となす角 ϕ は次式より求められる.

$$\tan 2\phi = \frac{2\tau_{xy}}{\sigma_x - \sigma_y}$$

(8.11)

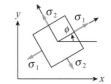

図 8.8 主軸と主応力面

ここで，$\phi + \pi/2$ も上式を満足するから，主軸は直交する2軸が存在し，各々の軸に垂直な主応力面に対して，式(8.10)の主応力 σ_1, σ_2 が生じている. いいかえれば，σ_1, σ_2 は互いに直交する面の垂直応力である. さらに，次式の符号が負の場合，ϕ は最大主応力 σ_1 の方向を示し，正のときは最小主応力 σ_2 の方向を示す.

$$\left(\frac{d^2\sigma}{d\theta^2}\right)_{\theta=\phi} = -2\frac{\sigma_x - \sigma_y}{\cos 2\phi}$$

(8.12)

【例題 8.3】

平面応力状態における主応力を求める式(8.10)を導出せよ.

【解答】

主応力面ではせん断応力が 0 であるから，式(8.9)を 0 とおいて，式変形すれば，式(8.11)が得られる. さらに，式(8.8)の両辺を θ で微分し，式(8.11)の関係を用いると，

$$\left(\frac{\partial \sigma}{\partial \theta}\right)_{\theta=\phi} = -(\sigma_x - \sigma_y)\sin 2\phi + 2\tau_{xy}\cos 2\phi = 0 \tag{a}$$

となり，せん断応力が 0 となる面では，σ が極値をとる，すなわち主応力となることが分かる. さらに，式(8.11)より得られる次式を式(8.8)に代入し，整理すれば，主応力を表す式(8.10)が導出される.

$$\sin 2\phi = \pm\frac{\tan 2\phi}{\sqrt{1+\tan^2 2\phi}} = \pm\frac{2\tau_{xy}}{\sqrt{(\sigma_x - \sigma_y)^2 + 4\tau_{xy}^2}} \tag{b}$$

$$\cos 2\phi = \pm\frac{1}{\sqrt{1+\tan^2 2\phi}} = \pm\frac{\sigma_x - \sigma_y}{\sqrt{(\sigma_x - \sigma_y)^2 + 4\tau_{xy}^2}} \tag{c}$$

8・2・3　主せん断応力（principal shearing stress）

せん断応力の極大値，極小値は主せん断応力（principal shearing stress）と呼ばれ，

$$\boxed{\tau_1 = \pm\frac{1}{2}\sqrt{(\sigma_x - \sigma_y)^2 + 4\tau_{xy}^2} = \pm\frac{1}{2}(\sigma_1 - \sigma_2)} \tag{8.13}$$

より求まる. また，主せん断軸の方向 φ は次式より求まる.

$$\tan 2\varphi = -\frac{\sigma_x - \sigma_y}{2\tau_{xy}} \tag{8.14}$$

このような主せん断応力が生じている面を主せん断応力面（plane of principal shearing stress）という. 式(8.14)は φ を $\varphi + \pi/2$ としても成り立つので，主せん断応力面は互いに直交し，主せん断応力も直交する. さらに，式(8.11)と式(8.14)より

$$\tan 2\phi \cdot \tan 2\varphi = \frac{2\tau_{xy}}{\sigma_x - \sigma_y}\left(-\frac{\sigma_x - \sigma_y}{2\tau_{xy}}\right) = -1 \tag{8.15}$$

これより，2φ と 2ϕ は互いに $\pi/2$ だけ異なり，次の関係が成り立つ.

$$\varphi = \phi \pm \frac{\pi}{4} \tag{8.16}$$

したがって，主せん断応力面は主応力面に対して 45° 傾いている.

【例題 8.4】

平面応力状態における主せん断応力を求める式(8.13)を導出せよ.

【解答】

式(8.9)が極値をとる条件より，

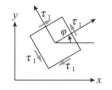

図 8.9 主せん断応力と
主せん断応力面

注）主せん断応力の正方向は，角度の正方向を左まわりに取れば，面の法線方向に対して左向きである. 従って，$\varphi + \pi/2$ の面では，直角座標での正方向と正負の向きが逆となる. よって，直角座標で考えた場合，図 8.9 に示すように，主せん断応力は，式(8.13)の正符号の値のみとなる.

$$\frac{d\tau}{d\theta} = -(\sigma_x - \sigma_y)\cos 2\theta - 2\tau_{xy}\sin 2\theta = 0 \tag{a}$$

となる．この式を満足する θ の値を φ とおけば，式(8.14)が得られる．式(8.14)と式(8.9)より主せん断応力を求める式(8.13)が得られる．

8・2・4 モールの応力円（Mohr's stress circle）

式(8.8)の右辺第1項を左辺に移項して両辺を2乗し，さらに式(8.9)を2乗してこれらを加え合せれば

$$\left(\sigma - \frac{\sigma_x + \sigma_y}{2}\right)^2 + \tau^2 = \frac{1}{4}(\sigma_x - \sigma_y)^2 + \tau_{xy}^2 \tag{8.17}$$

これは，図8.10(a)の応力成分 $\sigma_x, \sigma_y, \tau_{xy}$ が与えられた応力状態における円の方程式であり，図8.10(b)のように点 $C\left(\frac{\sigma_x + \sigma_y}{2}, 0\right)$ を中心とする半径 $r = \left\{(\sigma_x - \sigma_y)^2/4 + \tau_{xy}^2\right\}^{1/2}$ の円で図示される．このような応力に関する図的表示法は，1882年 O. Mohr によってはじめて示されたことから，モールの応力円（Mohr's stress circle）と呼ばれている．要素に対して反時計方向に作用するせん断応力を正とし，$\sigma_x > \sigma_y$ とすれば，次のようにして円を描ける．

＜モールの応力円の描き方＞

1) σ 軸上にそれぞれ σ_x, σ_y の値に等しい点 E と点 E' をとり，E と E' の中点 C を定める．（図8.11(a)）

2) E と E' から τ 軸に平行な線を引き，τ_{xy} の値に等しい距離にある点 D と点 D' を各々正側と負側にとる．（図8.11(b)）

3) 中心を点 C とし，CD あるいは，CD' を半径とする円を描く．（図8.11(c)）

モールの応力円（図8.10(b)）において，σ 軸との交点 A，B は，それぞれ主応力 σ_1, σ_2 を与える点であり，$\sigma_1 = \overline{OA}$, $\sigma_2 = \overline{OB}$ である．また，主応力 σ_1 の向きは x 軸から反時計方向に $\angle DCA/2 = \phi$ だけ傾いた方向である（図8.10(a)）．

図8.12(a)のように，応力成分 τ_{xy} だけが与えられ $\sigma_x = \sigma_y = 0$ のときは，式(8.17)より

$$\sigma^2 + \tau^2 = \tau_{xy}^2 \tag{8.18}$$

モールの応力円は図8.12(b)に示すように，原点を中心とする半径 $|\tau_{xy}|$ の円になる．図8.12(a)のようにせん断応力 τ_{xy} のみが作用する応力状態を純粋せん断あるいは単純せん断（pure shear）という．主応力は

$$\sigma_1 = \tau_{xy}, \quad \sigma_2 = -\tau_{xy} \tag{8.19}$$

前述のせん断応力に関する符号の規約に従って正のせん断応力 τ_{xy} が作用する x 面から反時計方向に $2\phi = \pi/2$，すなわち $\phi = \pi/4$ だけ傾いた面に最大主応力 σ_1 が作用し，それと垂直な面に最小主応力 σ_2 が作用する．この状態は，4章において棒のねじりにおいて示した応力状態に相当し，チョークをねじると軸線と45°傾いた方向に最大主応力が生じ，軸線と傾いた面で切断される．

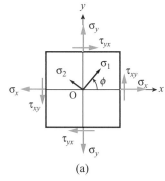

(a)

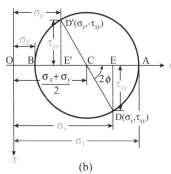

(b)

図8.10 平面応力状態とモールの
応力円 $(\sigma_x > \sigma_y)$

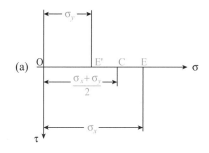

(a)

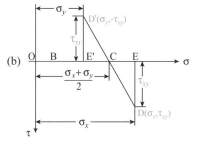

(b)

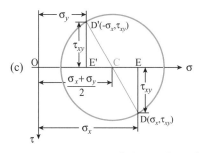

(c)

図8.11 モールの応力円の描き方

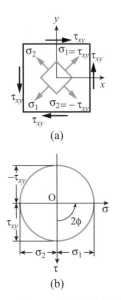

(a)

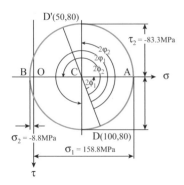

(b)

図 8.12　単純せん断

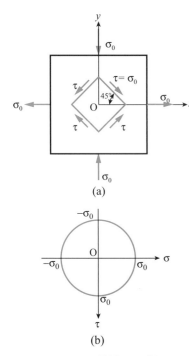

Fig.8.13 Mohr's stress circle

【Example 8.5】

　　When the stress components are $\sigma_x = 100$MPa, $\sigma_y = 50$MPa, $\tau_{xy} = 80$MPa in the plane stress state, determine the principal stresses and principal shearing stress. And also determine the direction of the principal stresses and draw Mohr's stress circle.

【Solution】

　　By Eq.(8.10), the principal stresses can be given as follows.

$$\left.\begin{array}{c}\sigma_1 \\ \sigma_2\end{array}\right\} = \frac{1}{2}(100+50) \pm \frac{1}{2}\sqrt{(100-50)^2 + 4(80)^2} = \begin{cases}158.8 \text{ MPa} \\ -8.8 \text{ MPa}\end{cases} \qquad \text{(a)}$$

By Eq.(8.11), the angle ϕ_1, which describes the direction of the principal stress, is given as follows.

$$\tan 2\phi_1 = \frac{2\tau_{xy}}{\sigma_x - \sigma_y} = \frac{2 \times 80}{100 - 50} = 3.2 \qquad \therefore \ \phi_1 = 36°19' \qquad \text{(b)}$$

By substituting Eq.(b) into Eq.(8.12), we obtain

$$-2\frac{\sigma_x - \sigma_y}{\cos 2\phi_1} = -2\frac{100-50}{\cos 72°38'} = -335.3 < 0 \qquad \text{(c)}$$

Thus, the value of ϕ_1 in Eq.(c) describes the direction of the principal stress σ_1. Consequently, the direction angles of the principal stress σ_1 and σ_2 are $\phi_1 = 36°19'$ and $\phi_2 = 126°19'$, respectively.

　　　　Ans.:　$\sigma_1 = 158.8$MPa,　$\phi_1 = 36°19'$,　$\sigma_2 = -8.8$MPa,　$\phi_2 = 126°19'$

　　The principal shearing stress is given by Eq.(8.13) as follows.

$$\tau = \pm\frac{(\sigma_1 - \sigma_2)}{2} = \pm 83.8\text{MPa} \qquad \text{(e)}$$

The direction angles of τ_1 can be given by Eq.(8.14) as

$$\varphi_1 = 171°19', \quad \varphi_2 = 81°19' \qquad \text{(f)}$$

In order to determine the angle, which describes the maximum value of the principal shearing stress, the sign of $(d^2\tau / d\theta^2)_{\theta=\varphi_1}$ should be calculated.

$$2(\sigma_x - \sigma_y)\sin 2\varphi_1 - 4\tau_{xy}\cos 2\varphi_1 = -335.3 < 0 \qquad \text{(g)}$$

Thus, the $\varphi_1 = 171°19'$ describes the maximum shearing stress $\tau_{max} = 83.8$MPa and, $\varphi_2 = 81°19'$ describes the minimum shearing stress $\tau_{min} = -83.8$MPa.

　　　　Ans.:　$\tau_{max} = 83.8$MPa,　$\varphi_1 = 171°19'$,　$\tau_{min} = -83.8$MPa,　$\varphi_2 = 81°19'$

　　　　　　　　　　　　　　Mohr's stress circle is drawn as Fig.8.13.

【例題 8.6】

　　直角座標軸 O-x に垂直な面には垂直引張応力 σ_0（一定値）, O-y と垂直な面には垂直圧縮応力 $-\sigma_0$ が作用し, いずれの面にもせん断応力は作用しない場合の応力状態を説明せよ.

【解答】

　　式(8.10)より, $\sigma_1 = \sigma_x = \sigma_0$, $\sigma_2 = \sigma_y = -\sigma_0$ となり, 大きさが等しく, 符号が逆

の主応力が与えられた状態になる．このとき，主応力面と45°傾く斜面上に生じる垂直応力σとせん断応力τは，式(8.8)，(8.9)より

$$\sigma = 0,\ \tau = -\sigma_0 \quad\text{および}\quad \sigma = 0,\ \tau = \sigma_0 \tag{a}$$

したがって，単純せん断の応力状態を生じ，図 8.14(a)のように示される．また，モールの応力円は，図8.14(b)に示す原点を中心とした半径σ_0の円となる．この状態は図 8.12 の場合と全く等価な応力状態である．

8・3　曲げ，ねじりおよび軸荷重の組合せ（bending, torsion and axial load）

　伝動軸や内燃機関のクランクシャフトなどでは，曲げとねじりモーメントが同時に作用する．また，航空機やヘリコプタなどの回転軸，腕の骨のように，曲げ，ねじりモーメントのほかに軸荷重も同時に作用する場合がある．ここでは，各種モーメントおよび軸荷重が作用する軸の組合せ応力状態について述べる．

　図 8.16 に示すように，棒に軸力 P ，曲げモーメント M，ねじりモーメント T が同時に作用し，軸荷重による応力 σ_n，曲げ応力 σ_b およびねじり応力 τ_t が生じる場合を考える．軸荷重による応力 σ_n は一様に分布し，断面積をAとすれば $\sigma_n = P/A$ である．曲げ応力 σ_b およびねじり応力 τ_t は，共に棒の外周表面で最大になり，$\sigma_b = M/Z$，$\tau_t = T/Z_p$ である．このとき，これらの組合せ応力は棒の表面層でほぼ平面応力状態とみなせる．直径 d の丸棒の場合には，曲げおよびねじりに対する断面係数がそれぞれ $Z = \pi d^3/32$，$Z_p = \pi d^3/16 = 2Z$ であるから，最大引張応力 σ_n，最大曲げ応力 σ_b，最大ねじり応力 τ_t は，

$$\sigma_n = \frac{P}{A} = \frac{4P}{\pi d^2},\ \ \sigma_b = \frac{M}{Z} = \frac{32M}{\pi d^3},\ \ \tau_t = \frac{T}{Z_p} = \frac{T}{2Z} = \frac{16T}{\pi d^3} \tag{8.20}$$

となる．軸表面における最大主応力 σ_1 と最大せん断応力 τ_1 は，式(8.10)，(8.13)より

$$
\begin{aligned}
\sigma_1 &= \frac{1}{2}(\sigma_b + |\sigma_n|) + \frac{1}{2}\sqrt{(\sigma_b + |\sigma_n|)^2 + 4\tau_t^2} \\
&= \frac{1}{2Z}\left\{ M + \frac{P}{A}Z + \sqrt{\left(M + \left|\frac{P}{A}Z\right|\right)^2 + T^2} \right\}
\end{aligned}
\tag{8.21}
$$

$$
\begin{aligned}
\tau_1 &= \frac{1}{2}\sqrt{(\sigma_b + |\sigma_n|)^2 + 4\tau_t^2} = \frac{1}{2Z}\sqrt{\left(M + \left|\frac{P}{A}Z\right|\right)^2 + T^2} \\
&= \frac{1}{Z_p}\sqrt{\left(M + \left|\frac{P}{A}Z\right|\right)^2 + T^2}
\end{aligned}
\tag{8.22}
$$

これらの式において

$$M_e = \frac{1}{2}\left\{ M + \left|\frac{P}{A}Z\right| + \sqrt{\left(M + \left|\frac{P}{A}Z\right|\right)^2 + T^2} \right\} \tag{8.23}$$

$$T_e = \sqrt{\left(M + \left|\frac{P}{A}Z\right|\right)^2 + T^2} \tag{8.24}$$

と置けば，それぞれ曲げ応力およびねじり応力の公式と同じ表示式

(a) ねじりによる骨の破壊

(b) クランクシャフト
（提供：富士重工業（株））

図 8.15　組み合わせ荷重を受ける
部材の例

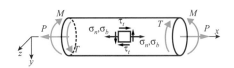

図 8.16　曲げ，ねじり，軸力を
受ける丸棒

$$\sigma_1 = \frac{M_e}{Z}, \quad \tau_1 = \frac{T_e}{Z_p} \tag{8.25}$$

で表わされる．M_e, T_e はそれぞれ，相当曲げモーメント（equivalent bending moment），相当ねじりモーメント（equivalent torsional moment）という．

Fig.8.17 The circular shaft subjected to the moment and the torque.

【Example 8.7】

As shown in Fig.8.17, the circular shaft with the diameter 50mm is subjected to the bending moment $M = 200$N·m and the torque $T = 150$N·m. Determine the equivalent bending moment M_e, equivalent torsional moment T_e, the maximum principal stress σ_1 and the maximum principal shearing stress τ_1.

【Solution】

The section modulus Z and Z_p are given as follows.

$$Z = \frac{\pi d^3}{32} = \frac{\pi (50)^3}{32} = 1.23 \times 10^4 \mathrm{mm}^3, \ Z_p = 2Z = 2.45 \times 10^4 \mathrm{mm}^3 \tag{a}$$

By Eqs.(8.23) and (8.24), the equivalent bending moment M_e and the equivalent torsional moment T_e are given as follows.

$$M_e = 0.5 \times \left\{ 2 \times 10^5 + \sqrt{(2 \times 10^5)^2 + (1.5 \times 10^5)^2} \right\} = 2.25 \times 10^5 \mathrm{N \cdot mm} \tag{b}$$

$$T_e = \sqrt{(2 \times 10^5)^2 + (1.5 \times 10^5)^2} = 2.5 \times 10^5 \mathrm{N \cdot mm} \tag{c}$$

By substituting Eq.(a), (b) and (c) into Eq.(8.25), the principal stresses are obtained.

Ans. : $M_e = 225$N·m, $T_e = 250$N·m, $\sigma_1 = 18.3$MPa, $\tau_1 = 10.2$MPa

図 8.18 曲げ，ねじりを受ける円筒

【例題 8.8】

図 8.18 のように，内径 d_i，外径 d_0 の中空丸棒に曲げモーメント $M = 600$N·m とねじりモーメント $T = 800$N·m が同時に作用するとき，最大せん断応力にもとづいて棒の外径 d_0 を求めよ．ただし，$d_i/d_0 = 0.5$，許容せん断応力を $\tau_a = 50$MPa とする．

【解答】

棒の最大せん断応力 τ_1 は式(8.25)によって求められるから，τ_1 が τ_a に等しいときの d_0 を求めればよい．中空丸棒の断面係数は $Z_p = 2Z = \pi(d_0^4 - d_i^4)/16d_0$ であるから，$d_i/d_0 = 0.5$ を考慮すれば，$Z_p = 2Z = 15\pi d_0^3/256$ で与えられ

$$\tau_a = \frac{T_e}{Z_p} = \frac{256}{15\pi d_0^3}\sqrt{M^2 + T^2} \qquad \therefore d_0 = \sqrt[3]{\frac{256}{15\pi \tau_a}(M^2 + T^2)^{1/2}}$$

上式に $M = 6 \times 10^5$N·mm，$T = 8 \times 10^5$N·mm，$\tau_a = 50$N/mm² を代入すれば

$$d_0 = \sqrt[3]{\frac{256}{15\pi \times 50}\left[(6 \times 10^5)^2 + (8 \times 10^5)^2\right]^{1/2}} = 47.7\mathrm{mm}$$

ゆえに，安全側の直径として，$d_0 = 48$mm とする．

答：$d_0 = 48$mm

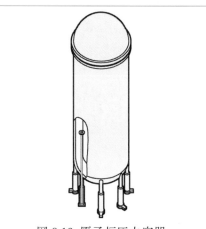

図 8.19 原子炉圧力容器

（提供：東京電力（株））

高い内圧に耐えられるように，球形に近い形をしている．

8・4 圧力を受ける薄肉構造物（thin wall structure under pressure）

水，石油，ガスなどの貯蔵タンクや各種圧力容器の形状は円筒や球形の場合が多く，これらの半径に比べて壁の肉厚が薄い構造になっていることが多い．このような薄肉構造物（thin wall structure）に内圧が作用するときに生じる応力とひずみは，力の釣合いを考えるだけで比較的容易に求めることができる．

8・4・1 圧力を受ける薄肉円筒（thin wall cylinder under pressure）

壁の内部には，円周方向に作用する円周応力（circumferential stress または hoop stress）σ_t，軸方向に作用する軸応力（axial stress）σ_z，および半径方向に作用する半径応力（radial stress）σ_r を生じる．しかし，薄肉円筒（thin wall cylinder）の場合には，肉厚方向における σ_r と σ_z の変化が小さいので，これらは肉厚方向には一様に分布するとみなし，さらに σ_r は σ_t，σ_z に比べて極めて小さくなるから，実用上これを無視することができる．このとき円筒壁内の応力状態は，σ_t と σ_z が作用する面にはせん断応力を生じないから，これらを主応力とする平面応力状態になる．

図 8.20(b) のように，平均半径 $r\,(=d/2)$，壁の厚さ t の円筒に内圧 p が作用するとき，端部から十分離れた位置から切り出した断面を考える．図 8.20(a) の横断面 AB においては，図(b) に示すように，軸方向の力 $\pi r^2 p$ に釣合うように応力 σ_z が生じている．ここで，軸方向の力の釣合いより，σ_z は次のように内圧 p を用いて求められる．

$$2\pi r t \sigma_z = \pi r^2 p \quad \therefore \sigma_z = \frac{pr}{2t} = \frac{pd}{4t} \tag{8.26}$$

次に，図 8.20(c) のように，幅 b の部分を輪切りにし，さらに z 軸を含む z-x 面で切断した上部について，切断面に垂直な y 方向の力の釣合いを考える．断面の面積 $2tb$ の部分には，円周方向応力 σ_t が生じる．これが内圧 p による，図(c) の鉛直方向の力の成分とつり合うから，σ_t は以下のように得られる．

$$2rbp = 2tb\sigma_t \quad \therefore \sigma_t = \frac{pr}{t} = \frac{pd}{2t} \tag{8.27}$$

式(8.26) と式(8.27) より $\sigma_t = 2\sigma_z$ であることがわかる．すなわち，円周方向に垂直な断面の応力は，軸方向に垂直な断面の応力の2倍となる．このため，円筒においては，側面が軸方向に沿って割れるような破壊が起こる場合が多い．

【例題 8.9】

平均内径 $d = 800\text{mm}$，肉厚 $t = 10\text{mm}$，縦弾性係数 $E = 210\text{GPa}$，ポアソン比 $v = 0.3$ の薄肉円筒に内圧 $p = 2\text{MPa}$ が作用するとき，両端から十分離れた円筒部の円周応力 σ_t，軸応力 σ_z を求めよ．

【解答】

式(8.27)，(8.26) より以下の解答を得る．

答：$\sigma_t = 80\text{MPa}$，$\sigma_z = 40\text{MPa}$

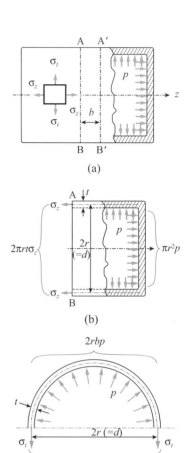

(a)

(b)

(c)

図 8.20 薄肉円筒の応力

注）円筒両端およびその近傍の応力状態は複雑に変化しており，実際にはこの部分に対してここで述べた結果は適用できないことを知っておくべきである．

下の図は，内圧を受ける円筒の数値シミュレーション結果で，1/4 の部分を表している．色の濃さで主応力の大きさを表してある．内側の角部の応力が大きくなっていることが分かる．このように局所的に応力が大きくなる事を応力集中と呼ぶ．これについては，11 章で学ぶ．

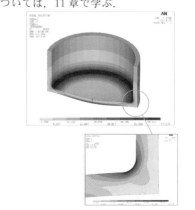

図 8.21 貯水タンク（潜水艦や貯水
　　　タンク等は高い圧力に耐える
　　　ために球形構造をしている．）

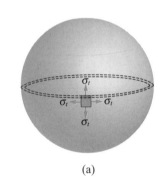

(a)

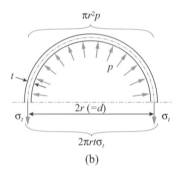

(b)

図 8.22 内圧が作用する球殻

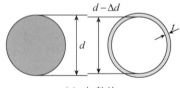

(a) 加熱前

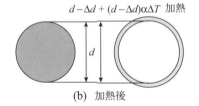

(b) 加熱後

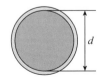

(c) 結合

図 8.23 焼きばめ

8・4・2　内圧を受ける薄肉球殻 （thin wall spherical pressure vessel）

　航空機の圧力室や種々の圧力容器では，薄肉球形構造が採用されている．このような球殻に内圧が作用するとき，図 8.22(a)に示すように，球殻はその中心に関して対称であるから，その球壁内部には，あらゆる接線の方向に対して等しい円周応力 σ_t とあらゆる半径方向に対して等しい半径応力 σ_r を生じる．また，肉厚が内径に比べて十分小さく，薄肉とみなせる場合には，壁の厚さ方向における σ_t の分布はほとんど変化しないので，これを一様とみなすことができる．さらに，σ_r は σ_t に比べて無視しうるほど小さい．このときの壁内部には，共に等しい値の直交する主応力からなる平面応力状態となる．図 8.22(a)において，中心を含む面で切断し，図 8.22(b)に示すように，断面に垂直な方向の力の釣合いを考えれば，

$$2\pi r t \sigma_t = \pi r^2 p \quad \therefore \sigma_t = \frac{pr}{2t} = \frac{pd}{4t} \tag{8.28}$$

球殻に生じる円周応力は，同じ直径で，同じ大きさの内圧を受ける円筒に生じる円周応力（式(8.27)）の 1/2 である．従って，同じ内圧であれば，球形の容器が最も肉厚を小さく，すなわち軽量化することが出来る．

【例題 8.10】

　内圧 p を受ける薄肉球の場合，半径方向応力 σ_r が，周方向応力 σ_t に比べて十分小さい事を示せ．

【解答】

　内圧 p が球の内側から加わっているから，内面付近の r 軸に垂直な応力 σ_r は，

$$\sigma_r = -p \tag{a}$$

である．一方，球の外側表面には何も圧力が加わっていないから，

$$\sigma_r = 0 \tag{b}$$

である．従って，σ_r は球の肉厚方向に，$\sigma_r = -p \sim 0$ まで連続に変化するが，その絶対値は高々 p である．従って，式(8.28) より

$$\left(|\sigma_r|\right)_{\max} = \frac{4t}{d}\sigma_t \tag{c}$$

ここで，$t \ll d$ であるから，σ_r は σ_t に比べて十分小さい．

8・4・3　焼ばめ （shrink fit）

　焼ばめ（shrink fit）とは，軸受けや歯車のような円筒状の機械部品を結合する一つの方法である．図 8.23(a)のように，内側に取り付けられる軸あるいは円筒状部材の外径寸法に対し，内径寸法をすこし小さく作った外側の円筒状部材を熱して膨張させ，これに前者の部材をはめ込んで固定させる．

　内側の軸の直径を d，円筒の肉厚を t，軸径と円筒の内径との差を Δd，軸と円筒の幅を b とすると，焼きばめにより，円筒の直径は $d-\Delta d$ から d へと増加するから，円周方向のひずみ ε_t は，

$$\varepsilon_t = \frac{\pi d - \pi(d - \Delta d)}{\pi(d - \Delta d)} = \frac{\Delta d}{d - \Delta d} \cong \frac{\Delta d}{d} \tag{8.29}$$

このときの円周方向応力 σ_t は,

$$\sigma_t = E\varepsilon_t \cong E\frac{\Delta d}{d} \tag{8.30}$$

となる. この円筒に加わる円周方向応力 σ_t と円筒と内側の軸との間の圧力 p の関係は, 図 8.20 の内圧を受ける円筒と同じであるから, 式(8.27), (8.30)より, 圧力 p は, 次式となる.

$$p = \frac{2t}{d}\sigma_t = \frac{2Et\Delta d}{d^2} \tag{8.31}$$

【例題 8.11】

図 8.24 に示すように, 厚さ $t = 5\text{mm}$ の銅製円筒を直径 $d = 100\text{mm}$ の軸に焼きばめしたい. 円筒の円周方向応力の許容応力を $\sigma_a = 110\text{MPa}$ とするとき, 軸の変形を無視すれば, 円筒の内径の初期値は軸の直径 d に比べどこまで小さくできるか. ただし, 円筒の縦弾性係数 $E = 117\text{GPa}$ とする.

【解答】

軸径と内径との差を Δd とすると, 式(8.30)で与えられる円周方向応力 σ_t が, 許容応力を超えないことから,

$$\sigma_t \cong E\frac{\Delta d}{d} < \sigma_a \tag{a}$$

従って, Δd は,

$$\Delta d < \frac{\sigma_a}{E}d = \frac{110 \times 10^6 \text{Pa}}{117 \times 10^9 \text{Pa}} \times 100\text{mm} = 0.0940\text{mm} \tag{b}$$

答:最大 0.0940mm 小さくできる.

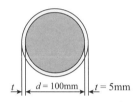

図 8.24 円筒の焼きばめ

8・5 3次元の応力状態 (three-dimensional state of stress)

8・5・1 応力の釣合い式 (stress equilibrium equation)

図 8.25 は, 稜の長さが dx, dy, dz で, 三つの面が座標面に一致する微小六面体要素に働く応力および力を示したものである. 体積要素には, 応力のほかにも重力や遠心力のように物体の質量に比例する力が重心に作用している. これを物体力 (body force) といい, 単位体積当たりの大きさを (X, Y, Z) で表す. O 点における x 軸方向の力の釣合いを考えれば

$$\left(\sigma_x + \frac{\partial\sigma_x}{\partial x}dx\right)dy\,dz + \left(\tau_{yx} + \frac{\partial\tau_{yx}}{\partial y}dy\right)dx\,dz + \left(\tau_{zx} + \frac{\partial\tau_{zx}}{\partial z}dz\right)dx\,dy$$
$$+ X\,dx\,dy\,dz - \sigma_x dy\,dz - \tau_{yx}dx\,dz - \tau_{zx}dx\,dy = 0$$

y 軸および z 軸方向の力の釣合いについても, 同様な関係を導くことができる. これらを整理すれば

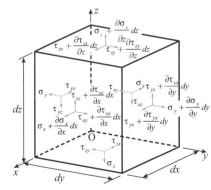

図 8.25 応力成分と物体力

$$
\left.
\begin{aligned}
\frac{\partial \sigma_x}{\partial x}+\frac{\partial \tau_{yx}}{\partial y}+\frac{\partial \tau_{zx}}{\partial z}=-X\\
\frac{\partial \tau_{xy}}{\partial x}+\frac{\partial \sigma_y}{\partial y}+\frac{\partial \tau_{zy}}{\partial z}=-Y\\
\frac{\partial \tau_{xz}}{\partial x}+\frac{\partial \tau_{yz}}{\partial y}+\frac{\partial \sigma_z}{\partial z}=-Z
\end{aligned}
\right\}
\qquad (8.32)
$$

式(8.32)を応力の釣合い方程式（equilibrium equation）という．

8・5・2　変位とひずみの関係（strain-displacement relations）

図 8.26 線素の相対変位

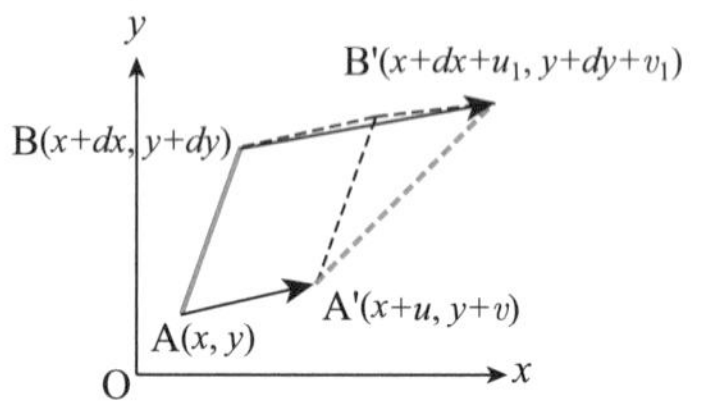

まず，x-y 平面内に生じるひずみを取り扱う．図 8.26 に示す微小な線素 $\overline{\mathrm{AB}}$ について，両端 $\mathrm{A}(x,y)$， $\mathrm{B}(x+dx, y+dy)$ がそれぞれ変位 (u,v)， (u_1,v_1) を生じて点 A', B' に移動したとする．変位成分はいずれも位置の関数となるから，点 B における変位は，点 A における変位を用いて，dx, dy に関する高次の項を無視して次式で表される．

$$u_1=u+\frac{\partial u}{\partial x}dx+\frac{\partial u}{\partial y}dy \qquad (8.33)$$

$$v_1=v+\frac{\partial v}{\partial x}dx+\frac{\partial v}{\partial y}dy \qquad (8.34)$$

図 8.27 長方形要素の変形

次に，図 8.27 に示すように，各辺の長さが dx, dy である微小な長方形要素 OABC を考え，これが平行四辺形 O'A'B'C' に変形したとする．このとき，x 軸方向のひずみ ε_x は，線素 OA の x 方向成分 $[\overline{\mathrm{OA}}]_x$ の伸びより得られる．図 8.26 で考えた線素 AB を OA と置換えれば，OO'の x 方向成分は u．AA'の x 方向成分は，式(8.33)で $dy=0$ とおいて得られ，これを，$(u_1)_{dy=0}$ と表す．これらを用いて，O'A'の x 方向成分 $[\overline{\mathrm{O'A'}}]_x$ は，

$$
\begin{aligned}
[\overline{\mathrm{O'A'}}]_x &= [\overline{\mathrm{OA'}}]_x-[\overline{\mathrm{OO'}}]_x=[\overline{\mathrm{OA}}]_x+[\overline{\mathrm{AA'}}]_x-[\overline{\mathrm{OO'}}]_x\\
&= dx+(u_1)_{dy=0}-u=dx+\frac{\partial u}{\partial x}dx
\end{aligned}
\qquad (8.35)
$$

上式とひずみの定義より，x 軸方向のひずみ ε_x は

$$\varepsilon_x=\frac{[\overline{\mathrm{O'A'}}]_x-[\overline{\mathrm{OA}}]_x}{[\overline{\mathrm{OA}}]_x}=\frac{\left(dx+\dfrac{\partial u}{\partial x}dx\right)-dx}{dx}=\frac{\partial u}{\partial x} \qquad (8.36)$$

同様に，$\overline{\mathrm{OC}}$ の y 軸方向のひずみ ε_y は，

$$\varepsilon_y=\frac{[\overline{\mathrm{O'C'}}]_y-[\overline{\mathrm{OC}}]_y}{[\overline{\mathrm{OC}}]_y}=\frac{\left(dy+\dfrac{\partial v}{\partial y}dy\right)-dy}{dy}=\frac{\partial v}{\partial y} \qquad (8.37)$$

せん断ひずみ γ_{xy} は，はじめ直交していた x 軸および y 軸に平行な線素のなす角が，変形によって $\pi/2$ から減少した角度で表わされるから，図 8.27 より次式で表示される．

$$\gamma_{xy}=\angle \mathrm{A_1O'A'}+\angle \mathrm{C_1O'C'}=\frac{\partial v}{\partial x}+\frac{\partial u}{\partial y} \qquad (8.38)$$

簡単のため２次元で考えたが，３次元に拡張すれば，１点におけるひずみ状態は，応力と同じように３種類の縦ひずみ ε_x, ε_y, ε_z と３種類のせん断ひずみ

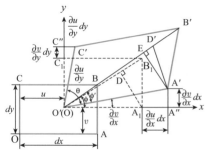

$\gamma_{xy}, \gamma_{yz}, \gamma_{zx}$ によって表すことができる. 合計6種類のひずみ $\varepsilon_x, \varepsilon_y, \varepsilon_z, \gamma_{xy}, \gamma_{yz}, \gamma_{zx}$ と,3種類の変位 u, v, w の関係をまとめると以下のようになる.

$$\varepsilon_x = \frac{\partial u}{\partial x}, \ \varepsilon_y = \frac{\partial v}{\partial y}, \ \varepsilon_z = \frac{\partial w}{\partial z}$$
$$\gamma_{xy} = \frac{\partial v}{\partial x} + \frac{\partial u}{\partial y}, \ \gamma_{yz} = \frac{\partial w}{\partial y} + \frac{\partial v}{\partial z}, \ \gamma_{zx} = \frac{\partial u}{\partial z} + \frac{\partial w}{\partial x}$$

(8.39)

8・5・3 主ひずみと主せん断ひずみ(principal strain and principal shearing strain)

ひずみと応力の対応性により,式(8.10),式(8.13)において σ を ε, τ を $\gamma/2$ で置き換えれば,応力において示した主応力と同じく,ひずみにおいても主ひずみ(principal strain) $\varepsilon_1, \varepsilon_2$ と主せん断ひずみ(principal shearing strain) γ_1 が以下のように求められる.

$$\left.\begin{array}{c}\varepsilon_1 \\ \varepsilon_2\end{array}\right\} = \frac{1}{2}(\varepsilon_x + \varepsilon_y) \pm \frac{1}{2}\sqrt{(\varepsilon_x - \varepsilon_y)^2 + \gamma_{xy}{}^2}$$

(8.40)

$$\gamma_1 = \pm(\varepsilon_1 - \varepsilon_2)$$

(8.41)

主ひずみの方向を与える角度 ϕ は式(8.11)より,

$$\tan 2\phi = \frac{\gamma_{xy}}{\varepsilon_x - \varepsilon_y}$$

(8.42)

より求められる.

【例題 8.12】
平面応力状態にある弾性体内の1点におけるひずみ成分が,$\varepsilon_x = 1.00 \times 10^{-3}$, $\varepsilon_y = 2.00 \times 10^{-3}$, $\gamma_{xy} = 1.00 \times 10^{-3}$ によって与えられたとき,この点の主ひずみ $\varepsilon_1, \varepsilon_2$ および主せん断ひずみ γ_1 を求めよ.

【解答】
式(8.40)に $\varepsilon_x = 1.00 \times 10^{-3}$, $\varepsilon_y = 2.00 \times 10^{-3}$, $\gamma_{xy} = 1.00 \times 10^{-3}$ を代入して

$$\left.\begin{array}{c}\varepsilon_1 \\ \varepsilon_2\end{array}\right\} = \frac{10^{-3} + 2 \times 10^{-3}}{2} \pm \frac{1}{2}\sqrt{(10^{-3} - 2 \times 10^{-3})^2 + (10^{-3})^2} = \begin{cases}2.21 \times 10^{-3} \\ 0.79 \times 10^{-3}\end{cases}$$ (a)

主せん断ひずみは,式(8.41)より

$$\gamma_1 = \pm(\varepsilon_1 - \varepsilon_2) = \pm 1.414 \times 10^{-3}$$

(b)

となる. また,主ひずみの方向を与える角は,式(8.42)より

$$\phi_1 = 67.5°, \ \phi_2 = -22.5°$$

(c)

主せん断ひずみの方向は,主ひずみ面に対して45°傾くから,式(c)より

$$\varphi_1 = 112.5° \ または \ 22.5°$$

(d)

となる.

答:$\varepsilon_1 = 2.21 \times 10^{-3}$, $\varepsilon_2 = 0.79 \times 10^{-3}$, $\gamma_1 = \pm 1.414 \times 10^{-3}$

ひずみゲージ(strain gage):長さが伸びると抵抗が増す性質を利用して,物体表面のひずみを測定する素子. 細い金属が折り畳まれて薄いフィルムに装着されている. これを測定したい物の表面に貼付け,抵抗の変化を測定することにより,ひずみが測定できる.

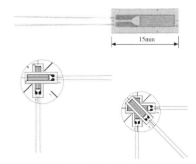

15mm

(提供:(株)共和電業)

ひずみゲージには,上の図のように色々な種類がある. 一方向のひずみだけではなく. いくつかの方向のひずみを同時に測定することにより. 様々な方向のひずみや応力を求めることができる.

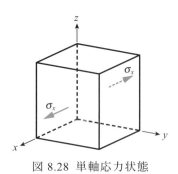

図 8.28 単軸応力状態

表 8.1 各応力に対する垂直ひずみ

応力	ε_x x 方向 ひずみ	ε_y y 方向 ひずみ	ε_z z 方向 ひずみ
σ_x	$\dfrac{\sigma_x}{E}$	$-v\dfrac{\sigma_x}{E}$	$-v\dfrac{\sigma_x}{E}$
σ_y	$-v\dfrac{\sigma_y}{E}$	$\dfrac{\sigma_y}{E}$	$-v\dfrac{\sigma_y}{E}$
σ_z	$-v\dfrac{\sigma_z}{E}$	$-v\dfrac{\sigma_z}{E}$	$\dfrac{\sigma_z}{E}$

8・5・4 応力とひずみの関係（relationship between stress and strain）

　　図 8.28 のように，直方体要素に σ_x のみが作用するとき，フックの法則によれば，x, y, z 軸の各方向に生じるひずみは $\sigma_x / E,\ -v\sigma_x / E,\ -v\sigma_x / E$ となる．同様に，σ_y と σ_z がそれぞれ独立して作用するとき，各軸方向に生じるひずみは，表 8.1 に示すように求められる．これらの結果を重ね合わせれば，σ_x，σ_y，σ_z が同時に作用するとき，x, y, z 軸方向に生じるひずみは次のようになる．

$$\varepsilon_x = \frac{1}{E}\left\{\sigma_x - v(\sigma_y + \sigma_z)\right\}$$
$$\varepsilon_y = \frac{1}{E}\left\{\sigma_y - v(\sigma_z + \sigma_x)\right\} \tag{8.43}$$
$$\varepsilon_z = \frac{1}{E}\left\{\sigma_z - v(\sigma_x + \sigma_y)\right\}$$

また，せん断応力とせん断ひずみの関係は，単純せん断の場合と同様に，それぞれに対応する成分に関して独立に考えてよく

$$\gamma_{xy} = \frac{\tau_{xy}}{G},\ \gamma_{yz} = \frac{\tau_{yz}}{G},\ \gamma_{zx} = \frac{\tau_{zx}}{G} \tag{8.44}$$

式(8.43)と(8.44)式を一般化したフックの法則（generalized Hooke's law）と呼ぶ．式(8.43), (8.44)より，応力をひずみで表示すれば

$$\sigma_x = \frac{E}{(1+v)(1-2v)}\left\{(1-v)\varepsilon_x + v(\varepsilon_y + \varepsilon_z)\right\}$$
$$\sigma_y = \frac{E}{(1+v)(1-2v)}\left\{(1-v)\varepsilon_y + v(\varepsilon_z + \varepsilon_x)\right\} \tag{8.45}$$
$$\sigma_z = \frac{E}{(1+v)(1-2v)}\left\{(1-v)\varepsilon_z + v(\varepsilon_x + \varepsilon_y)\right\}$$

$$\tau_{xy} = G\gamma_{xy},\ \tau_{yz} = G\gamma_{zy},\ \tau_{zx} = G\gamma_{zx} \tag{8.46}$$

【例題 8.13】

　　As shown in Fig.8.29, the strain gage is put on the surface of the thin wall spherical pressure vessel. When the internal pressure of the vessel increased, the strain is measured as $\varepsilon = 0.1\times10^{-6}\mu m/\mu m$. Determine the maximum stress σ_{max} of the wall and the internal pressure p. This vessel is made from steel. The diameter, the wall thickness, the Young's modulus and the Poison's ratio are $d = 1m$, $t = 5mm$, $E = 206GPa$, $v = 0.3$, respectively.

【Solution】

　　The stress state of this vessel can be considered as plain stress condition. Then the hoop stress of the surface is uniformly distributed and denoted by σ_{max}. Thus the stresses are $\sigma_x = \sigma_y = \sigma_{max}$. By substituting $\sigma_x = \sigma_y = \sigma_{max}$, $\sigma_z = 0$ into Eq.(8.43), the surface strain ε can be given as follows.

$$\varepsilon = \frac{1-v}{E}\sigma_{max} \tag{a}$$

By this equation, the maximum stress σ_{max} is given as follows.

$$\sigma_{max} = \frac{E}{1-v}\varepsilon = \frac{206GPa}{1-0.3}\times0.1\times10^{-6} = 29.4\times10^3 Pa = 29.4kPa \tag{b}$$

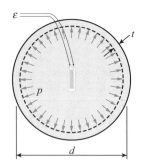

Fig.8.29 The thin wall spherical pressure vessel.

The pressure p can be given by substituting Eq.(b) into Eq.(8.28).

$$p = \frac{4t\sigma_{max}}{d} = \frac{4 \times 5 \times 10^{-3}\,\text{m} \times 29.4 \times 10^{3}\,\text{Pa}}{1\text{m}} = 588\text{Pa} \qquad (c)$$

Ans. : $\sigma_{max} = 29.4\text{kPa}$, $p = 588\text{Pa}$

8・5・5　弾性係数間の関係（relationship between moduli）

2.3.2項に示したように，等方性弾性体の縦弾性係数 E，横弾性係数 G，ポアソン比 ν のうち，二つだけが独立であり，それぞれの係数は他の二つの係数で表わすことができる．

E を ν と G で表わす関係式を求める．図 8.30 のように，厚さが 1，一辺の長さ a の正方形要素 ABCD において，2 面 AD，BC に引張応力 σ が作用し，残りの 2 面 AB，CD に大きさの等しい圧縮応力 σ が作用する場合を考える．例題 8.6 に示したように，これらの四つの面に 45° 傾斜し，紙面に直交する EF，FG，GH，HE の各面上には，大きさが等しい単純なせん断応力 $\tau = \sigma$ のみが作用する．このような応力状態においては，正方形要素 ABCD は破線で示す長方形要素 A'B'C'D' に変形し $\overline{A'B'} = \overline{C'D'} = a(1+\varepsilon_x)$，$\overline{A'D'} = \overline{B'C'} = a(1+\varepsilon_y)$ である．$\sigma_x = -\sigma_y = \sigma$ であるから，ひずみ成分は式(8.43)より

$$\varepsilon_x = -\varepsilon_y = \frac{(1+\nu)\sigma}{E} \qquad (8.47)$$

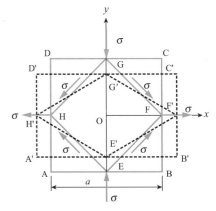

図 8.30　正方形要素の変形

このとき，正方形要素 EFGH は菱形 E'F'G'H'に変形し，単純せん断におけるせん断ひずみを γ とすれば，γ は直交する 2 面 GH，EH がなす角の変化として与えられ，

$$\angle G'H'O = \frac{\angle G'H'E'}{2} = \left(\frac{\pi}{4} - \frac{\gamma}{2}\right) \qquad (8.48)$$

となる．一方

$$\tan\angle G'H'O = \frac{\overline{OG'}}{\overline{OH'}} = \frac{a(1+\varepsilon_y)/2}{a(1+\varepsilon_x)/2} = \frac{1+\varepsilon_y}{1+\varepsilon_x} = \frac{1-\varepsilon_x}{1+\varepsilon_x} \qquad (8.49)$$

式(8.48)において，γ は微小であるから

$$\tan\angle G'H'O = \frac{\sin\left(\frac{\pi}{4} - \frac{\gamma}{2}\right)}{\cos\left(\frac{\pi}{4} - \frac{\gamma}{2}\right)} = \frac{\cos\left(\frac{\gamma}{2}\right) - \sin\left(\frac{\gamma}{2}\right)}{\cos\left(\frac{\gamma}{2}\right) + \sin\left(\frac{\gamma}{2}\right)} = \frac{1 - \tan\left(\frac{\gamma}{2}\right)}{1 + \tan\left(\frac{\gamma}{2}\right)} \cong \frac{1 - \frac{\gamma}{2}}{1 + \frac{\gamma}{2}} \qquad (8.50)$$

式(8.49)と式(8.50)から

$$\frac{1-\varepsilon_x}{1+\varepsilon_x} = \frac{1-\gamma/2}{1+\gamma/2} \quad \therefore \varepsilon_x = \frac{1}{2}\gamma \qquad (8.51)$$

式(8.47)に式(8.51)を代入し，$\tau = G\gamma$ の関係を適用すれば

$$\frac{(1+\nu)\sigma}{E} = \frac{\tau}{2G} \qquad (8.52)$$

この場合 $\sigma = \tau$ であるから，次の関係式が得られる．

$$\boxed{E = 2G(1+\nu)} \qquad (8.53)$$

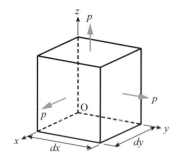

図 8.31　一様な垂直応力が作用する
直方体要素

静水圧：あらゆる面の垂直応力が等しい状態．深海深く潜る潜水調査船は水圧により非常に高い静水圧を受ける.

（提供：（独）海洋研究開発機構）

非圧縮：どのような応力を受けても体積が変化しない性質を非圧縮性という．ゴムのような柔らかい材料のポアソン比は 0.5 に近く，非圧縮性として取り扱う場合も多い.

8・5・6　体積弾性係数（bulk modulus）

図 8.31 のように，各辺の長さが dx, dy, dz である直方体要素の各表面に一様な垂直応力 p が作用する場合，変形後の各辺の長さは

$$(1+\varepsilon_x)dx \quad , \quad (1+\varepsilon_y)dy \quad , \quad (1+\varepsilon_z)dz \tag{8.54}$$

であるから，変形前と変形後の体積をそれぞれ V と V' とすれば，体積変化率 ε_V は

$$\varepsilon_V = \frac{V'-V}{V} = \frac{(1+\varepsilon_x)dx \cdot (1+\varepsilon_y)dy \cdot (1+\varepsilon_z)dz - dx \cdot dy \cdot dz}{dx \cdot dy \cdot dz} \\ = (1+\varepsilon_x)(1+\varepsilon_y)(1+\varepsilon_z)-1 \tag{8.55}$$

この体積変化率を体積ひずみ（dilatation）という．縦ひずみ $\varepsilon_x, \varepsilon_y, \varepsilon_z$ は 1 に対して十分に小さいから，二次以上の項を省略すれば

$$\varepsilon_V = \varepsilon_x + \varepsilon_y + \varepsilon_z \tag{8.56}$$

応力状態は $\sigma_x = \sigma_y = \sigma_z = p$ であり，式(8.43)より

$$\varepsilon_V = \varepsilon_x + \varepsilon_y + \varepsilon_z = \frac{1-2\nu}{E}(\sigma_x + \sigma_y + \sigma_z) = \frac{3(1-2\nu)}{E}p \tag{8.57}$$

一様な応力 p について解けば，応力 p とひずみ ε_V の関係は，

$$p = \frac{E}{3(1-2\nu)}\varepsilon_V \tag{8.58}$$

となる．この係数を体積弾性係数（bulk modulus）と呼び，K で表し

$$K = \frac{p}{\varepsilon_V} = \frac{E}{3(1-2\nu)} \tag{8.59}$$

となる．上式において，ポアソン比 ν が 1/2 のとき，K は無限大になって大きな応力が作用しても体積は変化せず，この場合は非圧縮性弾性体に相当する．また，$\nu > 1/2$ のとき，K は負となり，例えば全面に圧縮応力が作用しても体積は増加することになり，不自然である．したがって，ポアソン比は 1/2 を越えることはなく，また，$1/2 > \nu > -1$ であることが熱力学的に示されている.

【例題 8.14】

いかなる 3 軸応力を受けても体積が変化しない場合のポアソン比は，ひずみの一次の項のみを考えれば，1/2 であることを示せ.

【解答】

一辺の長さが l の立方体の主応力状態を考え，主応力を $\sigma_1, \sigma_2, \sigma_3$ とすれば，主ひずみ $\varepsilon_1, \varepsilon_2, \varepsilon_3$ は式(8.43)より

$$\varepsilon_1 = \frac{1}{E}\{\sigma_1 - \nu(\sigma_2 + \sigma_3)\}, \varepsilon_2 = \frac{1}{E}\{\sigma_2 - \nu(\sigma_3 + \sigma_1)\}, \\ \varepsilon_3 = \frac{1}{E}\{\sigma_3 - \nu(\sigma_1 + \sigma_2)\} \tag{a}$$

立方体の体積を V，体積変化を ΔV とすれば，体積ひずみ ε_V は $dx = dy = dz = l$ と置き，式(8.55)，(8.56)を参照して

$$\varepsilon_V = \Delta V / V \cong \varepsilon_1 + \varepsilon_2 + \varepsilon_3 \tag{b}$$

体積が変化しないときは，$\varepsilon_V = 0$ であるから，式(b)より

$$\varepsilon_1 + \varepsilon_2 + \varepsilon_3 = 0 \tag{c}$$

一方，式(a)を辺々加えれば

$$\varepsilon_1 + \varepsilon_2 + \varepsilon_3 = \frac{(1-2\nu)}{E}(\sigma_1 + \sigma_2 + \sigma_3) \tag{d}$$

式(d)が式(c)の関係を満たすためには

$$1 - 2\nu = 0 \quad \therefore \nu = \frac{1}{2} \tag{e}$$

【Example 8.15】

Determine the bulk modulus K and the Poison's ratio ν for the material with the Young's modulus $E = 210$GPa and the shearing modulus $G = 84$MPa.

【Solution】

By substituting $E = 210$GPa and $G = 84$GPa into Eq.(8.53), the Poison's ratio is given as follows.

$$\nu = \frac{E}{2G} - 1 = \frac{210\text{GPa}}{2 \times 84\text{GPa}} - 1 = 0.25 \tag{a}$$

The bulk modulus K is given by substituting Eq.(a) and $E = 210$GPa into Eq.(8.59).

$$K = \frac{E}{3(1-2\nu)} = \frac{210\text{GPa}}{3(1-2\times 0.25)} = 140\text{GPa} \tag{b}$$

Ans. : $\nu = 0.25$, $K = 140$GPa

8・5・7 平面応力と平面ひずみ（plane stress and plane strain）

　構造物の中には薄い板状のものも多い．このような物体に作用する外力が板面に平行な場合には，物体に生じる応力はすべて板面に平行になる．そして，板面に垂直な応力成分は生じない．このような応力状態を平面応力（plane stress）といい，板面内に x, y 軸をとれば，$\sigma_z = \tau_{xz} = \tau_{zx} = \tau_{yz} = \tau_{zy} = 0$ となり，図 8.33 のような，平面的な応力状態が得られる．平面応力における応力の平衡条件式および応力とひずみの関係は次のようになる．

$$\frac{\partial \sigma_x}{\partial x} + \frac{\partial \tau_{xy}}{\partial y} = -X, \quad \frac{\partial \tau_{xy}}{\partial x} + \frac{\partial \sigma_y}{\partial y} = -Y \tag{8.60}$$

$$\sigma_x = \frac{E}{1-\nu^2}(\varepsilon_x + \nu\varepsilon_y), \; \sigma_y = \frac{E}{1-\nu^2}(\varepsilon_y + \nu\varepsilon_x) \tag{8.61}$$

$$\tau_{xy} = G\gamma_{xy} \tag{8.62}$$

　これに対して，図 8.34 のように z 軸方向に一様な荷重を受ける長い部材では，この方向における変形が一様になり，z 方向のひずみ成分がすべて 0，すなわち，

$$\varepsilon_z = \gamma_{yz} = \gamma_{zx} = 0 \tag{8.63}$$

になる．このような変形を平面ひずみ（plane strain）状態と呼ぶ．式(8.43)と

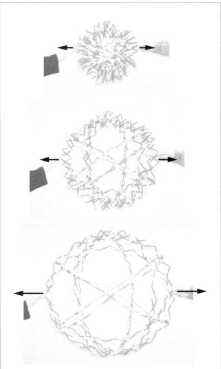

図 8.32　トラスのボール

　2章で学んだように，材料は引張ると，引張った方向と垂直な方向には縮む性質がある（ポアソン比が正）．引張ると横方向にも伸びる材料が希ではあるが存在する．上の写真は骨組み構造で出来たボールの玩具であるが，左右に引張るとボール全体が一様に大きくなる．すなわち，軸方向に伸ばすと，軸に垂直な方向にも伸びる性質を持つ．このような微小構造を持った材料のポアソン比は負となる．このような材料で作った釘は，叩くと細くなって打ち込み安く，引き抜こうとすると太くなって抜け難い．

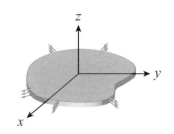

図 8.33　平面応力状態

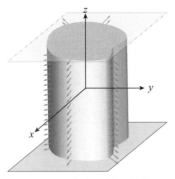

図 8.34 平面ひずみ状態

式(8.63)より

$$\sigma_z = \nu(\sigma_x + \sigma_y) \tag{8.64}$$

上の結果を式(8.43)に代入し，式(8.63)を考慮すれば，ひずみと応力の関係式は

$$\varepsilon_x = \frac{1-\nu^2}{E}\left(\sigma_x - \frac{\nu}{1-\nu}\sigma_y\right), \ \varepsilon_y = \frac{1-\nu^2}{E}\left(\sigma_y - \frac{\nu}{1-\nu}\sigma_x\right) \tag{8.65}$$

$$\gamma_{xy} = \frac{\tau_{xy}}{G} \tag{8.66}$$

応力成分をひずみ成分で表わせば

$$
\begin{aligned}
\sigma_x &= \frac{E}{(1+\nu)(1-2\nu)}\left\{(1-\nu)\varepsilon_x + \nu\varepsilon_y\right\} \\
\sigma_y &= \frac{E}{(1+\nu)(1-2\nu)}\left\{(1-\nu)\varepsilon_y + \nu\varepsilon_x\right\} \\
\sigma_z &= \frac{\nu E}{(1+\nu)(1-2\nu)}(\varepsilon_x + \varepsilon_y)
\end{aligned}
\right\} \tag{8.67}
$$

$$\tau_{xy} = G\gamma_{xy} \tag{8.68}$$

式(8.67)の第3式から明らかなように，σ_z は必ずしも 0 ではない.

　平面ひずみに対する式(8.67)第1式および第2式において，縦弾性係数 E とポアソン比 ν をそれぞれ

$$E \rightarrow \frac{1+2\nu}{(1+\nu)^2}E, \ \ \nu \rightarrow \frac{\nu}{1+\nu} \tag{8.69}$$

のように置換すれば，平面応力の式(8.61)と同じ表式になる. 逆に平面応力の表示式(8.61)において，次のように置換すれば平面ひずみの式(8.67)の第1式および第2式が得られる.

$$E \rightarrow \frac{E}{1-\nu^2}, \ \ \nu \rightarrow \frac{\nu}{1-\nu} \tag{8.70}$$

注）例えば，平面応力状態で求めた変位・応力場は，係数の入れ替えだけで，平面ひずみ状態の値に変換できる.

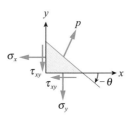

図 8.35 傾いた面に作用する合応力

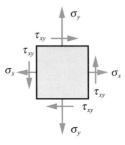

図 8.36 平面応力状態の応力成分

【練習問題】

【8.1】　平面応力状態にある弾性体中の1点において，応力成分 σ_x, σ_y, τ_{xy} が与えられている. このとき，図 8.35 のように，x 軸となす角が $-\theta$ の面上に作用する合応力 p の x, y 方向成分 p_x, p_y を求めよ.

[答　$p_x = -\sigma_x \sin\theta + \tau_{xy}\cos\theta$,　$p_y = -\tau_{xy}\sin\theta + \sigma_y\cos\theta$]

【8.2】　図 8.36 のように，平面応力状態にある弾性体中の1点における応力成分が $\sigma_x = 50\mathrm{MPa}$, $\sigma_y = 150\mathrm{MPa}$, $\tau_{xy} = 100\mathrm{MPa}$ である. 主応力 σ_1, σ_2 およびこれらの作用方向を求めよ. また，この状態をモールの応力円を用いて確かめよ.

[答　$\sigma_1 = 212\mathrm{MPa}$, x 軸から反時計方向に 58.3°

$\sigma_2 = -12\mathrm{MPa}$, x 軸から反時計方向に 148.3°]

【8.3】　前問において，x 軸に対して法線が 30° 傾斜する面に生じる垂直応力 σ，せん断応力 τ を求めよ.

[答　$\sigma = 162\mathrm{MPa}$, $\tau = 93.3\mathrm{MPa}$]

【8.4】 As shown in Fig.8.37, the bar with rectangular cross section is made by the aluminum rectangular members connected by an adhesive. The adhesive surface has the angle $\alpha = 45°$ to the loading direction. If the load $F = 20$kN is applied to the bar, determine the shearing stress and the normal stress on the connected surface. And also determine the allowable angle α, if the allowable shearing stress of the adhesive is 1.2MPa.

[Ans. $\sigma = 1.67$MPa, $\tau = 1.67$MPa, $\alpha = 23.0°$]

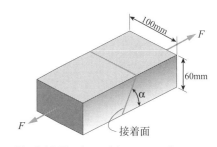

Fig.8.37 The bar with rectangular cross section subjected the load F.

【8.5】 The principal strains are measured as $\varepsilon_1 = 3 \times 10^{-4}$ and $\varepsilon_2 = 2 \times 10^{-4}$ at the surface of the material. Determine the principal stresses σ_1 and σ_2 by using these values. The Poison's ratio $\nu = 0.3$ and the Young's modulus $E = 206$GPa.

[Ans. $\sigma_1 = 81.5$ MPa, $\sigma_2 = 65.6$MPa]

【8.6】 図 8.38 のように，一辺の長さが 1m の立方体の相対する 4 面のみに一様な圧縮応力 $\sigma_x = \sigma_y = -50$MPa が作用するとき，$x$, y, z 軸方向の各辺の長さの変化量 λ_x, λ_y, λ_z と体積ひずみ ε_V を求めよ．ただし，縦弾性係数 $E = 206$GPa，ポアソン比 $\nu = 0.25$ とする．

[答 $\lambda_x = \lambda_y = -0.182$mm, $\lambda_z = 0.121$mm, $\varepsilon_V = -0.243 \times 10^{-3}$]

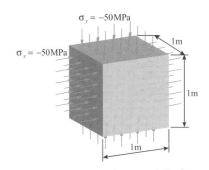

Fig.8.38 4 面に一様な圧縮荷重を受ける立方体

【8.7】 図 8.39 のように，長さ $l = 4$m，直径 $d = 200$mm，縦弾性係数 $E = 206$GPa，ポアソン比 $\nu = 0.3$，単位体積当たりの自重 $\gamma = 0.08$N/cm^3 の真直な棒を剛性天井に固定して吊し，下端に $P = 100$kN の軸荷重を作用させるとき，棒の体積増加量 ΔV を求めよ．

[答 $\Delta V = 0.836$cm^3]

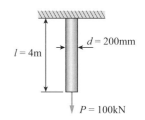

Fig.8.39 天井からつるされた棒

【8.8】 Determine the Poison's ratio ν and the bulk modulus K for the material with the Young's modulus $E = 203$GPa and the shearing modulus $G = 73$GPa.

[Ans. $\nu = 0.39$, $K = 308$GPa]

【8.9】 図 8.40 のように，内直径 20mm，外直径 40mm の中空円筒に，$M = 200$N·m の曲げモーメントと $T = 150$ N·m のねじりモーメントが作用している．このときの相当曲げモーメント M_e，相当ねじりモーメント T_e，最大応力 σ_1，最大せん断応力 τ_1 を求めよ．また，直径が外直径に等しい中実円柱に生じる σ_1 は中空円筒の場合の何倍になるか示せ．

[答 $M_e = 225$ N·m, $T_e = 250$N·m, $\sigma_1 = 38.2$MPa, $\tau_1 = 21.2$MPa, 0.938 倍]

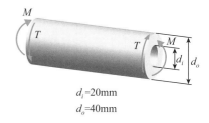

d_i=20mm
d_o=40mm

図 8.40 曲げとねじりを受ける円筒

【8.10】 平均直径 800mm の薄肉円筒に 4MPa の内圧が作用している．円筒材料の引張強さを 250MPa，安全率を 3 として，安全に使用できる円筒の肉厚 t の最小値を求めよ．

[答 $t = 19.2$mm]

【8.11】 The ring A has an inner radius r_1 and outer radius r_2 as shown in

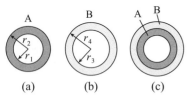

Fig.8.41 Shrink fit of the two rings.

Fig.8.41(a). The ring B has an inner radius r_3 and outer radius r_4, as shown in Fig.8.41(b). The radius r_2 is grater than radius r_3. The ring B was heated and fitted over the ring A and cooled down to the room temperature as shown in Fig.8.41(c). Determine the maximum hoop stresses in these rings and the contact pressure between the ring A and B.

[Ans.
$$\sigma_{tA} = \frac{(r_2 - r_3)(r_4 - r_3)r_2 E_A E_B}{r_3^2(r_2 - r_1)E_A + r_2^2(r_4 - r_3)E_B}, \quad \sigma_{tB} = \frac{(r_2 - r_3)(r_2 - r_1)r_3 E_A E_B}{r_3^2(r_2 - r_1)E_A + r_2^2(r_4 - r_3)E_B},$$
$$p = \frac{(r_2 - r_3)(r_4 - r_3)(r_2 - r_1)E_A E_B}{r_3^2(r_2 - r_1)E_A + r_2^2(r_4 - r_3)E_B}]$$

【8.12】　平均直径 200mm，肉厚 2mm の薄肉円筒に 1MPa の内圧が作用している．円筒の両端から十分離れた中央部表面において，円筒の軸方向の垂直ひずみ ε_z と 円周方向の垂直ひずみ ε_θ を求めよ．ただし，縦弾性係数は $E = 206$ GPa，ポアソン比は $\nu = 0.3$ とする．

[答　$\varepsilon_z = 4.85 \times 10^{-5}$, $\varepsilon_\theta = 2.06 \times 10^{-4}$]

【8.13】　A spherical gas tank with an inner radius $r = 1.5$m is subjected to an internal pressure $p = 300$kPa. Determine the required thickness of this tank. The allowable normal stress is 10MPa.

[Ans. 22.5mm]

第 9 章

エネルギー法

Energy Methods

- 自動車の衝突時に，車の持つ運動エネルギーを材料の変形により効果的に吸収することにより，車中の人間のダメージを軽減する工夫がなされている（図 9.1）．
- エネルギーを計算する事により，機械や構造物の変形を求めることができる．
- 本章では，物体の変形により物体内に貯えられるエネルギーについて考える．

(a) 車の衝突実験

（提供：（独）自動車事故対策機構）

(b) エレベーターの下の床のばね

図 9.1 衝撃の運動エネルギーを吸収する工夫

　物体を変形させるには外部からなんらかの力を加えなければならない．その力の力点は，物体の変形によって移動する．そして，力点の移動により仕事がなされる，つまりエネルギーが消費される．このエネルギーは物体の変形に使われ，物体からみれば，変形により物体の持っていた内部エネルギーが増加することになる．この物体の変形に伴い増加する内部エネルギーをひずみエネルギー（strain energy）と呼ぶ．ばねの変形挙動を，ばねに貯えられる弾性エネルギーを用いて解き明かすことができるように，物体の変形挙動は，このひずみエネルギーを用いて得られる様々な定理や原理を用いて解明することができる．本章では，物体の変形に関するエネルギー法（energy methods）について説明する．エネルギー法は，コンピュータを用いて物体の変形挙動を数値的に求める方法である有限要素法の基礎的な原理となる非常に重要な概念である．

9・1　ばねに貯えられるエネルギー（energy stored in the spring）

　図 9.2 に示すように，弾性ばねの伸び x と，加えた荷重 F の間には，次のフックの法則の関係がある．

$$F = kx \tag{9.1}$$

ここで，k はばね定数（spring constant）であり，図 9.2 のように，荷重 F と伸び x のグラフの傾きである．無荷重状態から，静かに荷重 F まで増加させたときの伸びが x であったとすると，外部からこのばねを伸ばすのになされた仕事は，図の下部の面積に等しく

$$W = \frac{1}{2}Fx = \frac{1}{2}kx^2 \tag{9.2}$$

で表される．この仕事がばねに貯えられているから，ばねに貯えられている弾性エネルギー U は，以下のように表される．

$$U = W = \frac{1}{2}Fx = \frac{1}{2}kx^2 \tag{9.3}$$

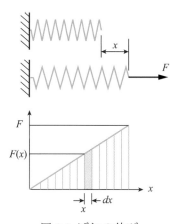

図 9.2 ばねの伸び

この弾性エネルギーを用いる事により，ばねの変形状態を求めることができる.

【例題 9.1】

ばねに貯えられる弾性エネルギー式(9.3)を，『仕事＝力×距離』の関係より数式を用いて求めよ.

【解答】

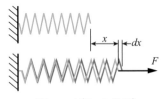

図 9.3 ばねの伸び
（さらに dx 伸びた場合）

図 9.3 のように，ばねが x 伸びた状態から，さらに微小長さ dx 伸びたとき，ばねになされる仕事，すなわちばねの弾性エネルギーの増分 dU は，"力" $= F(x)$, "距離" $= dx$ より，

$$dU = F(x)\,dx \tag{a}$$

である. このエネルギーを $x = 0$ から x まで積分すれば，x だけ伸びたばねに貯えられるエネルギー $U(x)$ が次のように求まる.

$$U(x) = \int_0^x F(x)dx = \int_0^x kx\,dx = \left[k\frac{x^2}{2}\right]_0^x = \frac{kx^2}{2} \tag{b}$$

【Example 9.2】

As shown in Fig.9.4, the rigid object with the mass m and the velocity v is impacted to the spring with the spring constant k. Determine the maximum compression of the spring.

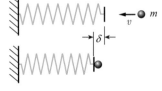

Fig.9.4 The rigid object impacts to the spring.

【Solution】

The maximum displacement of the spring is denoted by δ. In this case, the all kinetic energy of the object is converted to the elastic energy of the spring at the impact. The equation for the energy can be given as follows.

$$\frac{1}{2}mv^2 = \frac{k\delta^2}{2} \tag{a}$$

By solving the above equation, δ is given as follows.

$$\delta = \pm\sqrt{\frac{m}{k}}\,v \tag{b}$$

Since the positive value of δ is possible solution, δ is given as follows.

Ans. : $\delta = \sqrt{\dfrac{m}{k}}\,v$

9・2　ひずみエネルギーと補足ひずみエネルギー（strain energy and complementary strain energy）

9・2・1　引張（垂直応力，垂直ひずみ）によるひずみエネルギー

図 9.5 に示す長さ l, 断面積 A の棒の一端を壁に固定し，もう一方の端に荷重 P を加えたとき，この棒に貯えられるエネルギー，すなわち，ひずみエネルギーについて考える. 荷重 P を加えたときの棒の伸びを λ とする. 最初

この棒には荷重は加わっていないから，棒に加わる力 $F = 0$ である．図 9.5(b) に，棒に加わる荷重 F と棒の伸び x の関係を示す．外力 F は棒の伸び x の関数であり，棒が弾性体であれば，外力と伸び x は比例し，

$$F = kx \qquad (k = AE/l) \tag{9.4}$$

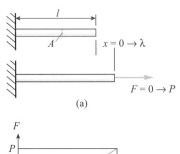

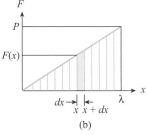

図 9.5　棒の伸びと荷重の関係

となる（3.1 節参照）．この関係は 9.1 節で示したばねと全く同一である．荷重 $F = P$ になるまでに外力 F が棒に加えた仕事は図の三角形の面積で与えられる．外力のなした仕事が，棒に貯えられるエネルギー，すなわち弾性ひずみエネルギー U_P であるから，

$$\boxed{U_P = \frac{1}{2}P\lambda} \tag{9.5}$$

となる．ここで，応力と荷重の関係（式(2.4)）と，伸びとひずみの関係（式(2.5)），および，ひずみと応力の関係（フックの法則，式(2.23)）

$$P = \sigma A , \quad \lambda = \varepsilon l , \quad \sigma = E\varepsilon \tag{9.6}$$

を式(9.5)に用いれば，棒全体に貯えられる弾性ひずみエネルギーは

$$U_P = Al\frac{\sigma\varepsilon}{2} = Al\frac{E\varepsilon^2}{2} = Al\frac{\sigma^2}{2E} = \frac{P^2 l}{2AE} \tag{9.7}$$

となる．上式を，棒の体積 Al で割れば，単位体積あたりの弾性ひずみエネルギー $\overline{U_P}$ は

$$\boxed{\overline{U_P} = \frac{\sigma\varepsilon}{2} = \frac{E\varepsilon^2}{2} = \frac{\sigma^2}{2E}} \tag{9.8}$$

となる．上式は，垂直応力 σ と垂直ひずみ ε による単位体積あたりの弾性ひずみエネルギーであり，物体内の一点で定義されている．一般に応力やひずみは位置の関数となるから，式(9.8)を物体全体にわたって積分することにより，垂直応力と垂直ひずみにより物体に貯えられる弾性ひずみエネルギーを求めることができる．

【例題 9.3】

　仕事＝力×距離の関係より，荷重 P により貯えられる弾性エネルギー式(9.5)を求めよ．

【解答】

　棒が x だけ伸びた状態から，さらに微小長さ dx 伸びたとき，棒になされる仕事，すなわち棒の弾性ひずみエネルギーの増分 dU_P は，"力"＝$F(x)$，"距離"＝dx より，

$$dU_P = F(x)\,dx \tag{a}$$

である．ここで，式(9.4)より，F を伸び x を用いて表し，エネルギー増分式(a)を $x = 0$ から λ まで積分すれば，λ だけ伸びた棒に貯えられるひずみエネルギー U_P が次のように求まる．

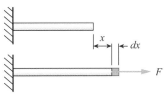

図 9.6　軸荷重を受ける棒

$$U_P = \int_0^\lambda F dx = \int_0^\lambda kx\,dx = [k\frac{x^2}{2}]_0^\lambda = \frac{k\lambda^2}{2} = \frac{AE\lambda^2}{2l} \tag{b}$$

上式において，荷重 $F = P$ のときの伸び λ は式(9.4)より，

$$P = k\lambda \tag{c}$$

であるから，式(c)を用いて，式(b)の $k\lambda$ を P で表せば，式(9.5)が得られる．

$$U_P = \frac{(k\lambda)\lambda}{2} = \frac{P\lambda}{2} \tag{d}$$

【例題 9.4】

図 9.7 のように，3種類の棒それぞれの両端に荷重 P を加える．各々の棒に貯えられる弾性ひずみエネルギーを求め，それらを比較せよ．棒の縦弾性係数を E とする．

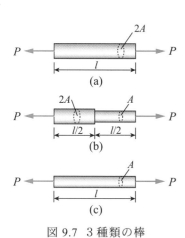

図 9.7　3種類の棒

【解答】

式(9.7)より，それぞれの棒に貯えられるひずみエネルギーは，

(a)　$U_{(a)} = \dfrac{P^2 l}{2(2A)E} = \dfrac{P^2 l}{4AE}$ $\qquad$ (a)

(b)　$U_{(b)} = \dfrac{P^2(l/2)}{2(2A)E} + \dfrac{P^2(l/2)}{2AE} = \dfrac{3P^2 l}{8AE}$ $\qquad$ (b)

(c)　$U_{(c)} = \dfrac{P^2 l}{2AE}$ $\qquad$ (c)

となる．これらの比を求めれば，

$$U_{(a)} : U_{(b)} : U_{(c)} = 2 : 3 : 4 \tag{d}$$

となる．したがって，(c)の棒に貯えられるひずみエネルギーが最も大きい．

【Example 9.5】

　　As shown in Fig.9.8, one side of the bar with the length l, the sectional area A and the density ρ is fixed at the ceiling. Obtain the elastic strain energy of this bar. The longitudinal modulus is E and the acceleration of gravity is g.

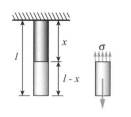

Fig.9.8 The bar fixed at the ceiling.

【Solution】

　　The volume, which is denoted by the blue color, is $A(l - x)$. The gravity force by this volume is $\rho A(l - x)g$. This force acts on to the cross section at the distance x from the ceiling. Thus, the stress at the cross section is given as follows.

$$\sigma = \frac{\rho A(l - x)g}{A} = \rho g(l - x) \tag{a}$$

Consequently, the elastic strain energy dU at the region, which is located between x and $x + dx$, is given as follows, by using Eq.(9.8).

$$dU = \frac{\sigma^2}{2E} A dx = \frac{\rho^2 g^2 (l - x)^2}{2E} A dx \tag{b}$$

By integrating the above equation through $x = 0$ to l, the total elastic strain energy of the bar is obtained as follows.

$$U_P = \int_0^l \frac{\rho^2 g^2 (l-x)^2}{2E} A dx = \frac{\rho^2 g^2 A}{2E} \left[\frac{(-1)(l-x)^3}{3} \right]_0^l = \frac{\rho^2 g^2 A l^3}{6E} \qquad \text{(c)}$$

9・2・2　せん断によるひずみエネルギー（strain energy by shear）

図 9.9 のように，立方体の底面を固定し，上面にせん断荷重 P を加える場合を考える．ここで，底面の面積 $a \times b$ を A で表す．荷重 P による上面の荷重方向のずれ，すなわち変位を λ で表す．前項の場合と同様に，荷重は $F = 0$ から P まで，また荷重点のずれ，すなわち変位は $x = 0$ から λ まで一様に増加すると考えられる．したがって，せん断荷重 F と変位 x の関係は図9.9(b) のようになり，せん断によりたくわえられる弾性ひずみエネルギーは，図の下部の三角形の面積に等しく，

$$U_s = \frac{1}{2} P \lambda \qquad (9.9)$$

となる．ここで，変位 λ が l に比べ小さいとき，せん断ひずみ γ を用いて

$$\lambda = \gamma l \qquad (9.10)$$

せん断応力とせん断荷重の関係（式(2.11)）および，せん断ひずみとせん断応力の関係（フックの法則，式(2.24)）

$$\tau = \frac{P}{A}, \ \tau = G\gamma \qquad (9.11)$$

と，式(9.10)を式(9.9)に用いれば，立方体全体に貯えられる弾性ひずみエネルギーは

$$U_s = Al \frac{\tau\gamma}{2} = Al \frac{G\gamma^2}{2} = Al \frac{\tau^2}{2G} \qquad (9.12)$$

となる．上式を，立方体の体積 Al で割れば，単位体積あたりの弾性ひずみエネルギー $\overline{U_s}$ は

$$\boxed{\overline{U_s} = \frac{\tau\gamma}{2} = \frac{G\gamma^2}{2} = \frac{\tau^2}{2G}} \qquad (9.13)$$

となる．上式は，せん断応力 τ とせん断ひずみ γ による単位体積あたりの弾性ひずみエネルギーであり，物体内の一点で定義されている．一般に応力やひずみは位置の関数となるから，式(9.13)を物体全体にわたって積分することにより，せん断応力とせん断ひずみにより物体に貯えられる弾性ひずみエネルギーを求めることができる．

9・2・3　軸のねじりによるひずみエネルギー（strain energy by torsion of shafts）

トルク T を受ける長さ l，直径 d の円形断面棒に貯えられる弾性ひずみエネルギーを求める．棒の中心軸を x 軸とする．x の断面と $x + dx$ の断面に囲まれる部分を切り出して来た図を図 9.10(b)に示す．図で色付された円筒部分に貯えられる弾性ひずみエネルギーを考える．図の色付け部分には，同心円状にせん断応力 τ が加わっている．従って，貯えられている弾性ひずみエネルギーは，式(9.12)より，

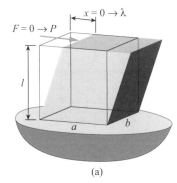

(a)

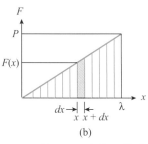

(b)

図 9.9　せん断による変位と荷重の関係

注）一般の応力状態における単位体積あたりのひずみエネルギーは次式で表される．

$$\overline{U} = \frac{\sigma_x \varepsilon_x}{2} + \frac{\sigma_y \varepsilon_y}{2} + \frac{\sigma_z \varepsilon_z}{2}$$
$$+ \frac{\tau_{xy}\gamma_{xy}}{2} + \frac{\tau_{yz}\gamma_{yz}}{2} + \frac{\tau_{zx}\gamma_{zx}}{2}$$

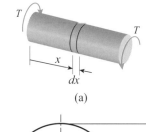

(a)

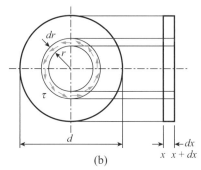

(b)

図 9.10　ねじりトルクを受ける円形断面棒の一部

$$\frac{\tau^2}{2G}\left\{\pi(r+dr)^2 - \pi r^2\right\}dx = \frac{\tau^2}{2G}\pi(2r+dr)drdx \cong \frac{\tau^2}{G}\pi r dr dx \qquad (9.14)$$

となる．断面に生じるせん断応力は，式(4.9)より $\tau = (T/I_p)r$ で表されるから，上式は

$$\frac{T^2}{GI_p{}^2}\pi r^3 dr dx \qquad (9.15)$$

この図全体，すなわち x の断面と $x+dx$ の断面に囲まれる部分に貯えられるひずみエネルギー dU_t は，式(4.8)の断面二次極モーメント I_p の定義を用いれば．

$$dU_t = \int_0^{d/2}\frac{T^2}{GI_p{}^2}\pi r^3 dr dx = \frac{T^2}{GI_p{}^2}\int_0^{d/2}\pi r^3 dr dx = \frac{T^2}{2GI_p}dx \qquad (9.16)$$

となる．従って，軸全体に貯えられる弾性ひずみエネルギー U_t は，上式を棒の軸方向に積分して，次の式より求められる．

$$U_t = \frac{1}{2}\int_0^l \frac{T^2}{GI_p}dx \qquad (9.17)$$

長さ l の全長にわたってねじりトルク T が一定であれば，

$$U_t = \frac{1}{2}\frac{T^2 l}{GI_p} \qquad (9.18)$$

この式において，式(4.18)のねじれ角 ϕ $(=Tl/(GI_p))$ を用いて表すと，次のようになる．

$$\boxed{U_t = \frac{T\phi}{2}} \qquad (9.19)$$

【Example 9.6】

As shown in Fig.9.11, the stepped bar is subjected to the torque T. Obtain the elastic strain energy U_t of the bar. The shearing elastic modulus is denoted by G.

【Solution】

The any cross section is subjected by the uniform torque T. Thus, the strain energy U_1 and U_2 over the bar with the length l_1 and l_2, respectively, are given by Eq.(9.18) as follows.

$$U_1 = 16\frac{T^2 l_1}{G\pi d_1{}^4} \quad , \quad U_2 = 16\frac{T^2 l_2}{G\pi d_2{}^4} \qquad (a)$$

By the above equations, the total strain energy of this stepped bar is given.

$$U_t = U_1 + U_2 = 16\frac{T^2}{G\pi}(\frac{l_1}{d_1{}^4} + \frac{l_2}{d_2{}^4}) \qquad (b)$$

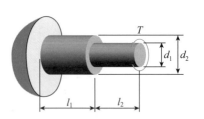

Fig.9.11 The stepped bar subjected to the torque.

9・2・4　はりの曲げによるひずみエネルギー（strain energy by bending of beam）

曲げモーメント M を受ける長さ l のはりに貯えられる弾性ひずみエネルギーを求める．はりの軸方向を x 軸（中立軸），曲げ方向を y 軸にとる．図 9.12

に，x の断面と $x + dx$ の断面に囲まれる部分を切り出して来た．式(9.8)より図のグレーで表示された微小部分に貯えられる曲げによる弾性ひずみエネルギーは

$$\frac{\sigma^2}{2E} dA dx \tag{9.20}$$

断面に生じる曲げ応力は，式(5.18)で表されるから，上式は次のようになる．

$$\frac{M^2}{2EI^2} y^2 dA dx \tag{9.21}$$

x の断面と $x + dx$ の断面に囲まれる部分に貯えられるひずみエネルギー dU_b は，式(9.21)を断面にわたって面積分すれば求められる．さらに，式(5.16)の断面二次モーメント I の定義を用いれば，

$$dU_b = \int_A \frac{M^2}{2EI^2} y^2 dA dx = \frac{M^2}{2EI^2} \int_A y^2 dA dx = \frac{M^2}{2EI} dx \tag{9.22}$$

となる．従って，はり全体に貯えられる弾性ひずみエネルギー U_b は，上式をはりの軸方向に積分して，以下の式より求められる．

$$\boxed{U_b = \int_0^l \frac{M^2}{2EI} dx} \tag{9.23}$$

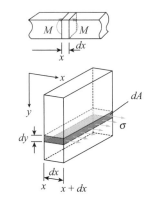

図 9.12 曲げモーメントを受けるはりの微小区間

【例題 9.7】

図 9.13 のように，長さ l の片持ちはりの先端に，曲げモーメント M_0 が加えられている．このとき，このはり全体に貯えられている弾性ひずみエネルギーを求めよ．はりの縦弾性係数を E，断面二次モーメントを I とする．

図 9.13 先端に曲げモーメントを受ける片持はり

【解答】

固定端を $x = 0$ とする．はりの任意の断面における曲げモーメント M は

$$M = M_0 \quad , (0 \le x \le l) \tag{a}$$

従って，式(9.23) より，このはりの弾性ひずみエネルギー U_b は，次式となる．

$$U_b = \int_0^l \frac{M^2}{2EI} dx = \int_0^l \frac{M_0^2}{2EI} dx = \frac{M_0^2}{2EI} \int_0^l dx = \frac{M_0^2 l}{2EI} \tag{b}$$

9・2・5 ひずみエネルギーと補足ひずみエネルギー（strain energy and complementary strain energy）

線形弾性体，すなわち応力とひずみの関係が比例する場合，単位体積当たりのひずみエネルギーは式(9.8) や (9.13) のように表される．高分子材料のように，応力-ひずみ線図が非線形関係にある場合，単位体積当たりのひずみエネルギーは図 9.14 の(A)部の面積として

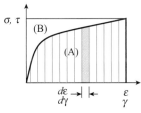

図 9.14 応力-ひずみ線図

$$\overline{U}_p = \int_0^\varepsilon \sigma \, d\varepsilon \tag{9.24}$$

$$\overline{U}_s = \int_0^\gamma \tau \, d\gamma \tag{9.25}$$

と表される．これらをひずみエネルギー密度関数（strain energy density function）

という．式(9.24)を ε で，式(9.25)を γ で偏微分すると，

$$\frac{\partial \overline{U}_p}{\partial \varepsilon} = \sigma \ , \ \frac{\partial \overline{U}_s}{\partial \gamma} = \tau \tag{9.26}$$

となり，応力はひずみエネルギー密度関数をひずみで偏微分したものであることがわかる．

　一方，ひずみエネルギー密度関数に対して，図9.14の上部(B)の面積，

$$\overline{V}_p = \int_0^\sigma \varepsilon \, d\sigma \tag{9.27}$$

$$\overline{V}_s = \int_0^\tau \gamma \, d\tau \tag{9.28}$$

を補足ひずみエネルギー密度関数（complementary strain energy density function）として定義する．これを物体全体にわたり積分した値を，補足ひずみエネルギー（complementary strain energy）という．補足ひずみエネルギー密度関数を応力 σ や τ で偏微分すれば，

$$\frac{\partial \overline{V}_p}{\partial \sigma} = \varepsilon \ , \ \frac{\partial \overline{V}_s}{\partial \tau} = \gamma \tag{9.29}$$

のようにひずみが得られる．

　線形弾性体，すなわち応力とひずみが比例する場合は，補足ひずみエネルギー密度関数とひずみエネルギー密度関数は等しい．従って，エネルギー密度関数をひずみで偏微分すれば応力が，応力で偏微分すればひずみが得られる．

9・3　衝撃荷重と衝撃応力（impact force and impact stress）

　例題9.2において，ばねに物体が衝突した時のばねの最大縮みを求めた．このとき，この最大縮みと同じ縮みを生じさせる荷重がばねの先端に加わっていると考えることができる．この荷重は，物体どうしの衝突により生じ，衝撃荷重（impact force）と呼ばれている．また，衝撃時に生じる応力を衝撃応力（impact stress）と呼ぶ．

　図9.15に示すように，長さ l，断面積 A の棒の上端を固定し，質量 m の物体を高さ h から落下させ，棒下端の剛体フランジに衝突させた場合を考える．物体の持つ位置エネルギーは落下により速度エネルギーに変換され，フランジに衝突する．そして棒下端に荷重が加わり，棒は伸びる．棒が最大に伸びたとき，物体は一瞬静止する．この時，物体に加わっている力，すなわち衝撃力を P で表す．また，棒の最大伸びを λ で表す．そして，棒は縮み始め，物体は上昇する．棒が λ 伸びた時，簡単のため棒の断面に生じる応力は一様であると考え，その時の応力，すなわち衝撃応力を σ で表す．このときの棒内部のひずみエネルギー U_p は式(9.5)で表される．このエネルギーは，物体が高さ ($h + \lambda$) 落下したことによる位置エネルギーにより与えられたと考えられるから，

$$\frac{1}{2}P\lambda = mg(h + \lambda) \tag{9.30}$$

ここで，g は重力加速度である．式(9.6)より，λ を P で表し変形すると，

$$\frac{1}{2}\frac{l}{AE}P^2 - \frac{mgl}{AE}P - mgh = 0 \tag{9.31}$$

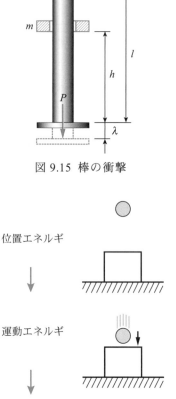

図 9.15　棒の衝撃

位置エネルギ

運動エネルギ

ひずみエネルギ

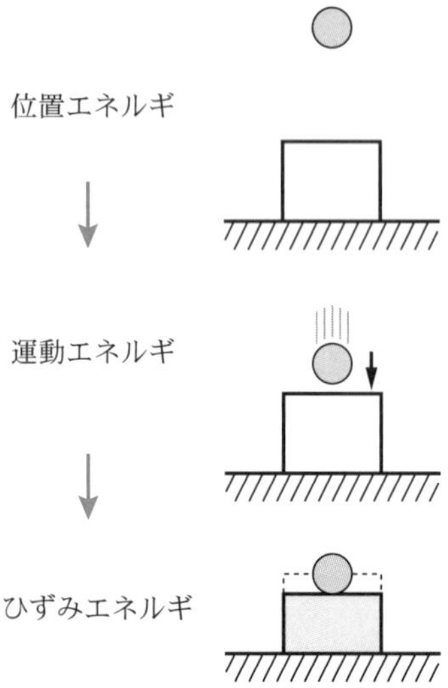

図 9.16　エネルギー状態の変化

上式は P についての2次方程式となっている．これを P について解けば

$$P = mg\left(1 \pm \sqrt{1 + 2\frac{AEh}{mgl}}\right) \tag{9.32}$$

ここで，P の値は正であるから，正の符号を採用すれば，衝撃力 P は

$$P = mg\left(1 + \sqrt{1 + 2\frac{AEh}{mgl}}\right) \tag{9.33}$$

となる．また衝撃応力は，上式より，

$$\sigma = \frac{P}{A} = \frac{mg}{A}\left(1 + \sqrt{1 + 2\frac{AEh}{mgl}}\right) \tag{9.34}$$

最大の伸びは，

$$\lambda = \frac{Pl}{AE} = \frac{mgl}{AE}\left(1 + \sqrt{1 + 2\frac{AEh}{mgl}}\right) \tag{9.35}$$

となる．ここで，重りをそっとフランジに載せたとき，すなわち静的な荷重が加えられた時の棒の伸びを λ_0，生じる応力を σ_0 とする．$\lambda_0 = mgl/(AE)$，$\sigma_0 = mg/A$ であるから，式(9.33)〜(9.35)は，

$$P = mg\left(1 + \sqrt{1 + \frac{2h}{\lambda_0}}\right),\ \sigma = \sigma_0\left(1 + \sqrt{1 + \frac{2h}{\lambda_0}}\right),\ \lambda = \lambda_0\left(1 + \sqrt{1 + \frac{2h}{\lambda_0}}\right) \tag{9.36}$$

となる．通常，落下高さ h に比べ静的な荷重が加えられた時の棒の伸び λ_0 は小さいから，衝撃応力は静的な応力 σ_0 に比べて非常に大きくなることがわかる．$h \gg \lambda_0$ の場合式(9.36)は，

$$P \cong mg\sqrt{\frac{2h}{\lambda_0}},\ \sigma \cong \sigma_0\sqrt{\frac{2h}{\lambda_0}},\ \lambda \cong \lambda_0\sqrt{\frac{2h}{\lambda_0}} \tag{9.37}$$

となり，静的な場合の $\sqrt{2h/\lambda_0}$ 倍となる．一方，重りを瞬間的にフランジに載せた場合は，式(9.36)において，$h = 0$ と置けばよいから，

$$P = 2mg,\ \sigma = 2\sigma_0,\ \lambda = 2\lambda_0 \tag{9.38}$$

となり，静的な場合の2倍となる．

注）ここで示した衝撃応力の理論は，静的な問題として近似的に応力を求めているが，厳密には衝撃力が加わった場所から，応力は波として伝播する．地震による波の伝播も同じ現象である．

(a) 棒の衝撃実験

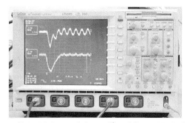

(b) 棒にはりつけたひずみゲージより測定されたひずみの時間変化

【Example 9.8】

As shown in Fig.9.17, the rigid object with the velocity v impacts on the elastic bar with the length l and the area of cross section A. Obtain the impact force and the impact stress of the bar. The longitudinal modules is E.

【Solution】

The impact force, the impact stress and the maximum displacement are denoted by P, σ and δ. At the impact, all kinetic energy of the object with the mass m is converted to the elastic strain energy. Then, the following equation can be given.

$$\frac{1}{2}mv^2 = \frac{P\delta}{2} \tag{a}$$

The relationship between the impact force P and the maximum displacement δ are

Fig.9.17 The bar impacted by the rigid object.

given as follows.

$$\delta = \varepsilon l = \frac{\sigma}{E} l = \frac{P}{AE} l \tag{b}$$

By substituting Eq.(b) into Eq.(a), the following equation can be given.

$$\frac{1}{2} m v^2 = \frac{l}{2AE} P^2 \tag{c}$$

Thus, the impact force P is obtained as follows

$$P = \sqrt{\frac{mAE}{l}} \, v \tag{d}$$

where, the positive sign is selected, because the value of P should be positive. The impact stress is obtained as

$$\sigma = \frac{P}{A} = \sqrt{\frac{mE}{Al}} \, v \tag{e}$$

$$\text{Ans.} \; : \; P = \sqrt{\frac{mAE}{l}} \, v \; , \; \sigma = \sqrt{\frac{mE}{Al}} \, v$$

9・4 相反定理とカスチリアノの定理〔reciprocal theorem and Castigliano's theorem〕

9・4・1 相反定理〔reciprocal theorem〕

　図 9.18 に示すように，両端支持はりの点 1 と点 2 に荷重 P_1, P_2 を加える問題を考える．このときの点 1，点 2 のたわみを λ_1, λ_2 とする．この問題は，「①荷重 P_1 のみを加えた問題」と「②荷重 P_2 のみを加えた問題」の重ね合わせとして求められる．①の問題の点 1，点 2 における変位を λ_{11}, λ_{21}，②の問題の点 1，点 2 の変位を λ_{12}, λ_{22} と表すと，P_1, P_2 が同時に加わった場合のたわみは，重ね合わせにより

$$\lambda_1 = \lambda_{11} + \lambda_{12} \; , \; \lambda_2 = \lambda_{21} + \lambda_{22} \tag{9.39}$$

となる．次に，このはりに貯えられる弾性ひずみエネルギーを求める．
　①の問題のひずみエネルギーは

$$U_1 = \frac{1}{2} \lambda_{11} P_1 \tag{9.40}$$

　②の問題のひずみエネルギーは

$$U_2 = \frac{1}{2} \lambda_{22} P_2 \tag{9.41}$$

と表せる．ここで，P_1, P_2 が同時に加わった時のひずみエネルギー U は，単純な重ね合わせ，すなわち式(9.40)と(9.41)を加え合わせることにより求めることはできない．なぜなら，①の問題で P_1 が加わった状態で，P_2 を加える場合，点 1 は，P_1 が加えられたまま，λ_{12} だけ変位し，$\lambda_{12} P_1$ の仕事がはりに対して成される．従って，

　(A) P_1, P_2 の順に荷重を加えた場合のひずみエネルギー：

$$U_A = U_1 + U_2 + \lambda_{12} P_1 \tag{9.42}$$

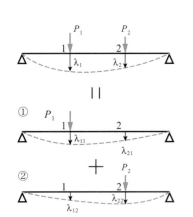

図 9.18　2 点に集中荷重を受ける
　　　両端支持はり

一方，P_2 を加えてから，P_1 を加えた場合は，点2は P_2 を加えたまま，λ_{21} 変位するから，

(B) P_2，P_1 の順に荷重を加えた場合のひずみエネルギー：

$$U_B = U_1 + U_2 + \lambda_{21}P_2 \tag{9.43}$$

となる．ここで，P_1，P_2 が同時に加わった状態のひずみエネルギーは，P_1，P_2 を加える順番に関係なく同一であるから，式(9.42)と(9.43)は等しくなければならない．$U_A = U_B$ として代入して整理すると，次の関係式が得られる．

$$\lambda_{12}P_1 = \lambda_{21}P_2 \tag{9.44}$$

ここまでは両端支持はりに荷重が加わる問題について考えて来たが，式(9.44)の関係式は，図9.19に示すような，任意形状をした弾性体の点1，点2に荷重 P_1，P_2 が加わった場合についても成立する．ただし，変位 $\lambda_1, \lambda_{11}, \lambda_{12}$ は P_1 方向の点1の変位成分，変位 $\lambda_2, \lambda_{21}, \lambda_{22}$ は荷重 P_2 方向の変位成分とする．式(9.44)をベッチの相反定理（Betti's reciprocal theorem）という．$P_1 = P_2$ の時，式(9.44)は，

$$\lambda_{12} = \lambda_{21} \tag{9.45}$$

となり，マックスウェルの相反定理（Maxwell's reciprocal theorem）と呼ばれている．

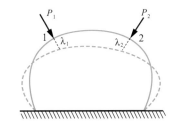

図9.19　2点に集中荷重を受ける弾性体

【例題 9.9】
　図9.20のように，長さ l の片持はりの固定端から距離 a の位置に荷重 P_A を加えた問題と，先端に荷重 P_B を加えた問題を考える．この2つの問題について，相反定理が成立していることをはりの曲げ理論を用いて求めたたわみより確認せよ．

【解答】
　はりの曲げ理論より，上段の問題の荷重の作用点と先端のたわみはそれぞれ，

$$\delta_{11} = \frac{P_A a^3}{3EI} \quad , \quad \delta_{21} = \frac{P_A a^3}{3EI} + \frac{P_A a^2(l-a)}{2EI} = \frac{P_A a^2}{6EI}(3l-a) \tag{a}$$

下段の問題の $x = a$ 点と荷重の作用点（$x = l$）のたわみはそれぞれ，

$$\delta_{12} = \frac{P_B a^2}{6EI}(3l-a) \quad , \quad \delta_{22} = \frac{P_B l^3}{3EI} \tag{b}$$

である．式(a),(b)より，

$$\delta_{12}P_A = \frac{P_A P_B a^2}{6EI}(3l-a) = \delta_{21}P_B \tag{c}$$

となっている．従って，式(9.44)の相反定理が成立している．

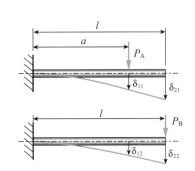

図9.20　集中荷重を受ける片持はり

9・4・2　カスチリアノの定理（Castigliano's theorem）

　図9.18の問題①において，変位 $\lambda_{11}, \lambda_{21}$ は荷重 P_1 に比例し，問題②において，変位 $\lambda_{12}, \lambda_{22}$ は荷重 P_2 に比例するから，比例係数を $C_{11}, C_{21}, C_{12}, C_{22}$ と表せば，それぞれの変位は，

$$\lambda_{11} = C_{11}P_1 \ , \ \ \lambda_{21} = C_{21}P_1 \ , \ \ \lambda_{12} = C_{12}P_2 \ , \ \ \lambda_{22} = C_{22}P_2 \tag{9.46}$$

と表すことができる．第 2 式，第 3 式を相反定理(9.44)に代入すれば，

$$C_{12} = C_{21} \tag{9.47}$$

また，式(9.46)を式(9.42)に代入すれば，

$$U = \frac{1}{2}C_{11}P_1^2 + \frac{1}{2}C_{22}P_2^2 + C_{12}P_1P_2 \tag{9.48}$$

この式を，P_1, P_2 でそれぞれ偏微分し，式(9.46), (9.47)の関係を用いれば，

$$\frac{\partial U}{\partial P_1} = C_{11}P_1 + C_{12}P_2 = \lambda_{11} + \lambda_{12} = \lambda_1$$

$$\frac{\partial U}{\partial P_2} = C_{22}P_2 + C_{12}P_1 = C_{22}P_2 + C_{21}P_1 = \lambda_{22} + \lambda_{21} = \lambda_2 \tag{9.49}$$

となる．すなわち，全ひずみエネルギーを荷重で偏微分すると，その点のたわみが得られることが分かる．図 9.18 の両端支持はりで考えた議論は，そのまま図 9.19 に示す，任意の 2 点に集中荷重を受ける弾性体に適用することができる．さらに，この関係は 1 点のみに荷重が加わったときはもちろん，任意の数の荷重が加えられた場合についても成立する．図 9.21 のように，N 個の荷重を受ける物体の k 番目の荷重を P_k で表せば，P_k が加わった k 番目の点の P_k 方向の変位 λ_k は，

$$\boxed{\lambda_k = \frac{\partial U}{\partial P_k} \ \ (k = 1,2,...N)} \tag{9.50}$$

となる．この関係をカスチリアノの定理（Castigliano's theorem）と呼ぶ．

荷重 P_k をモーメント M_k で置き換えると，M_k 方向の角変位（回転角）θ_k が得られる．

$$\boxed{\theta_k = \frac{\partial U}{\partial M_k} \ \ (k = 1,2,...N)} \tag{9.51}$$

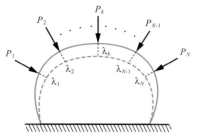

図 9.21 任意の集中荷重を受ける弾性体

注）カスチリアノの定理を用いることにより，はりのたわみに関する微分方程式を用いることなく，はりの変位やたわみ角を求めることができる．また，カスチリアノの定理により，複雑な問題や不静定問題を簡潔に解くことができる場合がある．

Fig.9.22 The cantilever subjected by
the bending moment at the tip.

【Example 9.10】

As shown in Fig.9.22, the beam with length l is subjected to the bending moment M_0 at the tip. Obtain the slope at the tip of the beam. EI is constant.

【Solution】

This beam is subjected to the uniform bending moment $M = M_0$. By Ex.9.7, the elastic strain energy is given as follows.

$$U = \frac{M_0^2 l}{2EI} \tag{a}$$

By Castigliano's theorem (9.51), the slope at the tip can be obtained as follows.

$$\theta_0 = \frac{\partial U}{\partial M_0} = \frac{M_0 l}{EI} \tag{b}$$

Ans.：$\theta_0 = \dfrac{M_0 l}{EI}$

【例題 9.11】

例題 9.10 において，はりの先端のたわみ δ_0 をカスチリアノの定理を用いて求めよ．

【解答】

先端のたわみを求めるために，図 9.23 に示すように，値が零の仮想荷重 P_0 をはりの先端に加えた問題を考える．このはりに加わる曲げモーメントは，はりの固定端からの距離を x とすれば，

$$M = M_0 - P_0(l-x) \tag{a}$$

となる．従って，式(9.23)より全弾性ひずみエネルギーは，

$$U = \frac{1}{2}\int_0^l \frac{M^2}{EI}dx = \frac{1}{2EI}\int_0^l \{M_0 - P_0(l-x)\}^2 dx \tag{b}$$

先端のたわみ δ_0 はカスチリアノの定理(9.50)より，

$$\delta_0 = \frac{\partial U}{\partial P_0} \tag{c}$$

で求められる．上式に式(b)を代入すれば，

$$\delta_0 = \frac{1}{EI}\int_0^l \{M_0 - P_0(l-x)\}(-1)(l-x)dx \tag{d}$$

ここで，$P_0 = 0$ とすれば，

$$\delta_0 = \frac{-M_0}{EI}\int_0^l (l-x)dx = -\frac{M_0 l^2}{2EI} \tag{e}$$

となる．この結果は，はりのたわみの基礎式より得られた式と一致する（例題5.12 参照）．

答：$\delta_0 = -\dfrac{M_0 l^2}{2EI}$

図9.23 先端にモーメントと集中荷重を受ける片持はり

【例題 9.12】

図 9.24(a)のように，3本の部材からなるトラスに荷重 P を加えた．B 点の垂直方向変位をカスチリアノの定理を用いて求めよ．

【解答】

図(b)に示すように，部材 AB，BC からなるトラスに荷重 P_1 が加わった問題 1 と，図(c)に示すように，DB からなる部材に荷重 P_2 が加わった問題 2 の重ね合わせで考える．それぞれの問題の B 点の垂直変位を λ_1，λ_2 とする．重ね合わせた結果が本問題となるための条件は，以下のようになる．

$$P = P_1 + P_2 , \quad \lambda_1 = \lambda_2 \tag{a}$$

問題 1 において，棒 AB，BC の軸力を Q_{AB}，Q_{BC} とすれば，B 点の力の釣合いより，

$$Q_{AB} = Q_{BC} = \frac{P_1}{2\cos\theta} \tag{b}$$

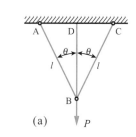

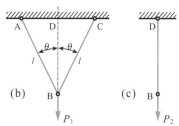

図9.24 垂直荷重を受けるトラス

従って，問題1の弾性ひずみエネルギーは，

$$U_1 = U_{AB} + U_{BC} = \frac{Q_{AB}{}^2 l}{2AE} + \frac{Q_{BC}{}^2 l}{2AE} = \frac{P_1^2 l}{4AE\cos^2\theta} \tag{c}$$

問題2の弾性ひずみエネルギーは，

$$U_2 = U_{BD} = \frac{Q_{BD}{}^2 (l\cos\theta)}{2AE} = \frac{P_2^2 (l\cos\theta)}{2AE} \tag{d}$$

カスチリアノの定理(9.50)より，問題1，2のB点の垂直変位 λ_1, λ_2 は，

$$\lambda_1 = \frac{\partial U_1}{\partial P_1} = \frac{P_1 l}{2AE\cos^2\theta} \ , \ \lambda_2 = \frac{\partial U_2}{\partial P_2} = \frac{P_2 l\cos\theta}{AE} \tag{e}$$

上式を式(a)に代入し，P_1, P_2 について解けば，

$$P_1 = \frac{2P\cos^3\theta}{1 + 2\cos^3\theta} \ , \ P_2 = \frac{P}{1 + 2\cos^3\theta} \tag{f}$$

従って，重ね合わせた問題のB点の垂直変位 λ は次のようになる．

$$\text{Ans.} : \ \lambda = \lambda_2 = \frac{\cos\theta}{1 + 2\cos^3\theta}\frac{Pl}{AE}$$

9・5　仮想仕事の原理と最小ポテンシャルエネルギー原理（principle of virtual work and minimum potential energy）

　9.1と9.2節で示したばねや弾性棒を考える．ここで，棒の剛性を k とすれば，ばねと棒は全く同じ定式化ができる事はすでに述べた．図9.25のように，9.2節の棒が u 伸びた状態を考える．このとき棒に貯えられる弾性エネルギー U は，

$$U = \frac{1}{2}ku^2 \quad (k = \frac{AE}{l}) \tag{9.52}$$

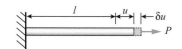

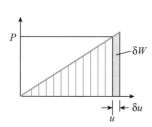

図9.25 仮想変位 δu

注）δ は変分原理における変分を表し，微小増分 du とは異なる．

で与えられる．この状態でさらに δu だけわずかに棒を伸ばした．荷重 P の変化は小さいから，この棒に加えられた仕事 δW は，

$$\delta W = P\delta u \tag{9.53}$$

このときの棒の内部エネルギーを U' で表すと．棒は $u + \delta u$ 伸びているから，式(9.52)より

$$U' = \frac{1}{2}k(u + \delta u)^2 \tag{9.54}$$

従って，棒の内部エネルギー，すなわちひずみエネルギーの増加分 δU は，

$$\delta U = U' - U = \frac{1}{2}k\delta u(2u + \delta u) \tag{9.55}$$

ここで，$u >> \delta u$ と考えられるから，

$$\delta U \cong ku\delta u = P\delta u \tag{9.56}$$

式(9.53)と式(9.56)を比較すれば，

$$\delta U = \delta W \tag{9.57}$$

となる．この関係は，任意形状の弾性体に任意の荷重が加えられた場合につい

ても成立する．変形した物体に与えられた仮想変位による外部仮想仕事　δW が内部エネルギー増分，すなわち内部仮想仕事　δU　に等しいことを示している．この関係は仮想仕事の原理（principle of virtual work）と呼ばれている．

式(9.56)において，荷重　P　を変位　u　を用いて表し，式を変形すると

$$\delta U = ku\delta u = k\delta(\frac{u^2}{2}) = \delta(\frac{1}{2}ku^2) \tag{9.58}$$

外力　P　は変化しないことを考慮すると，式(9.53)より　δW　は，

$$\delta W = P\delta u = \delta(Pu) \tag{9.59}$$

仮想仕事の原理(9.57) より

$$\delta(U - W) = \delta(\frac{1}{2}ku^2 - Pu) = 0 \tag{9.60}$$

ここで，

$$\Pi = U - W \tag{9.61}$$

とおけば，式(9.60)は，

$$\delta\Pi = 0 \tag{9.62}$$

と表される．Πをポテンシャルエネルギー（potential energy）と呼ぶ．式(9.62) の関係は，弾性体が釣合い状態にあるとき，全ポテンシャルエネルギーが停留，すなわち極値をとることを示している．そして，全ポテンシャルエネルギーは極小値をとることが示されているので，これを，最小ポテンシャルエネルギーの原理（principle of minimum potential energy）という．

【Example 9.13】

　　Solve Ex.9.12 by using the principle of virtual work.

【Solution】

　　As shown in Fig.9.26, the truss is deformed. The displacement at B is denoted by λ. The vertical virtual displacement $\delta\lambda$ is applied at point B. The virtual work δW can be given as.

$$\delta W = P\,\delta\lambda \tag{a}$$

The elongation of the member AB, BC and BD by the virtual displacement $\delta\lambda$ are given as

$$\delta\lambda_{AB} = \delta\lambda_{BC} = \delta\lambda\cos\theta, \; \delta\lambda_{BD} = \delta\lambda \tag{b}$$

Consequently, the increment of the inner energy of member AB and BC are given as

$$\delta U_{AB} = \delta U_{BC} = Q_{AB}\delta\lambda_{AB} = Q_{AB}\cos\theta\,\delta\lambda \tag{c}$$

where, Q_{AB} and Q_{BC} denote the axial load of the bar AB and BC, respectively. The increment of the inner energy of member BD is

$$\delta U_{BD} = Q_{BD}\delta\lambda_{BD} = Q_{BD}\delta\lambda \tag{d}$$

The relationship between the axial load and the elongation of the each member can

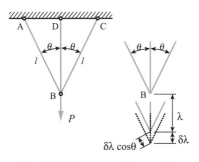

Fig.9.26 The truss subjected by the vertical load.

be given as follows.

$$Q_{AB} = \frac{AE}{l}\lambda_{AB} = \frac{AE}{l}\cos\theta\,\lambda\;,\;\; Q_{BD} = \frac{AE}{l\cos\theta}\lambda_{BD} = \frac{AE}{l\cos\theta}\lambda \tag{e}$$

By substituting these relations into Eq.(c) and Eq.(d), the total increment of the inner energy is given as follows.

$$\delta U = \delta U_{AB} + \delta U_{BC} + \delta U_{BD} = (2\frac{AE}{l}\lambda\cos^2\theta + \frac{AE}{l\cos\theta}\lambda)\delta\lambda \tag{f}$$

By substituting Eq.(a) and (f) into the principle of virtual work Eq.(9.57), the following equation can be given.

$$(2\frac{AE}{l}\lambda\cos^2\theta + \frac{AE}{l\cos\theta}\lambda)\delta\lambda = P\delta\lambda \tag{g}$$

Consequently, the vertical displacement λ, can be obtained as follows.

$$\lambda = \frac{\cos\theta}{1 + 2\cos^3\theta}\frac{Pl}{AE} \tag{h}$$

This result coincides with the one of Ex.9.12.

【例題 9.14】
　　例題 9.12 を最小ポテンシャルエネルギーの原理を用いて解答せよ.

【解答】
　　図9.27のように，B点の垂直変位を λ とする．棒 AB, BC, BD の伸びは λ を用いて，

$$\lambda_{AB} = \lambda_{BC} = \lambda\cos\theta\,,\;\lambda_{BD} = \lambda \tag{a}$$

それぞれの棒に貯えられているひずみエネルギーは，

$$U_{AB} = U_{BC} = \frac{Q_{AB}\lambda_{AB}}{2} = \frac{AE}{2l}(\cos^2\theta)\lambda^2$$
$$U_{BD} = \frac{Q_{BD}\lambda_{BD}}{2} = \frac{AE}{2l\cos\theta}\lambda^2 \tag{b}$$

となるから，内部エネルギー U はこれらを合計して

$$U = U_{AB} + U_{BC} + U_{BD} = (\frac{AE}{l}\cos^2\theta + \frac{AE}{2l\cos\theta})\lambda^2 \tag{c}$$

荷重 P と λ による仕事 W は，

$$W = P\lambda \tag{d}$$

従って，式(9.61)よりポテンシャルエネルギー Π は，

$$\Pi = U - W = (\frac{AE}{l}\cos^2\theta + \frac{AE}{2l\cos\theta})\lambda^2 - P\lambda \tag{e}$$

最小ポテンシャルエネルギーの原理より，λ に関して Π が最小になるには，

$$\frac{\partial\Pi}{\partial\lambda} = 0 \tag{f}$$

とならなければならない．式(f)に式(e)を代入して偏微分を実行すれば，

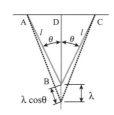

図 9.27　垂直荷重を受ける
トラスの変形

$$2(\frac{AE}{l}\cos^2\theta+\frac{AE}{2l\cos\theta})\lambda-P=0 \qquad\qquad (g)$$

従って，λ は次のようになり，例題 9.12 の結果と一致する．

$$\lambda=\frac{\cos\theta}{1+2\cos^3\theta}\frac{Pl}{AE} \qquad\qquad (h)$$

【練習問題】

【9.1】　長さ 1m，厚さ 5mm，幅 5cm の正方形断面棒を軸方向に 1kN の力で引張る．この棒に貯えられる弾性ひずみエネルギーを求めよ．ただし，$E=$ 206GPa とする．

[答 9.71×10^{-3} J]

【9.2】　As shown in Fig.9.28, the cantilever has the length l and the diameter which is varying linearly through d_1 to d_2. Determine the total strain energy, when the force P is subjected to the free end. The longitudinal modulus is denoted by E.

[Ans. $\dfrac{2P^2l}{\pi Ed_1d_2}$]

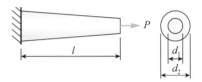

図 9.28 Cantilever with varying diameter.

【9.3】　前問において，荷重点の変位をカスチリアノの定理を用いて求めよ．

[答 $\dfrac{4Pl}{\pi Ed_1d_2}$]

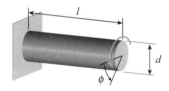

図 9.29 棒のねじり

【9.4】　図 9.29 のように，長さ l，直径 d の丸棒をねじったとき，ねじれ角が ϕ となった．このとき丸棒に貯えられているひずみエネルギーを求めよ．ここで，丸棒の横弾性係数を G とする．

[答 $\dfrac{G\pi d^4\phi^2}{64l}$]

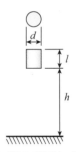

【9.5】　図 9.30 のように，長さ l，直径 d，縦弾性係数 E，密度 ρ の丸棒を高さ h から落下させた，床に衝突したときに棒に生じる最大垂直応力を求めよ．ただし，床との衝突により生じる棒の変形は高さ h や長さ l に比べ小さいとして無視して考えてよい．床は剛体として考える．重力加速度を g で表す．

[答 $\sqrt{2E\rho gh}$]

図 9.30 棒の落下による衝撃

【9.6】　As shown in Fig.9.31, a truss carries the load $P=4$ kN at joint D and is supported at joints C and E. If all the members are identical bars with the cross section area $A=20$ mm^2, the length $l=3$m, and Young's modulus $E=200$GPa, find the vertical displacements at point D. Use Castigliano's theorem.

[Ans. 5.5mm]

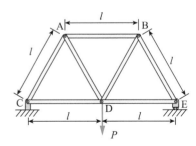

図 9.31 荷重を受ける複雑なトラス

【9.7】　図 9.32 のように，段付き棒の右端が固定され，自由端に集中荷重 P が加えられている．荷重点のたわみをカスチリアノの定理を用いて求めよ．

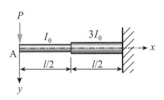

図 9.32 段付き棒の片持ちはり

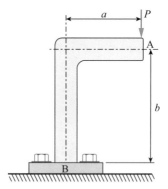

Fig.9.33 The bracket subjected to
the vertical Force.

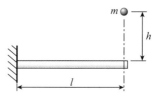

図 9.34 片持ちはりの衝撃

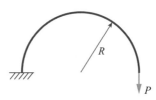

図 9.35 半円型の曲がりはり

[答　$\dfrac{5Pl^3}{36EI_0}$]

【9.8】　As shown in Fig.9.33, the bracket is subjected to the load P. Determine the vertical deflection at the end A of the bracket. Assume that the bracket is fixed supported at its base B. Consider the axial deflection. Young's modulus E, the moment of inertia of area I, and the sectional aria A are constant.

[Ans.　$\dfrac{Pa^3}{3EI} + \dfrac{Pa^2 b}{EI} + \dfrac{Pb}{AE}$]

【9.9】　図 9.34 のように，片持ちはりの固定端から l の位置に，質量 m の物体を，高さ h の位置から落下させ衝突させたとき，はりに生じる最大衝撃応力を求めよ．はりの曲げ剛性を EI，断面係数を Z で表す．

[答　$\dfrac{l}{Z}\left(mg + \sqrt{ m^2 g^2 + 6\dfrac{mghEI}{l^3} } \right)$]

【9.10】　As shown in Fig.9.35, the curved beam with the radius R is fixed to the one end at the floor. Determine the vertical displacement δ_v at the free end when the vertical force P is subjected to this end. Take the bending rigidity as EI.

[Ans.　$\dfrac{3\pi PR^3}{2EI}$]

【9.11】　前問において，先端部の水平方向変位 δ_h を求めよ．

[答　$-\dfrac{2PR^3}{EI}$ （右方向を正とする）]

第 10 章

骨組構造とシミュレーション
Frame Structure and Simulation

- 陸橋や鉄塔は細長い部材を組み合わせた骨組み構造をしている．このような複雑な構造物の変形や応力はどのように求めたらよいのであろうか？
- まず，骨組構造物の部材に加わる力や応力，構造物全体の変形について考える．
- ついで，コンピュータを用いて物体の変形や応力を求めるシミュレーション方法，有限要素法を学ぶ．

図 10.1 東京タワー

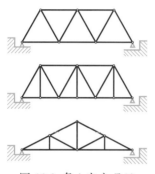

図 10.2 色々なトラス

10・1 トラスとラーメン（truss and Rahmen）

　2つ以上の棒状の部材（member）の両端をピン接合等によって回転自由に結合してできた骨組構造をトラス（truss）と呼ぶ．各々の部材の結合点を節点（joint, node）と呼び，特にすべての結合点を回転自由に結合した節点を滑節（pin joint, hinged joint）と呼ぶ．例えば，図 10.3 に示す開き戸のヒンジ（ちょうつがい）等が滑節に相当する．一方，同じ骨組構造でも，各々の部材の節点が，一部の節点でもリベット，ボルトや溶接により固定されている構造をラーメン（rigid frame, Rahmen）と呼ぶ．ラーメンにおけるいくつかの節点は固く固定されており，剛節（rigid joint）と呼ばれている．この定義からすれば，鉄橋や鉄塔等の多くの構造物はラーメン構造であると見なせる．しかし，剛節の剛性に比べ，部材の曲げ剛性が大きい場合は，近似的にトラス構造として計算できる場合もある．トラスやラーメンは一般的には3次元の立体構造をなしているが，2次元構造の組み合わせで3次元構造を扱うことができる事から，ここでは特別な場合を除いて2次元，すなわち平面骨組構造として取り扱う．

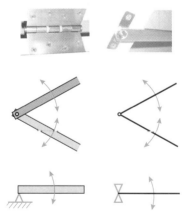

図 10.3 色々な滑節の表示

10・1・1 トラス（truss）

　トラス問題を解析し変位や応力を求める場合，トラスの定義から以下の条件が一般に満足されているとして考えることが多い．

(1) 各部材は直線で摩擦のないヒンジ（滑節）で結合されている．
(2) 節点を結ぶ直線（骨組線）は部材の軸と一致する．
(3) 外力はすべて，節点のみに作用する．

以上の条件を満足する平面トラスを考える．このトラスの部材の数を m，滑節の数を j，支点の反力の数を r とする．図 10.3 のように，トラス部材の端は回転自由に支持されているから，力の釣合いより，部材の両端には，図 10.4 のように，互いに逆向きの軸方向の力しか加えることができない．従って，トラスの未知数の数は，この軸力の数（＝部材の数）m と，支持反力の数 r で

図 10.4 トラス部材が受ける力

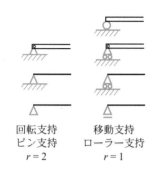

回転支持
ピン支持
$r = 2$

移動支持
ローラー支持
$r = 1$

図 10.5　トラスの支持の種類と
支持反力の数

注）支持を表す方法は図 10.5 に示すように色々あるので，注意が必要である．

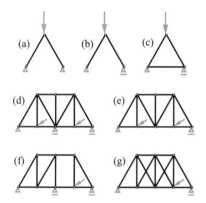

Fig.10.6 Seven kinds of truss.

あり，合計 $m + r$ 個の未知数がある．トラスの支持方法としては，図 10.5 のように回転支持と移動支持がある．それぞれの支持方法に対する，支持反力の数が図に示してある．各々の節点に加わる力の釣合いを，水平方向と垂直方向で考えれば，節点の数 j の 2 倍，すなわち $2j$ 個のつりあい条件式が成立する．力の釣合い式の数が未知数の数より等しいか少ない場合にトラスは安定であり，特に力の釣合い式の数と未知数の数が一致する場合には，力の釣合い式のみから未知数が決定できる．このようなトラスを静定トラス（statically determinate truss）と呼ぶ．一方，力の釣合い式の数が未知数の数より少ない場合は，部材の変形も考慮しないと個々の未知数を決定できない．このようなトラスを不静定トラス（statically indeterminate truss）と呼ぶ．以上をまとめると次のようになる

$$m + r = 2j \quad 静定トラス \qquad 安定$$
$$m + r > 2j \quad 不静定トラス \qquad 安定 \qquad\qquad (10.1)$$
$$m + r < 2j \qquad\qquad\qquad 不安定$$

【Example 10.1】

Seven kinds of truss are shown in Fig.10.6. Calculate the number of the axial load m, the reaction force at support r and the joint j for the each truss. And, determine the kind of the truss, which is statically determinate truss, statically indeterminate truss, or unstable truss.

【Solution】

(a) The number of the axial load $m = 2$. Since the number of the pin support is two, the number of support force is $r = 4$. The number of the joint is $j = 3$. Therefore,

$$m + r = 6, \quad 2j = 6$$

By these equations, truss (a) is the statically determinate truss.

The answers for the remaining trusses are listed in the following table.

Table 10.1

Problem	m	N. of pin support	N. of roll support	r	j	$m+r$		$2j$	decision
(a)	2	2	0	4	3	6	=	6	statically determinate
(b)	2	1	1	3	3	5	<	6	unstable
(c)	3	1	1	3	3	6	=	6	statically determinate
(d)	13	1	2	4	8	17	>	16	statically indeterminate
(e)	13	1	1	3	8	16	=	16	statically determinate
(f)	12	1	2	4	8	16	=	16	statically determinate
(g)	15	1	1	3	8	18	>	16	statically indeterminate

【例題　10.2】

図 10.7 のように，長さ l の棒が回転自由に接合されて構成されたトラスの B 点に下向きに荷重 P を加える．それぞれの棒に加わる軸力と B 点の垂直変位を求めよ．AB, AC の棒のなす角を $2\theta\,(2\theta < \pi)$，各部材の材質と断面積は等しく，E, A とする．

【解答】

　変形前と後の角度の変化を微小と考えれば,それぞれの棒に加わる軸力 Q_{AB},
Q_{BC} と荷重 P の水平,垂直方向の力の釣合い式は,

$$-Q_{AB}\sin\theta + Q_{BC}\sin\theta = 0$$
$$-Q_{AB}\cos\theta - Q_{BC}\cos\theta + P = 0 \tag{a}$$

これらの式を解いて,それぞれの棒に加わる力は,

$$Q_{AB} = Q_{BC} = \frac{P}{2\cos\theta} \tag{b}$$

それぞれの棒の伸び $\lambda_{AB}, \lambda_{BC}$ は

$$\lambda_{AB} = \lambda_{BC} = \frac{Q_{AB}l}{AE} = \frac{Pl}{2AE\cos\theta} \tag{c}$$

図 10.7(c) に示すように,B 点から線 AC に下ろした垂線が交わる点を D と
する.変形後の点 B の位置を B' で表すと.3平方の定理より,

$$|AB'|^2 = |AD|^2 + |DB'|^2 \tag{d}$$

ここで,

$$AB' = l + \lambda_{AB}, \quad AD = l\sin\theta, \quad DB = l\cos\theta, \quad DB' = DB + \delta_v \tag{e}$$

の関係を式 (d) に代入すれば,

$$(l + \lambda_{AB})^2 = (l\sin\theta)^2 + (l\cos\theta + \delta_v)^2 \tag{f}$$

展開して,整理すると

$$2l\lambda_{AB} + \lambda_{AB}^2 = 2l\delta_v\cos\theta + \delta_v^2 \tag{g}$$

微小項 $\lambda_{AB}^2, \delta_v^2$ を省略すれば,B点の垂直方向変位は以下のようになる.

$$答: \delta_v = \frac{\lambda_{AB}}{\cos\theta} = \frac{Pl}{2AE\cos^2\theta}$$

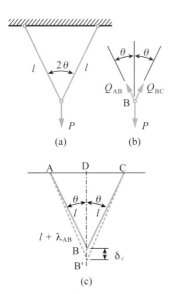

図 10.7　垂直荷重を受けるトラス

【Example 10.3】

　　As shown in the Fig.10.8, the three members are pinned at the ceiling and
point B. The length of the member AB and BC is denoted by l. The angle ABD and
CBD are denoted by θ. The vertical load P is subjected to the truss at the joint B.
Determine the axial load for the each member and the vertical displacement at point
B. The area of cross section and Young's modulus are denoted by A and E,
respectively.

【Solution】

　　By the free-body diagram shown in the figure, the following force equilibrium
equations are given at point B.

$$-Q_{AB}\sin\theta + Q_{BC}\sin\theta = 0$$
$$-Q_{AB}\cos\theta - Q_{BD} - Q_{BC}\cos\theta + P = 0 \tag{a}$$

Since this problem is statically indeterminate problem, the unknown vales Q_{AB}, Q_{BC}
and Q_{BD} can't be determined by these two equations only. Thus, we should consider
the elongation of the members. The elongation of the member AB, which is denoted

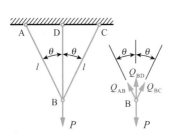

Fig.10.8 The truss by the three
members.

as λ_{AB}, is given as follows.

$$\lambda_{AB} = \frac{Q_{AB}l}{AE} \tag{b}$$

By using the result of Ex.10.2, the vertical displacement at point B is given as

$$\delta_v = \frac{\lambda_{AB}}{\cos\theta} = \frac{Q_{AB}l}{AE\cos\theta} \tag{c}$$

On the other hand, the elongation of the member BD equals to δ_v.

$$\delta_v = \lambda_{BD} = \frac{Q_{BD}l\cos\theta}{AE} \tag{d}$$

By using Eqs. (d) and (c), the following relation for Q_{AB}, Q_{BD} can be given.

$$Q_{AB} = Q_{BD}\cos^2\theta \tag{e}$$

The axial forces for each member are obtained by Eqs. (e) and (a) as

$$Q_{AB} = Q_{BC} = \frac{P\cos^2\theta}{1+2\cos^3\theta}$$
$$Q_{BD} = \frac{P}{1+2\cos^3\theta} \tag{f}$$

The vertical displacement δ_v is obtained as

$$\delta_v = \frac{\cos\theta}{1+2\cos^3\theta}\frac{Pl}{AE} \tag{g}$$

Ans. : Eqs.(f) and (g)

10・1・2 ラーメン（Rahmen）

　図 10.9 のように，ラーメン構造では，一つ以上の部材間が剛節，すなわち自由に回転できないように固定結合されている．従って，力やモーメントの釣合いだけでは，部材に加わる力やモーメントを求められず，各節点の変位や回転を考える必要がある不静定問題となる場合がほとんどである．ラーメン構造の場合，以下の2つの仮定が満足されるとして問題を考えることができる．

　（1）軸荷重やせん断力による部材の変形は微小である．
　（2）部材同士がなす角度は変形後も変化しない．

【例題 10.4】

　図 10.10(a) のように，体重 20kgf の子供が，鉄棒の中央にぶら下がったときの鉄棒の最大たわみを求めよ．棒の曲げ剛性 $EI = 4000\text{Nm}^2$，$l = 1.5\text{m}$，$h = 1\text{m}$ とする．簡単のため，子供の体重による荷重は，棒の中央に加わると考える．

【解答】

　棒の中央に加わる荷重を P で表す．3つの部材に分けられるが，対称性を考慮すれば，図 10.10(b)に示すように2つの部材のみを考えればよい．図 10.11 に示す2つの問題の重ね合わせと考えることができる．

　(1) 長さ l の両端支持はりの中央に荷重 P，両端に曲げモーメント M_R，

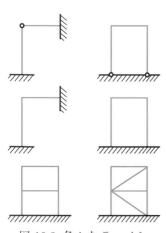

図 10.9 色々なラーメン

注）ラーメン構造の各部材には，軸力，せん断力，モーメントが同時に加わる．部材の変形は，軸力による長さの変化，モーメントとせん断力により生じる曲げによるたわみが起る．これらをすべて同時に考慮して解析する必要がある．しかし，軸力による部材の長さの変化は，曲げによるたわみに比べ小さいから，無視して考えることが多い．さらに，剛節で結合されている部材同士が成す角度は，変形後も変化しないと考えることができる．

10・1 トラスとラーメン

軸方向力 N, 反力 R が加わっている問題.

(2) 長さ h の片持ちはりの先端に曲げモーメント M_R および, 横荷重 N, 軸方向力 R が加わっている問題.

(1) において, 垂直方向の力の釣合いより,

$$R = \frac{P}{2} \tag{a}$$

となり. 残る未知数は, M_R と N である. ここで, 各々の部材の軸力による変形は, 曲げ変形に比べて微小であるから無視して考える. 角部で部材は結合されているので, 角部は変形後も直角を保つ. したがって, 角部において, それぞれの部材のたわみ角は等しい. (1) の部材の長さは変わらないので, 対称性より, (2) の部材の先端のたわみ, すなわち, 結合部の水平方向変位は零である.

例題 5.16, 5.17 より, (1) の部材の左端のたわみ角 θ_1 および中央のたわみ δ は,

$$\theta_1 = \frac{Pl^2}{16EI} + \frac{M_R l}{2EI} \quad, \quad \delta = \frac{Pl^3}{48EI} + \frac{M_R l^2}{8EI} \tag{b}$$

例題 5.12, 5.13 より, (2) の部材の上端のたわみ角 θ_2 とたわみ y_2 は,

$$\theta_2 = \frac{Nh^2}{2EI} - \frac{M_R h}{EI} \quad, \quad y_2 = \frac{Nh^3}{3EI} - \frac{M_R h^2}{2EI} \tag{c}$$

角部における変形の条件より,

$$\theta_1 = \theta_2 \quad \Rightarrow \quad \frac{Pl^2}{16EI} + \frac{M_R l}{2EI} = \frac{Nh^2}{2EI} - \frac{M_R h}{EI}$$

$$y_2 = 0 \quad \Rightarrow \quad \frac{Nh^3}{3EI} - \frac{M_R h^2}{2EI} = 0 \tag{d}$$

上式より, N, M_R は

$$N = -\frac{3Pl^2}{8h(h+2l)} \quad, \quad M_R = -\frac{Pl^2}{4(h+2l)} \tag{e}$$

式(b)に式(e)を代入し, 数値を代入して計算すれば,

$$\delta = \frac{2h+l}{h+2l} \frac{Pl^3}{96EI} = \frac{2 \times 1\text{m} + 1.5\text{m}}{1\text{m} + 2 \times 1.5\text{m}} \frac{20\text{kg} \times 9.8\text{m/s}^2 \times (1.5\text{m})^3}{96 \times 4000\text{Nm}^2} = 1.51\text{mm} \tag{f}$$

答: 1.51mm

【例題 10.5】

図 10.12(a)のように, 鍵型に曲がった棒の両端が固定されている. 棒の交点 B に曲げモーメント M_0 を加える. B 点の回転角 θ_B と棒 AB, BC に加わる曲げモーメント M_{AB}, M_{BC} を求めよ. 両棒の曲げ剛性は EI で等しいとする.

【解答】

図 10.12(b)のように, 棒 AB と BC の重ね合わせとして本問題を考える. 棒 AB の先端に加わる, モーメント, 荷重を図のように, M_{AB}, N, R と表せば, B 点における力の釣合いより, 棒 BC に加わる荷重は図(b)のようになる.

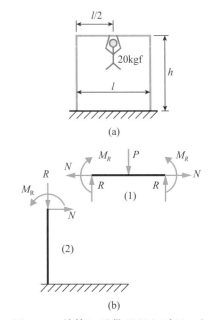

図 10.10 鉄棒に子供がぶら下がったときの変形

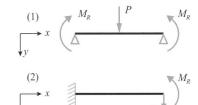

図 10.11 鉄棒の部材 (1) と (2)

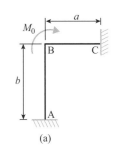

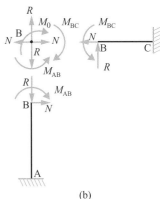

図 10.12 両端が固定された鍵型棒

また，B 点におけるモーメントのつりあいより，次式が得られる．

$$-M_{AB} + M_{BC} + M_0 = 0 \tag{a}$$

各々の棒の軸方向変位は，たわみに比べ微小であると考えれば，変形後も B 点の位置は変化しないと考えられる．また，B 点で棒 AB, BC は結合されているから，両棒の B 点における回転角，すなわちたわみ角は等しい．従って，式(a) を含めて，4つの条件が得られる．未知量は，M_{AB}, M_{BC}, N, R の4つであるから，4つの関係式より未知量が決定できる．

棒 AB の先端のたわみ角 θ_{AB} とたわみ y_{AB} および，棒 BC の先端，B 点のたわみ角 θ_{BC} とたわみ y_{BC} は例題 5.12, 5.13 を参考にすれば，

$$\theta_{AB} = \frac{M_{AB}b}{EI} + \frac{Nb^2}{2EI} , \ y_{AB} = \frac{M_{AB}b^2}{2EI} + \frac{Nb^3}{3EI} \tag{b}$$

$$\theta_{BC} = -\frac{M_{BC}a}{EI} + \frac{Ra^2}{2EI} , \ y_{BC} = \frac{M_{BC}a^2}{2EI} - \frac{Ra^3}{3EI} \tag{c}$$

先に述べた，B 点における条件は以下のように式で表される

$$y_{AB} = 0 , \ y_{BC} = 0 , \ \theta_{AB} = \theta_{BC} \tag{d}$$

この式に式 (b), (c) を代入して整理すれば，

$$
\begin{aligned}
&3M_{AB} + 2bN = 0 \\
&3M_{BC} - 2aR = 0 \\
&2M_{AB}b + 2M_{BC}a + Nb^2 - Ra^2 = 0
\end{aligned}
\tag{e}
$$

式(a) と (e) より，M_{AB}, M_{BC}，式(d) より B 点の回転角 θ_B は次のようになる．

$$\textbf{答：} \ M_{AB} = \frac{M_0 a}{a+b} , \ M_{BC} = -\frac{M_0 b}{a+b} , \ \theta_B = \frac{abM_0}{4(a+b)EI}$$

表 10.2　応力法と変位法

	未知量	条件
応力法	支持反力，モーメント等	拘束，支持等
変位法	節点変位	節点荷重

10・2　マトリックス変位法（matrix displacement method）

　これまでは，トラスやラーメンにおける不静定問題の解法として，支持反力や，軸力，支持モーメントを未知量として，構造物の変位の条件を満足するように未知量を決定した．この方法を応力法と呼ぶ．一方，トラスやラーメンの各節点の変形量を未知量として，力とモーメントの釣合いおよび変位の条件より未知量を決定する方法を，変位法と呼ぶ．応力法では，力やモーメントの釣合いだけでは決定できない支持反力，軸力，支持モーメントのみが未知数となり，未知数の数が少ない．一方，変位法では，節点における変位と回転量が未知量となる事から，方程式の数が応力法に比べ多くなる．手計算で問題を解く場合は応力法が有利であるが，問題ごとに未知量の設定や方程式の立て方が変化し，系統的な解法を行うのが難しい．変位法では，常に節点の変位と回転量が未知数となることから，異なる問題においても方程式や未知数の表示式が同じとなり，系統的に問題を解くことが可能である．ここでは，変位法の中でも，実際問題の解析に最もよく用いられているマトリックス変位法（matrix displacement method）について説明する．この方法は，計算機の使用を前提とした方法であり，その使用を効率的にするためにマトリックス表示が用いられている．

10・2・1 剛性マトリックス（stiffness matrix）

材料力学で扱う問題では，構造物の大きさに比べて変形が小さいという仮定，すなわち微小変形を仮定している．そのため，5章のはりの曲げ理論にもあるように，重ね合わせの原理を用いて問題を分解して考えることができる．例えば，図10.13(a)のように，両端支持はり上の3つの点それぞれに，垂直荷重 P_1，P_2, P_3 を加える．この問題は，すべての荷重が同時に加わっているとして，重複積分法を用いて解いてもよいが，P_1, P_2, P_3 それぞれの荷重が別々に加わっている問題として解いて，それぞれの答えを加え合わせても解ける．ここで，荷重 P_j のみが加わった時の，i 点のたわみを，δ_{ij} と表すことにする．δ_{ij} は荷重に比例するから，その比例係数を C_{ij} と表せば，

$$\delta_{ij} = C_{ij}P_j \tag{10.2}$$

となる．重ね合わせの原理（principle of superposition）より，すべての荷重が加わったときのそれぞれの点における変位，$\delta_1, \delta_2, \delta_3$ は，

$$\delta_1 = \delta_{11} + \delta_{12} + \delta_{13} = C_{11}P_1 + C_{12}P_2 + C_{13}P_3$$
$$\delta_2 = \delta_{21} + \delta_{22} + \delta_{23} = C_{21}P_1 + C_{22}P_2 + C_{23}P_3 \tag{10.3}$$
$$\delta_3 = \delta_{31} + \delta_{32} + \delta_{33} = C_{31}P_1 + C_{32}P_2 + C_{33}P_3$$

となる．この式をマトリックス表示すれば，

$$\begin{Bmatrix} \delta_1 \\ \delta_2 \\ \delta_3 \end{Bmatrix} = \begin{bmatrix} C_{11} & C_{12} & C_{13} \\ C_{21} & C_{22} & C_{23} \\ C_{31} & C_{32} & C_{33} \end{bmatrix} \begin{Bmatrix} P_1 \\ P_2 \\ P_3 \end{Bmatrix} \tag{10.4}$$

比例係数 C_{ij} を予め求めておけば，任意の荷重に対して，各点のたわみを求めることができる．行列 $[C_{ij}]$ の逆行列を計算し，それを $[k_{ij}]$ と表し，式(10.4)の両辺に乗じれば，

$$\begin{Bmatrix} P_1 \\ P_2 \\ P_3 \end{Bmatrix} = \begin{bmatrix} k_{11} & k_{12} & k_{13} \\ k_{21} & k_{22} & k_{23} \\ k_{31} & k_{32} & k_{33} \end{bmatrix} \begin{Bmatrix} \delta_1 \\ \delta_2 \\ \delta_3 \end{Bmatrix} \tag{10.5}$$

と表すことができる．k_{ij} の値が大きければ，小さいたわみ δ_i に対しても，荷重 P_i が大きくなる．すなわち，k_{ij} は剛性を表している．このことから，この行列 $[k_{ij}]$ のことを，剛性行列，または剛性マトリックス（stiffness matrix）と呼び，式(10.5)の形の釣合い方程式を剛性方程式（stiffness equation）と呼ぶ．ここでは，簡単のため3点のみ考えたが，点の数を N 点まで増やして剛性マトリックスを求めれば，はり上のたわみを詳細に求めることができる．

10・2・2 1次元トラス構造の剛性マトリックス

図10.14のような，トラスの部材1つについて剛性マトリックスを求めてみよう．軸方向に x 軸をとり，部材の両端にとりつけた節点（joint または node）に加わる節点力（nodal force）を fx_1, fx_2，節点の変位を u_1, u_2 と表す．この軸に加わる軸力を N と表せば，節点①，②における軸方向の力の釣合いより，節点力 fx_1, fx_2 は

①の節点：$fx_1 + N = 0$　より　$fx_1 = -N$

②の節点：$fx_2 - N = 0$　より　$fx_2 = N$ $\tag{10.6}$

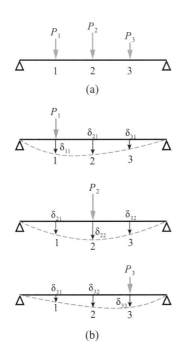

図 10.13　3点に集中荷重を受ける
両端支持はり

注）ベクトルを { } で，マトリックスを
[ ] で表してある．

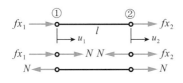

図 10.14　1つの部材に加わる
軸方向荷重と変位

と表される. ここで, 軸の断面積を A, 縦弾性係数を E, 長さを l とすれば, 軸の伸びは $u_2 - u_1$ であるから,

$$u_2 - u_1 = \frac{N}{AE} l \tag{10.7}$$

式(10.7) より, 式(10.6) における軸力 N を変位で表せば,

$$fx_1 = \frac{AE}{l} u_1 - \frac{AE}{l} u_2 \ , \quad fx_2 = -\frac{AE}{l} u_1 + \frac{AE}{l} u_2 \tag{10.8}$$

ここで, $k = AE/l$ とおき, マトリックス表示すれば

$$\begin{Bmatrix} fx_1 \\ fx_2 \end{Bmatrix} = \begin{bmatrix} k & -k \\ -k & k \end{bmatrix} \begin{Bmatrix} u_1 \\ u_2 \end{Bmatrix}, \ k = \frac{AE}{l} \tag{10.9}$$

上式の行列が剛性マトリックスであり, $\{fx_1, fx_2\}^T$ を節点力ベクトル, $\{u_1, u_2\}^T$ を節点変位ベクトルと呼ぶ.

　図 10.15 のように, さらに多くの部材がある場合の剛性マトリックスを求めるために, もう一つの部材を考え, 直列に連結することにする. ここで, ②の節点における値の混同をさけるために, ′ と ″ を付けて表す. また, (1), (2) の部材の剛性を k_1, k_2 とする. それぞれの部材における剛性方程式は,

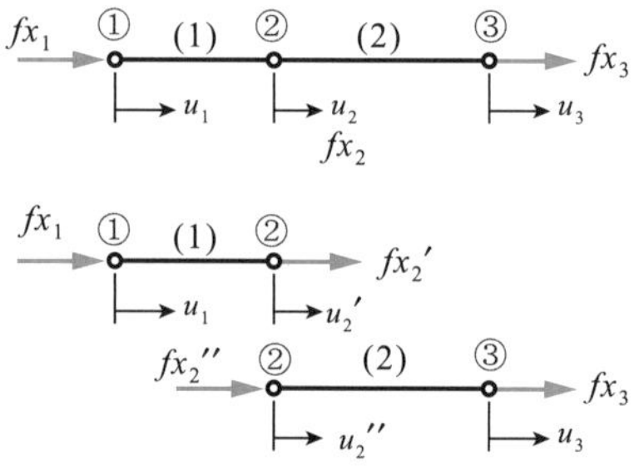

$$\begin{Bmatrix} fx_1 \\ fx_2{}' \end{Bmatrix} = \begin{bmatrix} k_1 & -k_1 \\ -k_1 & k_1 \end{bmatrix} \begin{Bmatrix} u_1 \\ u_2{}' \end{Bmatrix}, \quad \begin{Bmatrix} fx_2{}'' \\ fx_3 \end{Bmatrix} = \begin{bmatrix} k_2 & -k_2 \\ -k_2 & k_2 \end{bmatrix} \begin{Bmatrix} u_2{}'' \\ u_3 \end{Bmatrix} \tag{10.10}$$

ここで, 節点②の節点力 fx_2 は,

$$fx_2 = fx_2{}' + fx_2{}'' \tag{10.11}$$

であるから, 式(10.10)より, 全体の剛性方程式は

$$\begin{Bmatrix} fx_1 \\ fx_2 \\ fx_3 \end{Bmatrix} = \begin{Bmatrix} fx_1 \\ fx_2{}' + fx_2{}'' \\ fx_3 \end{Bmatrix} = \begin{Bmatrix} fx_1 \\ fx_2{}' \\ 0 \end{Bmatrix} + \begin{Bmatrix} 0 \\ fx_2{}'' \\ fx_3 \end{Bmatrix}$$
$$= \begin{bmatrix} k_1 & -k_1 & 0 \\ -k_1 & k_1 & 0 \\ 0 & 0 & 0 \end{bmatrix} \begin{Bmatrix} u_1 \\ u_2{}' \\ 0 \end{Bmatrix} + \begin{bmatrix} 0 & 0 & 0 \\ 0 & k_2 & -k_2 \\ 0 & -k_2 & k_2 \end{bmatrix} \begin{Bmatrix} 0 \\ u_2{}'' \\ u_3 \end{Bmatrix} \tag{10.12}$$

さらに, 節点②の変位は部材に共通であるから, 等しく $u_2{}' = u_2{}'' = u_2$ で表せば, 上式の右辺は, 次のように表される.

$$\begin{bmatrix} k_1 & -k_1 & 0 \\ -k_1 & k_1 & 0 \\ 0 & 0 & 0 \end{bmatrix} \begin{Bmatrix} u_1 \\ u_2 \\ u_3 \end{Bmatrix} + \begin{bmatrix} 0 & 0 & 0 \\ 0 & k_2 & -k_2 \\ 0 & -k_2 & k_2 \end{bmatrix} \begin{Bmatrix} u_1 \\ u_2 \\ u_3 \end{Bmatrix} = \begin{bmatrix} k_1 & -k_1 & 0 \\ -k_1 & k_1+k_2 & -k_2 \\ 0 & -k_2 & k_2 \end{bmatrix} \begin{Bmatrix} u_1 \\ u_2 \\ u_3 \end{Bmatrix} \tag{10.13}$$

以上まとめると, 直列結合した2つの部材の剛性方程式は, 次式となる.

$$\begin{Bmatrix} fx_1 \\ fx_2 \\ fx_3 \end{Bmatrix} = \begin{bmatrix} k_1 & -k_1 & 0 \\ -k_1 & k_1+k_2 & -k_2 \\ 0 & -k_2 & k_2 \end{bmatrix} \begin{Bmatrix} u_1 \\ u_2 \\ u_3 \end{Bmatrix} \tag{10.14}$$

　このようにして剛性マトリックスは機械的な足し合わせにより合成することができるため, 部材の数が多くなっても, 簡単に求めることができる.

【例題 10.6】

　図 10.16 のように, 2本の部材が, ヒンジ (回転自由) に結合され, さらに

注) $\{ \ \}^T$ は, 行と列を入れ替えた転置行列を示す. 例えば,

$$\{x \ y\}^T = \begin{Bmatrix} x \\ y \end{Bmatrix}$$

図 10.15　2つの部材に加わる軸方向
荷重と変位

注) 式(10.9)や(10.14)の剛性マトリックスの行列式は零となる. 従って, 式(10.9)や(10.14)の剛性方程式を解いて変位を求めることができないことに注意する必要がある. 何故なら, どこも拘束せず, 荷重だけ加えた場合, 剛体変位が可能であり, 一意的に変位を決めることができないからである. つまり, すべての変位に同じ値を加えた場合も剛性方程式の答となってしまうからである. そのため, 剛性方程式を解くには, 剛体変位項がなくなるような変位に関する条件を境界条件として含む必要がある.

一端が壁に接合されている．もう一端を荷重 P で軸方向に引張る．この問題について，剛性方程式と境界条件を求めよ．ただし，棒の長さを l_1, l_2，棒の断面積，縦弾性係数を A, E で表す．

【解答】

剛性方程式は，式(10.14) と同一である．ただし，

$$k_1 = \frac{AE}{l_1} \ , \ k_2 = \frac{AE}{l_2} \tag{a}$$

である．境界条件は，以下のようになる，

$u_3 = 0$ ：節点③が固定されている条件．

$fx_1 = -P$ ：節点①に x の負方向に荷重 P が加えられている条件．

$fx_2 = 0$ ：節点②には節点力を与えていない条件．

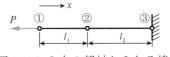

図 10.16 2本の部材からなる棒

【Example 10.7】

Solve the stiffness equation in Ex.10.6 by using the boundary conditions, and determine the displacements at each joint.

【Solution】

Substitute the boundary conditions into the stiffness equation.

$$\begin{Bmatrix} -P \\ 0 \\ fx_3 \end{Bmatrix} = \begin{bmatrix} k_1 & -k_1 & 0 \\ -k_1 & k_1+k_2 & -k_2 \\ 0 & -k_2 & k_2 \end{bmatrix} \begin{Bmatrix} u_1 \\ u_2 \\ 0 \end{Bmatrix} \tag{a}$$

By choosing the equations, which are related to the unknown displacements u_1 and u_2, the following equation is given.

$$\begin{Bmatrix} -P \\ 0 \end{Bmatrix} = \begin{bmatrix} k_1 & -k_1 \\ -k_1 & k_1+k_2 \end{bmatrix} \begin{Bmatrix} u_1 \\ u_2 \end{Bmatrix} \tag{b}$$

Multiple the inverse matrix to the above equation from left hand side and substitute right and left hand side equation.

$$\begin{Bmatrix} u_1 \\ u_2 \end{Bmatrix} = \begin{bmatrix} k_1 & -k_1 \\ -k_1 & k_1+k_2 \end{bmatrix}^{-1} \begin{Bmatrix} -P \\ 0 \end{Bmatrix} = \begin{Bmatrix} -(\frac{1}{k_1}+\frac{1}{k_2})P \\ -\frac{1}{k_2}P \end{Bmatrix} \tag{c}$$

Consequently, the displacement at the joint 1 and 2 can be given.

Ans. : $u_1 = -\dfrac{P(l_1+l_2)}{AE}$, $u_2 = -\dfrac{Pl_2}{AE}$

10・2・3 2次元トラス構造の剛性マトリックス
（stiffness matrix for 2d-truss）

10.2.2 項では，簡単のため，x 軸方向にのみの問題を考えた．それを元に，2次元トラス，すなわち，平面トラス問題に関する剛性マトリックスを考えてみよう．2次元トラス問題の場合，それぞれの節点の変位は，x 軸，y 軸の成分で表される．ここで，座標軸が部材方向に一致する座標系，すなわち部材座

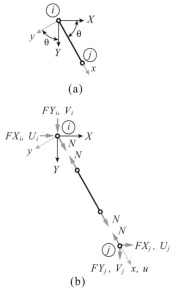

(a)

(b)

図 10.17　任意に傾いた部材

標系（local coordinate system）と，座標軸を一意に固定してしまう全体座標系（global coordinate system）の 2 つの座標系を適宜使い分けると便利である．例えば，個々の部材（member）の変形を考える場合は，考えている部材の軸方向と座標軸方向が一致している部材座標系を使うと簡単である．一方，全体の変形や，境界条件を考える場合は，全体座標系を使ったほうが便利である．そこで，図 10.17 のように，全体座標系 (X, Y) に関する諸量を大文字で，部材座標系 (x, y) に関する諸量を小文字で表す．また，部材座標系の原点は，部材の一端とし，x 軸を部材の軸と一致させる．X 軸と，x 軸のなす角度を θ とすれば，節点 i の部材座標系における x 方向（軸方向）変位 u_i は全体座標系での変位 U_i, V_i を用いて，以下のように表される．

$$u_i = U_i \cos\theta + V_i \sin\theta \tag{10.15}$$

また，節点 j の x 方向変位 u_j は

$$u_j = U_j \cos\theta + V_j \sin\theta \tag{10.16}$$

従って，この部材に加わる軸力 N は，式(10.7)において，$EA/l = k$ とおけば，

$$N = k(u_j - u_i) = k(U_j - U_i)\cos\theta + k(V_j - V_i)\sin\theta \tag{10.17}$$

となる．節点 i における，X, Y 方向の力の釣合い式は，

$$\begin{aligned} FX_i + N\cos\theta = 0 \\ FY_i + N\sin\theta = 0 \end{aligned} \tag{10.18}$$

節点 j における，X, Y 方向の力の釣合い式は，

$$\begin{aligned} FX_j - N\cos\theta = 0 \\ FY_j - N\sin\theta = 0 \end{aligned} \tag{10.19}$$

式(10.18), (10.19)に式(10.17)を代入し整理すれば，

$$\begin{aligned} FX_i &= -k(U_j - U_i)\cos^2\theta - k(V_j - V_i)\sin\theta\cos\theta \\ FY_i &= -k(U_j - U_i)\sin\theta\cos\theta - k(V_j - V_i)\sin^2\theta \\ FX_j &= k(U_j - U_i)\cos^2\theta + k(V_j - V_i)\sin\theta\cos\theta \\ FY_j &= k(U_j - U_i)\sin\theta\cos\theta + k(V_j - V_i)\sin^2\theta \end{aligned} \tag{10.20}$$

これをマトリックス表示すれば，

$$\begin{Bmatrix} FX_i \\ FY_i \\ FX_j \\ FY_j \end{Bmatrix} = k \begin{bmatrix} \cos^2\theta & \sin\theta\cos\theta & -\cos^2\theta & -\sin\theta\cos\theta \\ \sin\theta\cos\theta & \sin^2\theta & -\sin\theta\cos\theta & -\sin^2\theta \\ -\cos^2\theta & -\sin\theta\cos\theta & \cos^2\theta & \sin\theta\cos\theta \\ -\sin\theta\cos\theta & -\sin^2\theta & \sin\theta\cos\theta & \sin^2\theta \end{bmatrix} \begin{Bmatrix} U_i \\ V_i \\ U_j \\ V_j \end{Bmatrix} \tag{10.21}$$

となる．この式が 2 次元トラスの部材に対する剛性方程式である．

【Example 10.8】

As shown in Fig.10.18, the truss is subjected by the vertical load P. Each truss member has the Young's modulus E and the area of the cross section A. Obtain the stiffness equation for this truss.

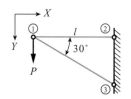

Fig.10.18 The truss subjected by
the vertical load.

【Solution】

The global coordinate system (X, Y) is shown in the figure. Since the angle between the global coordinate and the local coordinate for the member 12 is zero, the stiffness equation for the member 12 is given as follows.

$$
\begin{Bmatrix} FX_1 \\ FY_1 \\ FX_2 \\ FY_2 \end{Bmatrix} = k_{12} \begin{bmatrix} 1 & 0 & -1 & 0 \\ 0 & 0 & 0 & 0 \\ -1 & 0 & 1 & 0 \\ 0 & 0 & 0 & 0 \end{bmatrix} \begin{Bmatrix} U_1 \\ V_1 \\ U_2 \\ V_2 \end{Bmatrix}, \quad k_{12} = \frac{AE}{l} \tag{a}
$$

The angle between the member 13 and the global coordinate is 30°, and the stiffness equation is follow.

$$
\begin{Bmatrix} FX_1 \\ FY_1 \\ FX_3 \\ FY_3 \end{Bmatrix} = k_{13} \begin{bmatrix} \frac{3}{4} & \frac{\sqrt{3}}{4} & -\frac{3}{4} & -\frac{\sqrt{3}}{4} \\ \frac{\sqrt{3}}{4} & \frac{1}{4} & -\frac{\sqrt{3}}{4} & -\frac{1}{4} \\ -\frac{3}{4} & -\frac{\sqrt{3}}{4} & \frac{3}{4} & \frac{\sqrt{3}}{4} \\ -\frac{\sqrt{3}}{4} & -\frac{1}{4} & \frac{\sqrt{3}}{4} & \frac{1}{4} \end{bmatrix} \begin{Bmatrix} U_1 \\ V_1 \\ U_3 \\ V_3 \end{Bmatrix}, \quad k_{13} = \frac{AE}{\dfrac{l}{\cos 30°}} = \frac{\sqrt{3}}{2} \frac{AE}{l} \tag{b}
$$

By superimposing the stiffness equations Eq.(a) and Eq.(b), the global stiffness equation can be given as follows.

$$
\begin{Bmatrix} FX_1 \\ FY_1 \\ FX_2 \\ FY_2 \\ FX_3 \\ FY_3 \end{Bmatrix} = k_{13} \begin{bmatrix} \frac{k_{12}}{k_{13}} + \frac{3}{4} & \frac{\sqrt{3}}{4} & -\frac{k_{12}}{k_{13}} & 0 & -\frac{3}{4} & -\frac{\sqrt{3}}{4} \\ \frac{\sqrt{3}}{4} & \frac{1}{4} & 0 & 0 & -\frac{\sqrt{3}}{4} & -\frac{1}{4} \\ -\frac{k_{12}}{k_{13}} & 0 & \frac{k_{12}}{k_{13}} & 0 & 0 & 0 \\ 0 & 0 & 0 & 0 & 0 & 0 \\ -\frac{3}{4} & -\frac{\sqrt{3}}{4} & 0 & 0 & \frac{3}{4} & \frac{\sqrt{3}}{4} \\ -\frac{\sqrt{3}}{4} & -\frac{1}{4} & 0 & 0 & \frac{\sqrt{3}}{4} & \frac{1}{4} \end{bmatrix} \begin{Bmatrix} U_1 \\ V_1 \\ U_2 \\ V_2 \\ U_3 \\ V_3 \end{Bmatrix}, \quad \frac{k_{12}}{k_{13}} = \frac{2}{\sqrt{3}} \tag{c}
$$

【例題 10.9】

例題 10.8 のトラスの境界条件を導き，その境界条件の元に剛性方程式を解いて，節点①の水平，垂直方向変位を求めよ．

【解答】

節点②，③は壁に固定，節点①の X 方向の節点力は零，Y 方向の節点力は P より，境界条件は，

$$
U_2 = V_2 = U_3 = V_3 = 0, \quad FX_1 = 0, \quad FY_1 = P \tag{a}
$$

剛性方程式（例題 10.8 の式(c)）に代入すれば，

$$
\begin{Bmatrix} 0 \\ P \\ FX_2 \\ FY_2 \\ FX_3 \\ FY_3 \end{Bmatrix} = k_{13} \begin{bmatrix} \frac{k_{12}}{k_{13}} + \frac{3}{4} & \frac{\sqrt{3}}{4} & -\frac{k_{12}}{k_{13}} & 0 & -\frac{3}{4} & -\frac{\sqrt{3}}{4} \\ \frac{\sqrt{3}}{4} & \frac{1}{4} & 0 & 0 & -\frac{\sqrt{3}}{4} & -\frac{1}{4} \\ -\frac{k_{12}}{k_{13}} & 0 & \frac{k_{12}}{k_{13}} & 0 & 0 & 0 \\ 0 & 0 & 0 & 0 & 0 & 0 \\ -\frac{3}{4} & -\frac{\sqrt{3}}{4} & 0 & 0 & \frac{3}{4} & \frac{\sqrt{3}}{4} \\ -\frac{\sqrt{3}}{4} & -\frac{1}{4} & 0 & 0 & \frac{\sqrt{3}}{4} & \frac{1}{4} \end{bmatrix} \begin{Bmatrix} U_1 \\ V_1 \\ 0 \\ 0 \\ 0 \\ 0 \end{Bmatrix} \tag{b}
$$

未知変位は，U_1, V_1 のみであるから，その部分のみ抜き出して，

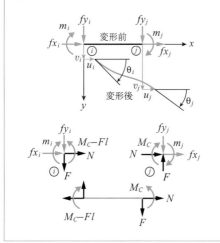

ラーメン構造の剛性方程式：トラス構造の部材は，滑節で繋がれているため，軸方向の力，すなわち軸力のみしか加えることができない．一方，部材同士が剛節で固定されている場合，ラーメン構造となる．この場合，図に示すように，軸力に加えて，せん断力とモーメントを加えることができる．それに伴い，軸の回転角度，すなわち，部材両端のたわみ角と，軸に垂直な方向の変位，すなわち，たわみを考慮しなければならない．従って，ひとつの節点に対して，3つの変位を考慮する必要がある．未知量は大幅に増加するが，トラスの場合と同様な剛性方程式を作成し，全体座標系における剛性マトリックスを作成することができる．この方法に関しては材料力学の基本分野から離れてしまうため他書にゆずることにする．

$$\begin{Bmatrix} 0 \\ P \end{Bmatrix} = k_{13} \begin{bmatrix} \dfrac{k_{12}}{k_{13}} + \dfrac{3}{4} & \dfrac{\sqrt{3}}{4} \\ \dfrac{\sqrt{3}}{4} & \dfrac{1}{4} \end{bmatrix} \begin{Bmatrix} U_1 \\ V_1 \end{Bmatrix} \tag{c}$$

上式を解いて，U_1, V_1 は，

$$\begin{Bmatrix} U_1 \\ V_1 \end{Bmatrix} = \frac{4}{k_{12}} \begin{bmatrix} \dfrac{1}{4} & -\dfrac{\sqrt{3}}{4} \\ -\dfrac{\sqrt{3}}{4} & \dfrac{k_{12}}{k_{13}} + \dfrac{3}{4} \end{bmatrix} \begin{Bmatrix} 0 \\ P \end{Bmatrix} = \frac{4l}{AE} \begin{Bmatrix} -\dfrac{\sqrt{3}}{4} \\ \dfrac{2}{\sqrt{3}} + \dfrac{3}{4} \end{Bmatrix} P = \frac{l}{AE} \begin{Bmatrix} -\sqrt{3} \\ \dfrac{8}{\sqrt{3}} + 3 \end{Bmatrix} P \tag{d}$$

書き直すと，節点①の変位は以下のようになる．

$$\text{答}: U_1 = -\sqrt{3}\frac{Pl}{AE},\ \ V_1 = (\frac{8}{\sqrt{3}} + 3)\frac{Pl}{AE}$$

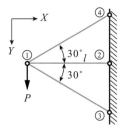

Fig.10.19 Truss constructed by
three members.

【Example 10.10】

As shown in Fig.10.19, the vertical load P is applied to the truss. Each truss member has the Young's modulus E and the area of the cross section A. Obtain the displacement at joint 1.

【Solution】

The stiffness equations of the member 12 and 13 are same as Eq.(a) and Eq.(b) in Ex.10.8. Since the angle between the member 14 and the global coordinate is −30°, the stiffness equation is given as follows by using Eq.(10.21).

$$\begin{Bmatrix} FX_1 \\ FY_1 \\ FX_4 \\ FY_4 \end{Bmatrix} = \frac{k_{14}}{4} \begin{bmatrix} 3 & -\sqrt{3} & -3 & \sqrt{3} \\ -\sqrt{3} & 1 & \sqrt{3} & -1 \\ -3 & \sqrt{3} & 3 & -\sqrt{3} \\ \sqrt{3} & -1 & -\sqrt{3} & 1 \end{bmatrix} \begin{Bmatrix} U_1 \\ V_1 \\ U_4 \\ V_4 \end{Bmatrix}, \quad k_{14} = k_{13} = \frac{\sqrt{3}}{2}\frac{AE}{l} \tag{a}$$

By superposing this stiffness equation, Eq.(a) and Eq.(b) in Ex.10.8, the global stiffness equation can be given as follows.

$$\begin{Bmatrix} FX_1 \\ FY_1 \\ FX_2 \\ FY_2 \\ FX_3 \\ FY_3 \\ FX_4 \\ FY_4 \end{Bmatrix} = \frac{k_{13}}{4} \begin{bmatrix} 4\frac{k_{12}}{k_{13}} + 6 & 0 & -4\frac{k_{12}}{k_{13}} & 0 & -3 & -\sqrt{3} & -3 & \sqrt{3} \\ 0 & 2 & 0 & 0 & -\sqrt{3} & -1 & \sqrt{3} & -1 \\ -4\frac{k_{12}}{k_{13}} & 0 & 4\frac{k_{12}}{k_{13}} & 0 & 0 & 0 & 0 & 0 \\ 0 & 0 & 0 & 0 & 0 & 0 & 0 & 0 \\ -3 & -\sqrt{3} & 0 & 0 & 3 & \sqrt{3} & 0 & 0 \\ -\sqrt{3} & -1 & 0 & 0 & \sqrt{3} & 1 & 0 & 0 \\ -3 & \sqrt{3} & 0 & 0 & 0 & 0 & 3 & -\sqrt{3} \\ \sqrt{3} & -1 & 0 & 0 & 0 & 0 & -\sqrt{3} & 1 \end{bmatrix} \begin{Bmatrix} U_1 \\ V_1 \\ U_2 \\ V_2 \\ U_3 \\ V_3 \\ U_4 \\ V_4 \end{Bmatrix} \tag{b}$$

The loading conditions for the joint ① and the displacement conditions for the joint ②, ③ and ④ are shown as follows

$$FX_1 = 0,\quad FY_1 = P,\quad U_2 = V_2 = U_3 = V_3 = U_4 = V_4 = 0 \tag{c}$$

By substituting these conditions to the stiffness equation (b) and choosing the equation, which is related to the unknown displacements, the following equation for the unknown variables U_1 and V_1 can be given

$$\begin{Bmatrix} 0 \\ P \end{Bmatrix} = \frac{k_{13}}{4} \begin{bmatrix} 4\frac{k_{12}}{k_{13}} + 6 & 0 \\ 0 & 2 \end{bmatrix} \begin{Bmatrix} U_1 \\ V_1 \end{Bmatrix} \tag{d}$$

By solving Eq.(d), U_1, V_1 can be given as follows.

$$\begin{Bmatrix} U_1 \\ V_1 \end{Bmatrix} = \frac{1}{2k_{12}+3k_{13}} \begin{bmatrix} 2 & 0 \\ 0 & 2\frac{2k_{12}+3k_{13}}{k_{13}} \end{bmatrix} \begin{Bmatrix} 0 \\ P \end{Bmatrix} = \frac{1}{k_{13}} \begin{Bmatrix} 0 \\ 2 \end{Bmatrix} P = \frac{l}{AE} \begin{Bmatrix} 0 \\ \frac{4}{\sqrt{3}} \end{Bmatrix} P \qquad (e)$$

Consequently, the displacements along x and y direction at the joint ① are obtained as follows.

$$\textbf{Ans.}: \quad U_1 = 0, \quad V_1 = \frac{4}{\sqrt{3}} \frac{Pl}{AE}$$

10・3　有限要素法（finite element method : FEM）

10・3・1　数値シミュレーション手法（numerical analysis methods）

様々な数値シミュレーション手法が開発されてきている．代表的な手法に，有限要素法（finite element method : FEM），差分法，境界要素法がある．その他に，分子動力学法のように，物体を構成している分子や原子の動きをシミュレーションすることにより，物体の変形挙動を計算してしまおうというような方法もある．

様々なシミュレーション技法の中で，現在最も使われ，汎用性のあるのが有限要素法である．表 10.3 に示すように，1950 年代後半にアメリカで開発された．最初は航空機や構造物の静的な弾性変形を求める事から始まった．現在では，構造問題に限らず，あらゆる問題を解くことが可能になっているといっても過言ではない．開発当初は，専門知識がないと扱うことができず，また，コンピュータの価格も高価であったことから，数億円の設備投資が必要な時期もあった．コンピュータ，理論，そしてソフトウエアの進歩により，現在では，数十万円程度のパーソナルコンピュータでも十分リーズナブルな解析を，専門的な知識が無くても実行できるようになりつつある．

誰でも，どこでも，簡単にシミュレーションができるようになった事は歓迎すべきことではあるが，忘れてはならない落とし穴がある．それは，専門家が行っていた解析を，専門知識を持たずに行えてしまうことである．応力が何なのかを知らなくても，コンピュータの操作方法さえ学べば，解析を実行することが可能で，簡単に，応力のコンター図（応力の大小を色で表した図）が描ける．しかし，実際に解きたい問題の意味もわからなければ，正しい境界条件を設定しているかどうかもわからず，出て来た結果の評価はもちろんできない．そのため，入力の間違いや設定の間違えが起こっていたとしても，結果を鵜呑みにするしかない．得られた結果が妥当な物かどうかを検証するには，シミュレーションしたい物理現象に関する知識と経験が必要である．

このような事から，実際のシミュレーションを正しく行うためには，バックグラウンドとなる物理現象に関する理論とシミュレーション手法に関する理論の両方の基礎的な部分だけでも身につけておく必要がある．この節では，二次元問題における有限要素法について説明する．

表 10.3　有限要素法の歴史

年代	出来事
1950	有限要素法が開発される
1960	種々のソフトウエアが開発される．
1970	構造の分野で研究盛ん．
1980	一般の企業に導入，高価．
1990	パソコンで実行が可能に．パーソナル化．流体，電磁気等の統合．構造以外の分野でも使われる．
2000	CAD との統合

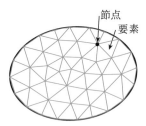

図 11.20 要素と節点

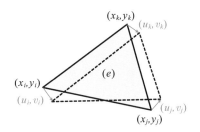

図 10.21 三角形要素

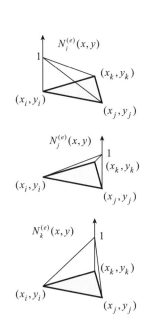

図 10.22 三角形要素の形状関数

注）
{ }：ベクトル
[ ]：マトリックス
^{T}：転置行列，転置ベクトル

10・3・2　要素と節点（element and node）

マトリックス変位法では，構造物を単純なはりの組み合わせとして考えることで，コンピュータを用いて複雑な形状の橋や鉄塔等の変形を求めることができる．一歩進んで，単純な形状の面や立体の組み合わせとして機械や構造物を考えることにより，複雑な形状の物体に生じる変形や応力を求めることができる．この方法を有限要素法（finite element method：FEM）とよぶ．

面を分割するときの最も簡単な方法は，図 10.20 に示すような三角形要素による分割である．このような単純な形状を要素（element）と呼ぶ．マトリックス変位法において，部材の変形は両端の節点の変位を用いて表されたと同じく，有限要素法では，要素内の変位や応力は，要素の代表点である節点（node）の変位のみを用いて表される．ここで，図 11.20 の三角形要素の一つに着目する．そこで，図 10.21 のような 1 つの三角形要素において，3 頂点 i, j, k の座標を $(x_i, y_i), (x_j, y_j), (x_k, y_k)$，変位を $(u_i, v_i), (u_j, v_j), (u_k, v_k)$ とする．要素内の変位 $\{u, v\}^T$ は，$\{u_i\}^T = (u_i, v_i, u_j, v_j, u_k, v_k)$ を節点変位ベクトルとすると，次式で表される．

$$\begin{Bmatrix} u \\ v \end{Bmatrix} = \begin{bmatrix} N^{(e)} \end{bmatrix} \begin{Bmatrix} u_i \\ v_i \\ u_j \\ v_j \\ u_k \\ v_k \end{Bmatrix} \tag{10.22}$$

$$[N^{(e)}] = \begin{bmatrix} N_i^{(e)} & 0 & N_j^{(e)} & 0 & N_k^{(e)} & 0 \\ 0 & N_i^{(e)} & 0 & N_j^{(e)} & 0 & N_k^{(e)} \end{bmatrix}$$

$$N_i^{(e)} = \frac{1}{2\Delta} \{ (x_j y_k - x_k y_j) + (y_j - y_k)x + (x_k - x_j)y \}$$

$$N_j^{(e)} = \frac{1}{2\Delta} \{ (x_k y_i - x_i y_k) + (y_k - y_i)x + (x_i - x_k)y \} \tag{10.23}$$

$$N_k^{(e)} = \frac{1}{2\Delta} \{ (x_i y_j - x_j y_i) + (y_i - y_j)x + (x_j - x_i)y \}$$

$$2\Delta = x_j y_k + x_i y_j + x_k y_i - x_i y_k - x_j y_i - x_k y_j$$

ここで，$N_i^{(e)}$ は形状関数（shape function）または内挿関数（interpolation function）と呼ばれ，図 10.22 に示すように，ある節点において 1 で，他の節点では 0 になる関数である．

式(10.22)のように要素内の変位 $\{u\}$ が，節点変位 $\{u_i\}$ で表された事から，変位とひずみの関係式(8.39)より要素内のひずみも節点変位 $\{u_i\}$ を用いて次のように表せる．

$$\{\varepsilon\} = \begin{bmatrix} B^{(e)} \end{bmatrix} \{u_i\} \tag{10.24}$$

ここで，

$$[B^{(e)}] = \frac{1}{2\Delta} \begin{bmatrix} y_j - y_k & 0 & y_k - y_i & 0 & y_i - y_j & 0 \\ 0 & x_k - x_j & 0 & x_i - x_k & 0 & x_j - x_i \\ x_k - x_j & y_j - y_k & x_i - x_k & y_k - y_i & x_j - x_i & y_i - y_j \end{bmatrix} \tag{10.25}$$

$[B^{(e)}]$ はひずみ-変位行列（strain-displacement matrix）と呼ばれている.

平面応力状態における応力成分を $\{\sigma\}^T = (\sigma_x, \sigma_y, \tau_{xy})$, ひずみを $\{\varepsilon\}^T = (\varepsilon_x, \varepsilon_y, \gamma_{xy})$ とすると, 応力 $\{\sigma\}$ とひずみ $\{\varepsilon\}$ の関係（式(8.61), (8.62)）は, 次式で与えられる.

$$\{\sigma\} = [D]\{\varepsilon\} \tag{10.26}$$

ここで, $[D]$ は平面応力状態の応力-ひずみ行列（stress-strain matrix）で,

$$[D] = \frac{E}{1-v^2}\begin{bmatrix} 1 & v & 0 \\ v & 1 & 0 \\ 0 & 0 & \frac{1-v}{2} \end{bmatrix} \tag{10.27}$$

である. 平面ひずみ状態に対しては, 上式の E, v を式(8.69)に示すように置換すればよい.

式(10.24)を式(10.26)に代入すると, 応力 $\{\sigma\}$ は節点変位 $\{u_i\}$ を用いて, 次式で表される.

$$\{\sigma\} = [D]\{\varepsilon\} = [D][B^{(e)}]\{u_i\} \tag{10.28}$$

10・3・3 要素剛性方程式

マトリックス変位法では, 部材をはりやばねとして考えることにより, 簡単に各々の節点力と節点変位の関係を導くことができた. 有限要素法では, 9章で導いた最小ポテンシャルエネルギの原理を用いて, 節点変位と節点力の関係を導く.

三角形要素に蓄えられるひずみエネルギー $U^{(e)}$ は, 式(10.24), (10.26)を用いると,

$$\begin{aligned} U^{(e)} &= \frac{h}{2}\iint_{S^{(e)}}(\sigma_x\varepsilon_x + \sigma_y\varepsilon_y + \tau_{xy}\gamma_{xy})dxdy \\ &= \frac{h}{2}\iint_{S^{(e)}}\{\varepsilon\}^T\{\sigma\}dxdy = \frac{h}{2}\iint_{S^{(e)}}[B]^T[u_i]^T[D][B]\{u_i\}dxdy \end{aligned} \tag{10.29}$$

ここで, h は要素の板厚を, また積分は要素の占める領域 $S^{(e)}$ にわたる積分とする. 節点変位ベクトル $\{u_i\}$ を積分の外に取り出せることを考慮し,

$$[k^{(e)}] = h\iint_{S^{(e)}}[B^{(e)}]^T[D][B^{(e)}]dxdy \tag{10.30}$$

とおくと, 式(10.29)は, 次のように表される.

$$U^{(e)} = \frac{1}{2}[u]^T[k^{(e)}]\{u_i\} \tag{10.31}$$

また, 要素の外部ポテンシャル $W^{(e)}$ は, 図10.23に示すように, この要素に寄与する節点力の x, y 方向成分を, 節点変位と同様に行列にまとめて, $\{f_i^{(e)}\}^T = (f_i^{(e)}, g_i^{(e)}, f_j^{(e)}, g_j^{(e)}, f_k^{(e)}, g_k^{(e)})$ と表すと,

$$W^{(e)} = -\{f_i^{(e)}\}^T\{u_i\} \tag{10.32}$$

となる. 要素の全ポテンシャルエネルギー $\Pi^{(e)}$ は, $\Pi^{(e)} = U^{(e)} + W^{(e)}$ で与えられるから, 式(10.31), (10.32)より次のように表される.

$$\Pi^{(e)} = \frac{1}{2}\{u_i\}^T[k^{(e)}]\{u_i\} - \{f_i^{(e)}\}^T\{u_i\} \tag{10.33}$$

注）剛性方程式の導出方法として, 他に重み付き残差法や変分原理を用いた方法がある.

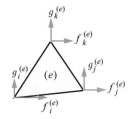

図10.23 節点力の要素成分

注）1つの節点は複数の要素に関係する. 例えば, 要素 (e) と $(e+1)$ に節点 j が関連しているとする. 節点変位 u_j はどちらの要素についても同一であるが, 節点荷重は, どちらの要素について考えているかで異なる. そして, 節点 j を含むすべての要素に関する節点荷重を足し合わせることにより, 節点 j に加わる荷重, すなわち節点力が求まる.

$\Pi^{(e)}$ は節点変位 $\{u_i\}$ の関数になっているから，$\Pi^{(e)}$ の最小点を求めるためには，$\{u_i\}$ による偏微分を零とおけばよい．実際に式(10.33)を u_i で微分すれば，次式が得られる．

$$[k^{(e)}]\{u_i\} = \left\{ f_i^{(e)} \right\} \tag{10.34}$$

この式は，節点変位と節点荷重の関係式となっており，要素の剛性方程式（stiffness equation）と呼ばれる．また，式(10.30)で定義した $[k^{(e)}]$ は，要素の剛性マトリックス（stiffness matrix）と呼ばれている．

　連続体を分割した小領域の各要素に対し，式(10.34)の要素剛性方程式を作り，次に，表面力，物体力を含めた節点における力の釣合いを用いて全体の剛性方程式を組み立てた後，境界条件を考慮して解けば，全節点の変位，反力が近似的に求められる．全節点の変位が求まると，各要素内の任意点の応力が式(10.28)から求められる．

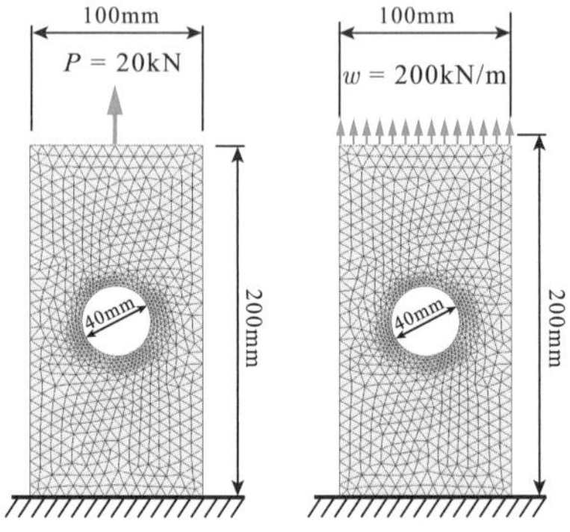

　図 10.24(a)，(b) は，直径 40mm の円孔を有する長方形板（200mm×100mm：奥行き 5mm）の上端面に集中荷重 $P = 20$kN および等分布荷重 $w = 200$kN/m が作用した場合を三角形要素で分割した解析モデルを示す．三角形要素の要素数は 1448，節点数は 3038 であり，円孔の周辺は円の寸法精度を高めるために他の要素より小さな三角形要素に分割されている．図 10.25 は図 10.24(a)，(b) の解析モデルを有限要素解析した場合の長方形板内における主応力σの分布を示す．図 10.25(a) より，集中荷重 P が作用した付近および円孔の左右近傍の応力が大きくなっている様子がわかる．また，図 10.25(b) より，円孔の左右近傍に大きな応力が生じている様子がわかる．このように，有限要素法を用いて解析すると構造物内の応力分布状態を容易に知ることができる．

【例題10.11】

　図 10.26(a)のように，長さ $l = 1$m，高さ $h = 0.5$m，厚さ $b = 0.5$m の平板の一方を壁に固定し，一端に荷重 $P = 1$MN を加える．この問題を平面応力問題として考え，剛性方程式を導け．ただし，図 10.26(b)に示すように三角形要素を用い，2 つの要素に分割するとする．また，$E = 200$GPa, $\nu = 0.3$ とする．

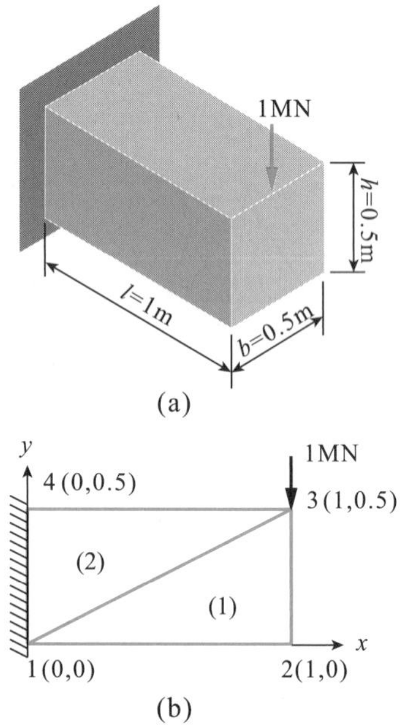

【解答】

　要素(1), (2) それぞれにおいて以下のマトリックスが得られる．

要素(1)　$x_i = 0 , y_i = 0 , x_j = 1 , y_j = 0 , x_k = 1 , y_k = 0.5$

$$\det A = 0.5 = 2S^{(e)}$$

$$\left[B^{(1)} \right] = \begin{bmatrix} -1 & 0 & 1 & 0 & 0 & 0 \\ 0 & 0 & 0 & -2 & 0 & 2 \\ 0 & -1 & -2 & 1 & 2 & 0 \end{bmatrix} \tag{a}$$

要素(2)　$x_i = 0 , y_i = 0 , x_j = 1 , y_j = 0.5 , x_k = 0 , y_k = 0.5$

$$\det A = la = 2S^{(e)}$$

$$\left[B^{(2)} \right] = \begin{bmatrix} 0 & 0 & 1 & 0 & -1 & 0 \\ 0 & -2 & 0 & 0 & 0 & 2 \\ -2 & 0 & 0 & 1 & 2 & -1 \end{bmatrix} \tag{b}$$

要素剛性マトリックス(10.30)は，次のように変形して表される．

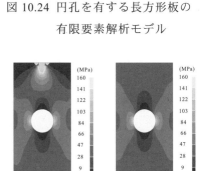

左側の図：

100mm
$P = 20$kN
200mm
40mm

(a) 集中荷重

100mm
$w = 200$kN/m
200mm
40mm

(b) 等分布荷重

図 10.24　円孔を有する長方形板の
有限要素解析モデル

(MPa)
160
141
122
103
84
66
47
28
9
-10

(a) 集中荷重

(MPa)
160
141
122
103
84
66
47
28
9
-10

(b) 等分布荷重

図 10.25　円孔を有する長方形板の
応力分布

1MN
$h = 0.5$m
$l = 1$m
$b = 0.5$m

(a)

y
4 (0,0.5)
1MN
3 (1,0.5)
(2)
(1)
1 (0,0)
2 (1,0)
x

(b)

図 10.26　片持ちはりの要素分割

$$\left[k^{(e)}\right] = \int_{\Omega}\left[B^{(e)}\right]^T[D]^T\left[B^{(e)}\right]d\Omega = bS^{(e)}\left[B^{(e)}\right]^T[D]^T\left[B^{(e)}\right] \tag{c}$$

上式に各要素の B マトリックスを代入すれば，それぞれの要素において．

$$\left[k^{(1)}\right] = \frac{1\times10^{11}}{1-v^2}\begin{bmatrix} 0.25 & 0 & -0.25 & 0.15 & 0 & -0.15 \\ 0 & 0.0875 & 0.175 & -0.0875 & -0.175 & 0 \\ -0.25 & 0.175 & 0.6 & -0.325 & -0.35 & 0.15 \\ 0.15 & -0.0875 & -0.325 & 1.0875 & 0.175 & -1 \\ 0 & -0.175 & -0.35 & 0.175 & 0.35 & 0 \\ -0.15 & 0 & 0.15 & -1 & 0 & 1 \end{bmatrix} \tag{d}$$

$$\left[k^{(2)}\right] = \frac{1\times10^{11}}{1-v^2}\begin{bmatrix} 0.35 & 0 & 0 & -0.175 & -0.35 & 0.175 \\ 0 & 1 & -0.15 & 0 & 0.15 & -1 \\ 0 & -0.15 & 0.25 & 0 & -0.25 & 0.15 \\ -0.175 & 0 & 0 & 0.0875 & 0.175 & -0.0875 \\ -0.35 & 0.15 & -0.25 & 0.175 & 0.6 & -0.325 \\ 0.175 & -1 & 0.15 & -0.0875 & -0.325 & 1.0875 \end{bmatrix} \tag{e}$$

と得られる．

　要素(1), (2)における要素剛性方程式を重ね合わせるために，それぞれの要素剛性方程式を以下のように拡張して表す．

要素(1)

$$\frac{1\times10^{11}}{1-v^2}\begin{bmatrix} 0.25 & 0 & -0.25 & 0.15 & 0 & -0.15 & 0 & 0 \\ 0 & 0.0875 & 0.175 & -0.0875 & -0.175 & 0 & 0 & 0 \\ -0.25 & 0.175 & 0.6 & -0.325 & -0.35 & 0.15 & 0 & 0 \\ 0.15 & -0.0875 & -0.325 & 1.0875 & 0.175 & -1 & 0 & 0 \\ 0 & -0.175 & -0.35 & 0.175 & 0.35 & 0 & 0 & 0 \\ -0.15 & 0 & 0.15 & -1 & 0 & 1 & 0 & 0 \\ 0 & 0 & 0 & 0 & 0 & 0 & 0 & 0 \\ 0 & 0 & 0 & 0 & 0 & 0 & 0 & 0 \end{bmatrix}\begin{Bmatrix} u_1 \\ v_1 \\ u_2 \\ v_2 \\ u_3 \\ v_3 \\ u_4 \\ v_4 \end{Bmatrix} = \begin{Bmatrix} f_1^{(1)} \\ g_1^{(1)} \\ f_2^{(1)} \\ g_2^{(1)} \\ f_3^{(1)} \\ g_3^{(1)} \\ f_4^{(1)} \\ g_4^{(1)} \end{Bmatrix} \tag{f}$$

要素(2)

$$\frac{1\times10^{11}}{1-v^2}\begin{bmatrix} 0.35 & 0 & 0 & 0 & 0 & -0.175 & -0.35 & 0.175 \\ 0 & 1 & 0 & 0 & -0.15 & 0 & 0.15 & -1 \\ 0 & 0 & 0 & 0 & 0 & 0 & 0 & 0 \\ 0 & 0 & 0 & 0 & 0 & 0 & 0 & 0 \\ 0 & -0.15 & 0 & 0 & 0.25 & 0 & -0.25 & 0.15 \\ -0.175 & 0 & 0 & 0 & 0 & 0.0875 & 0.175 & -0.0875 \\ -0.35 & 0.15 & 0 & 0 & -0.25 & 0.175 & 0.6 & -0.325 \\ 0.175 & -1 & 0 & 0 & 0.15 & -0.0875 & -0.325 & 1.0875 \end{bmatrix}\begin{Bmatrix} u_1 \\ v_1 \\ u_2 \\ v_2 \\ u_3 \\ v_3 \\ u_4 \\ v_4 \end{Bmatrix} = \begin{Bmatrix} f_1^{(2)} \\ g_1^{(2)} \\ f_2^{(2)} \\ g_2^{(2)} \\ f_3^{(2)} \\ g_3^{(2)} \\ f_4^{(2)} \\ g_4^{(2)} \end{Bmatrix} \tag{g}$$

ここで，$f_i^{(e)}, g_i^{(e)}$ は，節点 i に加わる x, y 方向節点力の要素 (e) の成分である．

　式(f), (g) を足し合わせれば，剛性方程式が得られる．

$$\frac{1\times10^{11}}{1-v^2}\begin{bmatrix} 0.6 & 0 & -0.25 & 0.15 & 0 & -0.325 & -0.35 & 0.175 \\ 0 & 1.0875 & 0.175 & -0.0875 & -0.325 & 0 & 0.15 & -1 \\ -0.25 & 0.175 & 0.6 & -0.325 & -0.35 & 0.15 & 0 & 0 \\ 0.15 & -0.0875 & -0.325 & 1.0875 & 0.175 & -1 & 0 & 0 \\ 0 & -0.325 & -0.35 & 0.175 & 0.6 & 0 & -0.25 & 0.15 \\ -0.325 & 0 & 0.15 & -1 & 0 & 1.0875 & 0.175 & -0.0875 \\ -0.35 & 0.15 & 0 & 0 & -0.25 & 0.175 & 0.6 & -0.325 \\ 0.175 & -1 & 0 & 0 & 0.15 & -0.0875 & -0.325 & 1.0875 \end{bmatrix}\begin{Bmatrix} u_1 \\ v_1 \\ u_2 \\ v_2 \\ u_3 \\ v_3 \\ u_4 \\ v_4 \end{Bmatrix} = \begin{Bmatrix} f_1 \\ g_1 \\ f_2 \\ g_2 \\ f_3 \\ g_3 \\ f_4 \\ g_4 \end{Bmatrix} \tag{h}$$

境界条件は

$$u_1 = 0, \ v_1 = 0, \ u_4 = 0, \ v_4 = 0$$
$$f_2 = 0, \ g_2 = 0, \ f_3 = 0, \ g_3 = -1\text{MN} = -1 \times 10^6 \text{N} \tag{i}$$

であるから，式(h)は，

$$\frac{1 \times 10^{11}}{1-\nu^2}
\begin{bmatrix}
1 & 0 & 0 & 0 & 0 & 0 & 0 & 0 \\
0 & 1 & 0 & 0 & 0 & 0 & 0 & 0 \\
-0.25 & 0.175 & 0.6 & -0.325 & -0.35 & 0.15 & 0 & 0 \\
0.15 & -0.0875 & -0.325 & 1.0875 & 0.175 & -1 & 0 & 0 \\
0 & -0.325 & -0.35 & 0.175 & 0.6 & 0 & -0.25 & 0.15 \\
-0.325 & 0 & 0.15 & -1 & 0 & 1.0875 & 0.175 & -0.0875 \\
0 & 0 & 0 & 0 & 0 & 0 & 1 & 0 \\
0 & 0 & 0 & 0 & 0 & 0 & 0 & 1
\end{bmatrix}
\begin{Bmatrix}
u_1 \\ v_1 \\ u_2 \\ v_2 \\ u_3 \\ v_3 \\ u_4 \\ v_4
\end{Bmatrix}
=
\begin{Bmatrix}
0 \\ 0 \\ 0 \\ 0 \\ 0 \\ -1 \times 10^6 \\ 0 \\ 0
\end{Bmatrix} \tag{j}$$

これを解いて，

$$\begin{Bmatrix}
u_1 \\ v_1 \\ u_2 \\ v_2 \\ u_3 \\ v_3 \\ u_4 \\ v_4
\end{Bmatrix}
= 1 \times 10^{-4}
\begin{Bmatrix}
0 \\ 0 \\ -0.154 \\ -0.8277 \\ +0.1515 \\ -0.8235 \\ 0 \\ 0
\end{Bmatrix} [\text{m}] \tag{k}$$

変位スケールを 500 倍に拡大して変形図を描くと，図 10.27 のようになる．要素の数を 8, 32 と分割を増やしたときの結果も示してある．荷重の作用点の変位をみると，分割数が増えるに従って大きくなっていることが分かる．シミュレーション結果の精度は分割数に大きく左右されることを忘れてはならない．

はりの曲げ理論による解は，せん断ひずみによる変位も考慮すれば，次のように表される（例題 5.13, 5.18 参照）．

$$y_b = \frac{Px^2}{6EI}(3l-x) + \frac{3}{2}\frac{P}{AG}x, \ \sigma_x = \frac{(l-x)P}{I}y, \ I = \frac{bh^3}{12}, \ A = bh \tag{g}$$

b：断面の幅，h：断面の高さ，　y_b：たわみ，y：中立軸からの距離

本問題との対応をとると，y の向きが逆なことから，

$$u_y = -\frac{Px^2}{6EI}(3l-x) - \frac{3}{2}\frac{P}{bhG}x, \ \sigma_x = -\frac{(l-x)P}{I}y, \ I = \frac{bh^3}{12}$$
$$P = 1\text{MN}, \ E = 200\text{GPa}, \ l = 1\text{m}, h = 0.5\text{m}, b = 0.5\text{m} \tag{h}$$

となる．図 10.28 に，曲げ理論より求めたはりの変位と有限要素法で計算した結果の比較を示す．2 分割では，曲げ理論よりかなり小さい値となっているが，4 分割，32 分割，512 分割と要素数が多くなるに従って，はりの曲げ理論による解に近づいていくことがわかる．

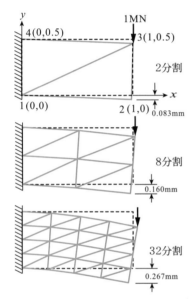

図 10.27 変形図（変形は 500 倍に拡大）

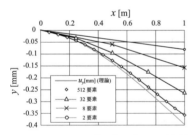

図 10.28 はりの曲げ理論との比較
（x 軸上の y 方向変位）

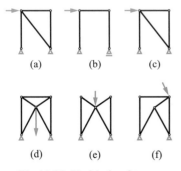

Fig.10.29 Six kinds of truss.

【練習問題】

【10.1】　Six kinds of truss are shown in Fig.10.29. Calculate the number of the axial load m, the reaction force at support r and the joint j for the each truss. And, determine the kind of the truss, which is statically determinate truss, statically indeterminate truss, or unstable truss.

[Ans. (a) $m = 4$, $r = 4$, $j = 4$, (b) $m = 3$, $r = 3$, $j = 4$, (c) $m = 4$, $r = 4$, $j = 4$,

(d) $m = 7$, $r = 4$, $j = 5$, (e) $m = 6$, $r = 4$, $j = 5$, (f) $m = 6$, $r = 4$, $j = 5$

statically determinate : (a), (c), (e), (f), statically indeterminate : (d), unstable : (b)]

【10.2】 The signal light is supported by the truss structure as shown in Fig.10.30. The weight of the lamp is 20kg. Each member is made by steel pipe with the outer diameter $d_o = 50$mm and the inner diameter $d_i = 45$mm. Determine the vertical and the horizontal displacement of the lamp. The Young's modulus is 200GPa.

[Ans. $\delta_h = 0.00926$mm , $\delta_v = 0.0411$mm]

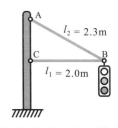

Fig.10.30 The signal light.

【10.3】 図 10.31 のように，骨組み構造の A 点に水平に外力 P が作用している．点 A の荷重方向の変位を求めよ．各棒のヤング率は E，断面積は A とする．

[答 $\delta_h = \dfrac{\sqrt{3}Pl}{3AE}$]

【10.4】 前問において，A 点の垂直方向変位を求めよ．

[答 $\delta_h = \dfrac{\left(2\sqrt{3} - 3\right)Pl}{3AE}$]

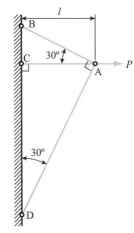

図10.31 トラス

【10.5】 As shown in Fig.10.32, the lame structure ACB is fixed at the point A and supported at the point B. The load P is applied at the point C. Determine the reaction force R at the point B. Young's modulus E and the moment of inertia of area I are constant.

[Ans. $R = \dfrac{3P}{8}$]

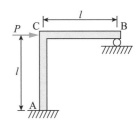

Fig.10.32 The lame structure.

【10.6】 図 10.33 のように，材質の等しい 2 本の部材が，ヒンジ（回転自由）に結合され，両端が壁に接合されている．ヒンジを荷重 P で軸方向に引張る．この問題について，剛性方程式と境界条件より荷重の作用点の変位を求めよ．ただし，棒の長さを l_1, l_2，棒の断面積，縦弾性係数を A, E で表す．

[答 $-\dfrac{Pl_1 l_2}{AE(l_1 + l_2)}$]

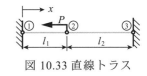

図 10.33 直線トラス

【10.7】 As shown in Fig.10.34, the three members are hinged as each other. Determine the rigidity equation. The nodal forces and displacements are denoted as fx_i, u_i ($i = 1,2,3,4$). The lengths of each rod are l_1, l_2, and l_3. Young's modulus E and the sectional aria A are constant.

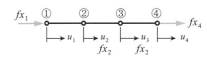

Fig.10.34 直線トラス

[Ans. $\begin{Bmatrix} fx_1 \\ fx_2 \\ fx_3 \\ fx_4 \end{Bmatrix} = \begin{bmatrix} k_1 & -k_1 & 0 & 0 \\ -k_1 & k_1+k_2 & -k_2 & 0 \\ 0 & -k_2 & k_2+k_3 & -k_3 \\ 0 & 0 & -k_3 & k_3 \end{bmatrix} \begin{Bmatrix} u_1 \\ u_2 \\ u_3 \\ u_4 \end{Bmatrix}$, $(k_i = \dfrac{AE}{l_i}, i = 1,2,3)$]

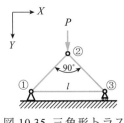

図 10.35 三角形トラス

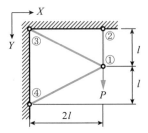

図10.36　3つの部材からなるトラス

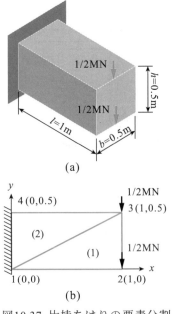

(a)

(b)

図10.37 片持ちはりの要素分割

【10.8】　図 10.35 のように，3 本の部材が，ヒンジ結合されている．①の節点は固定，③の節点は X 軸方向に自由に動ける．節点②に，垂直下向きに荷重 P を加える．この問題の剛性方程式と境界条件より，各々の節点の変位を求めよ．棒の断面積，縦弾性係数を A, E で表す．

[答　$U_1 = 0$，$V_1 = 0$，$U_2 = \dfrac{Pl}{4AE}$，$V_2 = \dfrac{(1 + 2\sqrt{2})Pl}{4AE}$，$U_3 = \dfrac{Pl}{2AE}$，$V_3 = 0$]

【10.9】　図 10.36 のように，トラス構造に垂直荷重 P が加えられている．剛性方程式を求めよ．節点番号は図に表記されている番号を用いる．各々の部材の材質，断面積は等しく，縦弾性係数を E，断面積を A で表す．

[答

$$
\begin{Bmatrix} FX_1 \\ FY_1 \\ FX_2 \\ FY_2 \\ FX_3 \\ FY_3 \\ FX_4 \\ FY_4 \end{Bmatrix} = \frac{1}{5\sqrt{5}}\frac{AE}{l}
\begin{bmatrix}
8 & 0 & 0 & 0 & -4 & -2 & -4 & 2 \\
0 & 2+5\sqrt{5} & 0 & -5\sqrt{5} & -2 & -1 & 2 & -1 \\
0 & 0 & 0 & 0 & 0 & 0 & 0 & 0 \\
0 & -5\sqrt{5} & 0 & 5\sqrt{5} & 0 & 0 & 0 & 0 \\
-4 & -2 & 0 & 0 & 4 & 2 & 0 & 0 \\
-2 & -1 & 0 & 0 & 2 & 1 & 0 & 0 \\
-4 & 2 & 0 & 0 & 0 & 0 & 4 & -2 \\
2 & -1 & 0 & 0 & 0 & 0 & -2 & 1
\end{bmatrix}
\begin{Bmatrix} U_1 \\ V_1 \\ U_2 \\ V_2 \\ U_3 \\ V_3 \\ U_4 \\ V_4 \end{Bmatrix}
$$
]

【10.10】　前問において，節点①の水平，垂直変位を求めよ．ただし，$P = 100$kN，$l = 5$m，$E = 206$GPa，$A = 10$cm^2 とする．

[答　$U_1 = 0$，$V_1 = 2.06$mm]

【10.11】　練習問題 10.9 において，各棒の許容応力 $\sigma_{\mathrm{allow}} = 100$MPa の時の許容荷重 P_{allow} を求めよ．

[答　$P_{\mathrm{allow}} = 118$kN]

【10.12】　例題 10.11 において，図 10.37(a)のように，集中荷重 P が端面の 2 つの節点に分散して加わると考える．この時の節点変位を，図 37(b)のような要素分割を用いて求めよ．

[答　$u_2 = -0.01826$mm，$v_2 = -0.8797$mm，$u_3 = +0.1501$mm，$v_3 = -0.8256$mm]

第 11 章

強度と設計

Strength and Design

- 材料力学の目的は何か，何のために材料力学を学ぶかを最後にもう一度考え直してみる．
- 自動車などに使用されている回転軸の直径やコイルばねを設計する方法を学ぶ．
- 部材が弾性状態ではなく全体が降伏した状態を基準強さとして設計する極限設計法を学ぶ．部材として，トラス，丸軸，はりなどを例に説明する．

図 11.1 有限要素法による解析例

表 11.1 日本機械学会倫理規定

1．（技術者としての責任）会員は，自らの専門的知識，技術，経験を活かして，人類の安全，健康，福祉の向上・増進を促進すべく最善を尽くす．

2．（社会に対する責任）会員は，人類の持続可能性と社会秩序の確保にとって有益であるとする自らの判断によって，技術専門職として自ら参画する計画・事業を選択する．

3．（自己の研鑽と向上）会員は，常に技術専門職上の能力・技芸の向上に努め，科学技術に関わる問題に対して，常に中立的・客観的な立場から正直かつ誠実に討議し，責任を持って結論を導き，実行するよう不断の努力を重ねる．これによって，技術者の社会的地位の向上を計る．

4．（情報の公開）会員は，関与する計画・事業の意義と役割を公に積極的に説明し，それらが人類社会や環境に及ぼす影響や変化を予測評価する努力を怠らず，その結果を中立性・客観性をもって公開することを心掛ける．

5．（契約の遵守）会員は，専門職務上の雇用者あるいは依頼者の，誠実な受託者あるいは代理人として行動し，契約の下に知り得た職務上の情報について機密保持の義務を全うする．それらの情報の中に人類社会や環境に対して重大な影響が予測される事項が存在する場合，契約者間で情報公開の了解が得られるよう努力する．

6．（他者との関係）会員は，他者と互いの能力・技芸の向上に協力し，専門職上の批判には謙虚に耳を傾け，真摯な態度で討論すると共に，他者の業績である知的成果，知的財産権を尊重する．

7．（公平性の確保）会員は，国際社会における他者の文化の多様性に配慮し，個人の生来の属性によって差別せず，公平に対応して個人の自由と人格を尊重する．

11・1 材料力学と技術者倫理 （mechanics of materials and engineer ethics）

技術者倫理（engineer ethics）とは，技術者が人として守り行うべき道であり，善悪・正邪の判断において普遍的な基準となるもの，即ち，技術者が持つべき道徳であり，モラルである．日本技術士会の倫理綱領をはじめとして，各学協会が倫理綱領を定めている，表 11.1 は日本機械学会の倫理規定綱領である．

突然倫理の話をされて奇異に感じている人も多いと思う．本書で学んでいる人の多くは，大学で材料力学を学ぶ立場にあると思われる．応力やひずみ等の新しい概念，複雑な数式，厄介な計算問題に頭を悩ませた人も少なからずいたと思う．しかし，これまで材料力学を学んできた我々が次に踏み出すステップは，材料力学に関して修得した知識を，新たな物の創造に利用することである．経験や知識は十分とは言えないが，材料力学を学んだということは，機械や構造物を使う使用者から，技術者（engineer）としての一歩を踏み出したといっても過言ではない．1 章で触れたように，材料力学なくしては現代の人類の発展はあり得ない．高層ビル等の巨大構造物から，携帯電話の心臓部である半導体チップに至るまで，様々な物の設計に材料力学の知識は使われている．材料力学を学んだ技術者が，物を設計，製作するという事は，表 11.1 の項目 1 や 2 にあるように，材料力学の知識を，使用者，すなわち人類の安全や幸福のために使わなければならない責任を持つということに通じる．

技術には危険が伴う．特に材料力学に限って考えれば，計算ミスや境界条件の設定ミスは，機械や構造物の破壊に直結することに疑いはないであろう．学ぶ立場にある時は，その知識を使う事により，他人や社会にどのような影響を及ぼすかまでは考えがまわらないことが多い．しかし，常日頃から技術者の卵として，ここで学んだ知識を使う場面を想像してみて欲しい．

【例題 11.1】

A 君は，大学卒業後，ある会社の開発部に配属された．上司 B 課長から，材

料力学の知識を使ってある製品の座屈荷重を求めるように言われた. 材料力学の教科書には座屈荷重を求める式が４つあり, どれを適用してよいのかわからなかったので, 先輩の C 氏に相談したところ, 「座屈荷重が大きいほうが座屈し難いので, 最も座屈荷重が大きい答を持っていったほうが B 課長は喜ぶよ.」という助言をもらった. そこで, 最も座屈荷重が大きい計算式に基づいて報告書を作成し B 課長に提出した. B 課長は A 君の報告書の座屈荷重を基に, 製品の許容荷重を１割増しの値に修正した.

この話について, 技術者倫理上の問題点を上げよ.

【解答】

A 君の作成した報告書には以下の２つの問題点がある.

　　ア）座屈荷重とし最大の値を採用した点.

　　イ）４種類の異なった結果が得られたにもかかわらず, １つの結果しか書かなかった点.

まず, ア）であるが, 実際の座屈荷重がわからない場合, 例題 7.6 にあるように, 安全のためには, 最も小さい座屈荷重を採用することが倫理的に妥当である. 仮にその値より大きな座屈荷重が真実であるとしても, 小さい座屈荷重に従って設定された許容荷重は, より安全側の値となる.

次に, イ）であるが, 複数の妥当な結果が得られたのであれば, すべてを報告書に記述し, 報告すべきである.

もう一つ, C 氏の助言にも問題がある. 部長の意向を汲み取ったとしても, 優先すべきは公共の安全である. 部内, あるいは会社全体が, 上司や顧客の意向で計算結果を曲解してしまうようなことが起こらないような体制作りが日頃から必要である.

材料力学の知識を使うということは, 本書で学んだことだけで十分である訳ではない. 表 11.1 の３項にあるように, 本書で書ききれなかった事柄や, 最新の展開について, 常日頃から注意し, 知識を日々更新する必要がある. 日本の場合, 企業内の講習会や学会主催の講習会等, 様々な機会が提供されている.

２章から１０章まで, 色々な問題を考えてきた. 改めてみると,

　　...　安全に運転できる定員 x は何人か.　　　　　　　（例題 2.5）

　　...　安定に支えるために必要な直径 d を求めよ.　　　（例題 7.3）

　　...　What is the maximum safe axial compress load.　　（例題 7.5）

　　...　内径の初期値は...どこまで小さくできるか.　（例題 8.11）

といった問題がある. すなわち, 安全を保ちつつも, 最大の性能を引き出すにはどこまで荷重がかけられるか, あるいはどこまで小さくできるかを問われている. 通常, 断面積が大きければ応力は小さくなり, 破壊せずに加えられる荷重は大きくなる. 同時に断面積が大きくなれば, 機械や構造物としては当然大きく, 重くなり, 一般に性能は低下する. すなわち, 性能と安全（強度）は相いれない場合がほとんどである. 例題 11.1 の A 君は, このジレンマの罠につかまりそうになっているともいえる. この罠に落ち入り, 多くの事故が起きて

注）ここで取り上げた問題は架空の話である. 現実の話はより複雑で込み入っている場合が多い. 倫理が絡む場合, 材料力学の数式だけで解決できる問題ではない場合がほとんどである. 技術者としてのモラルや日頃の研鑽が大切である. 何か問題がある, あるいはありそうだと認識した時は, ためらわずにすぐに関係者と相談することが問題解決の第一歩である.

ホウレンソウ：ポパイが好きな野菜のことではない. 「報告」「連絡」「相談」の頭を取って, 「報連相」と呼ぶ. 自分で抱え込まず, 常日頃からこの３つを怠らないように気を付けておくことが, 技術者として大切である.

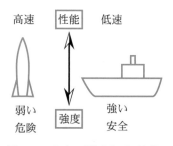

図 11.2 安全（強度）と性能

いる．言い換えれば，『危険なものを安全に扱う』ことが技術である，ジレンマを克服し，最適な設計を行うという重要な役割を材料力学は担っている．

11・2　軸径の設計（design of shaft diameter）

一般の機械要素としても用いられている軸は，軸力や曲げ荷重による作用が小さい場合，トルク（ねじりモーメント）によりねじりを受けながら動力を伝達する．回転運動によって動力を伝達する軸を伝動軸（transmission shaft）という．図 11.3 のように，モータにより伝動軸を介して機械に伝えられるトルクを T [N・m]，角速度 ω [rad/s] とすると，軸が伝える伝達動力 H [W] は

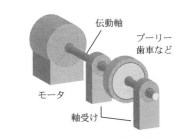

図 11.3 モータにより伝動軸を介した
歯車やプーリーの駆動機械

$$H = T\omega \tag{11.1}$$

ここで，伝達動力 H は 1 秒間に伝達される仕事である．

伝動軸の回転数を n[rpm] とすると，角速度 ω は

$$\omega = \frac{2\pi n}{60} \tag{11.2}$$

式(11.2)を式(11.1)に代入すると，H は

$$H = \frac{\pi n T}{30} \tag{11.3}$$

となる．

一般の問題では，伝達動力 H と回転数 n を与えて伝動軸に作用するトルク T を求めることが多い．そこで，式(11.3)より T は次のようになる．

$$T = \frac{30H}{\pi n} \tag{11.4}$$

トルク T が作用する伝動軸の最大せん断応力 $\tau_{\max}$ は，式(4.12)より

$$\tau_{\max} = \frac{16T}{\pi d^3} = \frac{16 \times 30H}{\pi^2 n d^3} \tag{11.5}$$

上式の $\tau_{\max}$ を伝動軸の許容せん断応力 τ_a 以下になるような条件，すなわち $\tau_{\max} \leq \tau_a$ となる条件より，軸径 d は次のようになる．

$$d \geq \sqrt[3]{\frac{480H}{\pi^2 n \tau_a}} \tag{11.6}$$

これに対して，ロボットや工作機械のように高精密な位置決めが要求される場合は，ねじりによる変位が問題となる．そこで，伝動軸の比ねじれ角 θ [rad/m] をその許容値 θ_a 以下にするためには，式(4.18)に式(4.10)を代入し，

$$\theta = \frac{T}{GI_P} = \frac{32T}{G\pi d^4} \leq \theta_a \tag{11.7}$$

とする．この場合の軸径 d [m] は，式(11.7)に式(11.4)を代入すると次式のようになる．

$$d \geq \sqrt[4]{\frac{32T}{G\pi\theta_a}} = \sqrt[4]{\frac{960H}{G\pi^2 n\theta_a}} \tag{11.8}$$

注）伝達動力 H が仏馬力 (Pferdestärke) PS で与えられる場合には， 1PS = 735.5W として計算すればよい．なお， 1PS とは重量 75kgf の物を 1 秒間に 1m 持ち上げるときの仕事率である．

【Example 11.2】

A solid shaft of length l = 2m transmits H = 20PS at 300rpm. Find the diameter of the shaft so as not to exceed an allowable shearing stress $\tau_a = 25$MPa and a specific twisting angle more than $\theta = 5°$. Assume shear modulus $G = 80$GPa.

【Solution】

Using Eq.(11.6), we obtain the shaft diameter d to be

$$d \geq \sqrt[3]{\frac{480H}{\pi^2 n \tau_a}} = \sqrt[3]{\frac{480 \times 20 \times 736}{\pi^2 \times 300 \times 25 \times 10^6}} = 4.57 \times 10^{-2}\,\text{m} = 45.7\text{mm} \qquad (a)$$

Using Eq.(11.8), we obtain the shaft diameter d to be

$$d \geq \sqrt[4]{\frac{960H}{G\pi^2 n \theta_a}} = \sqrt[4]{\frac{960 \times 20 \times 736}{80 \times 10^9 \times \pi^2 \times 300 \times (5 \times \pi / 180)}} \qquad (b)$$
$$= 2.875 \times 10^{-2}\,\text{m} = 28.8\text{mm}$$

Ans.： 45.7mm

図 11.4 中空丸軸の伝動軸

【例題 11.3】

図 11.4 のように，外径 d_1，内径 $d_2 = d_1/2$ の中空丸軸からなる伝動軸が，$n = 200$rpm で回転し，$H = 300$kW の動力を伝達するのに必要な軸径を求めよ．ただし，許容せん断応力は $\tau_a = 100$MPa とする．

【解答】

中空丸軸（hollow shaft）に生じるトルクを T とすれば，T は式(4.13)より

$$\tau_{\max} = \frac{16 d_1 T}{\pi(d_1{}^4 - d_2{}^4)} \qquad (a)$$

式(a)に式(11.4)に代入すると，次の関係式を得る．

$$\tau_{\max} = \frac{480 d_1 H}{\pi^2 n(d_1{}^4 - d_2{}^4)} \qquad (b)$$

$d_2 = d_1/2$ を式(b)に代入すると

$$\tau_{\max} = \frac{512H}{\pi^2 n d_1{}^3} \qquad (c)$$

$\tau_{\max} \leq \tau_a$ となる条件より

$$d_1 \geq \sqrt[3]{\frac{512H}{\pi^2 n \tau_a}} = \sqrt[3]{\frac{512 \times 300 \times 10^3\,\text{W}}{\pi^2 \times 200\text{rpm} \times 100\text{MPa}}} = 0.0920\text{m} \qquad (d)$$

となる．式(d)より，d_1, d_2 は次のように得られる．

$$d_1 = 0.092\text{m} = 92\text{mm}, \ d_2 = d_1 / 2 = 46\text{mm} \qquad (e)$$

答： $d_1 = 92$mm, $d_2 = 46$mm

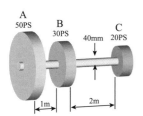

Fig.11.5 A solid shaft with driving forces.

【Example 11.4】

As shown in Fig.11.5, the steel solid shaft with the diameter $d = 40$mm rotates at 400rpm. It is supported in bearings so placed that bending of the shaft will be negligible. A driving belt feeds 50PS to the pulley A while 30PS and 20PS are taken off by belts at B and C pulleys, respectively. Determine the Maximum shear stress

$\tau_{\max}$ induced in each shaft and the total angle of twist ϕ. Assume shear modulus $G = 80\text{GPa}$.

【Solution】

The driving force acted on the left-hand portion of the shaft is 50PS. Thus, the torque T_1 and the maximum shear stress $\tau_{\max}$ from Eqs.(11.4) and (11.5) are

$$T_1 = \frac{30H_1}{\pi n} = \frac{30 \times 50 \times 736}{\pi \times 400} = 878.5\text{N} \cdot \text{m} = 879 N \cdot \text{m} \tag{a}$$

$$\tau_{\max} = \frac{16 \times 30H_1}{\pi^2 n d^3} = \frac{16 \times 30 \times 50 \times 736}{\pi^2 \times 400 \times (40 \times 10^{-3})^3} = 69.91 \times 10^6 \text{Pa} = 69.1\text{MPa} \tag{b}$$

Similarly, for the right-hand portion of the shaft, which transmits 20PS, the torque T_2 and the maximum shear stress $\tau_{\max}$, are

$$T_2 = 351\text{N} \cdot \text{m} \tag{c}$$

$$\tau_{\max} = 27.6\text{MPa} \tag{d}$$

The total angle of twist ϕ is the sum of the angles of twist ϕ_1 and ϕ_2 in the two portions of the shaft. Using the Eq.(4.18), we obtain

$$\phi = \phi_1 + \phi_2 = \frac{32T_1 l_1}{G\pi d_1^4} + \frac{32T_2 l_2}{G\pi d_2^4}$$
$$= \frac{32 \times 879 \times 1}{80 \times 10^9 \times \pi \times (40 \times 10^{-3})^4} + \frac{32 \times 351 \times 2}{80 \times 10^9 \times \pi \times (40 \times 10^{-3})^4} \tag{e}$$
$$= (0.0437 + 0.0349)\text{rad} = 0.0786\text{rad} = 4.50°$$

Ans. : $\tau_{\max} = 27.6\text{MPa}$, $\phi = 4.50°$

11・3　コイルばねの設計 （design of coiled helical spring）

図 11.6 のように，線材を円筒形に巻いたものをコイルばね（coiled helical spring）という．図 11.7 のような線径 d，コイル半径 R，つる巻角（helical angle）α なるコイルばねが，コイルの中心線上に引張荷重 P を受ける場合を考える．コイルの素線中心線上の任意断面では，次のような力およびモーメントが作用している．

引張力　　　　　　$N = P\sin\alpha$
せん断力　　　　　$F = P\cos\alpha$
曲げモーメント　　$M = PR\sin\alpha$ $\qquad$ (11.9)
ねじりモーメント　$T = PR\cos\alpha$

しかし，α の小さい密巻コイルばね（close-coiled helical spring）では，$\sin\alpha \cong 0$ とみなされるので，引張力 N および曲げモーメント M は無視することができ，式(11.9)は次のようになる．

$N = M \cong 0$
$F \cong P$ $\qquad$ (11.10)
$T \cong PR$

コイルの断面にはねじりモーメント T によるせん断応力 τ_1 とせん断力 F によるせん断応力 τ_2 が同時に発生する．ここで，τ_1 は式(4.12)より

図 11.6 コイルばね

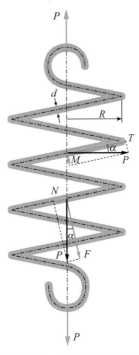

図 11.7 コイルばねのモデル

$$\tau_1 = \frac{16T}{\pi d^3} = \frac{16PR}{\pi d^3} \tag{11.11}$$

一方，τ_2 は

$$\tau_2 = \frac{F}{(\pi d^2 / 4)} = \frac{4P}{\pi d^2} \tag{11.12}$$

コイルばねに生じる最大せん断応力 τ_{max} は，コイルの内側で τ_1 と τ_2 の方向が一致し，外側では反対になることを考慮すると，次式で与えられる．

$$\tau_{max} = \tau_1 + \tau_2 = \frac{16PR}{\pi d^3}(1 + \frac{d}{4R}) \tag{11.13}$$

通常，線径 d はコイル半径 R に比べて小さいので，

$$\tau_{max} \cong \frac{16PR}{\pi d^3} \tag{11.14}$$

注）5 章の例題 5.11 にあるように，厳密には，せん断力により生じるせん断応力の最大値は，円形断面の場合，平均せん断応力の 4/3 倍となる．これを考慮すれば，式(11.12)，(11.13)は以下のようになる．

$$\tau_2 = \frac{4}{3}\frac{F}{(\pi d^2/4)} = \frac{16P}{3\pi d^2}$$

$$\tau_{max} = \tau_1 + \tau_2 = \frac{16PR}{\pi d^3}(1 + \frac{d}{3R})$$

からコイルばねのせん断応力を計算する場合が多い．

次に，コイルばねの伸びを求める．コイルばねの伸びは主としてねじりモーメント T による素線断面の回転によって発生する変形によるものと考えられる．素線の微小長さ dl 部分のねじりモーメント T によるねじれ角 $d\phi$ [rad] は，式(4.18)より

$$d\phi = \frac{Tdl}{GI_p} \tag{11.15}$$

このねじれ角 $d\phi$ によるコイル中心線上の荷重点の垂直変位 $d\delta$ は，図 11.8 より

$$d\delta = Rd\phi = \frac{RT}{GI_p}dl \tag{11.16}$$

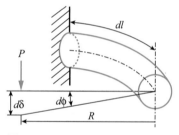

図 11.8 微小長さのコイルばねの変形

コイルの有効巻数（effective number of coil）を n_e とすれば，ばねの全有効長さ l は $l \cong 2\pi R n_e$ であるから，ばね全体の伸び量 δ は式(11.16)を 0 から l まで積分すると

$$\delta = \int_0^l \frac{RT}{GI_p}dl = \frac{RT}{GI_p}l = \frac{RT}{GI_p} \times 2\pi R n_e = \frac{2\pi n_e R^2 T}{GI_p} \tag{11.17}$$

となる．$T = PR, I_p = (\pi d^4 / 32)$ を代入すると次式が得られる．

$$\delta = \frac{2\pi n_e R^2}{G} \times \frac{PR}{(\pi d^4 / 32)} = \frac{64 n_e PR^3}{Gd^4} \tag{11.18}$$

式(11.18)より，ばねの伸び δ は，同じ荷重 P に対して，素線の径 d と G が大きいと小さく，R と n_e が大きいと大きいことが分かる．

ばねの振動数などの計算に用いられるばね定数（spring constant）k は、式(11.18)より次式で与えられる．

$$k = \frac{P}{\delta} = \frac{Gd^4}{64 n_e R^3} \tag{11.19}$$

【例題 11.5】

図 11.7 のように，線径 $d = 5\text{mm}$ ，コイル平均直径 $2R = 60\text{mm}$ ，有効巻数 n_e

$= 20$ のコイルばねに，軸引張荷重 $P = 30\mathrm{N}$ を加えたときの最大せん断応力 $\tau_{\max}$，伸び δ およびばね定数 k を求めよ．ただし，横弾性係数は $G = 80\mathrm{GPa}$ とする．

【解答】

最大せん断応力は式(11.13)より

$$\tau_{\max} = \frac{16PR}{\pi d^3}\left(1 + \frac{d}{4R}\right) = \frac{16 \times 30 \times 0.03}{\pi \times 0.005^3}\left(1 + \frac{0.005}{4 \times 0.03}\right) \tag{a}$$
$$= 38.2 \times 10^6 \,\mathrm{N/m^2} = 38.2\mathrm{MPa}$$

伸びは式(11.18)より，

$$\delta = \frac{64 n_e PR^3}{Gd^4} = \frac{64 \times 20 \times 30 \times 0.03^3}{80 \times 10^9 \times (0.005)^4} = 20.7 \times 10^{-3}\mathrm{m} = 20.7\mathrm{mm} \tag{b}$$

ばね定数は式(11.19)より

$$k = \frac{P}{\delta} = \frac{30}{20.7 \times 10^{-3}} = 1.45 \times 10^3 \,\mathrm{N/m} = 1.45\mathrm{kN/m} \tag{c}$$

答：$\delta = 20.7\mathrm{mm}$，$k = 1.45\mathrm{kN/m}$

11・4 構成式（constitutive equation）

応力とひずみの関係を構成則（constitutive law），数式で表した構成則を構成式（constitutive equation）と呼ぶ．図 11.9(a)に示すように，通常これらの関係は単純に数式で表すことはできない．本章では，弾性領域と塑性領域に分け，降伏応力（yield stress）を超えた塑性領域で応力は一定となる理想的な弾塑性材料として取り扱う（図 11.9(b)）．

引張と圧縮に対して，同一の降伏応力 σ_Y を持つと仮定すれば，理想的な弾塑性材料の応力ひずみ関係式は以下のようになる（図 11.10(a)）．

$$\sigma = \begin{cases} \sigma_Y & (\frac{\sigma_Y}{E} < \varepsilon) \\ E\varepsilon & (-\frac{\sigma_Y}{E} \le \varepsilon \le \frac{\sigma_Y}{E}) \\ -\sigma_Y & (\varepsilon < -\frac{\sigma_Y}{E}) \end{cases} \tag{11.20}$$

せん断の場合も，同様な関係を仮定すれば，次のようになる（図 11.10(b)）．

$$\tau = \begin{cases} \tau_Y & (\gamma > \frac{\tau_Y}{G}) \\ G\gamma & (\gamma \le \frac{\tau_Y}{G}) \end{cases} \tag{11.21}$$

11・5 降伏条件（yield condition, yield criterion）

これまでは，単純に引張やせん断を加えた場合の降伏のみ考えてきた．実際の機械や構造物では，8章で示したような複雑な応力状態において降伏や破断が起こる．そのため，単純引張において求められた限界値（降伏応力，引張強さ）を基に，複雑応力状態に対する限界値を求めるための方法が種々提案されている．ここでは，単純引張において求められた降伏応力 σ_Y を単純引張り

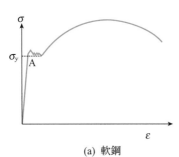

(a) 軟鋼

(b) 単純化モデル（弾塑性材料）

図 11.9 応力-ひずみ線図

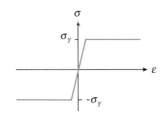

(a) 垂直応力－垂直ひずみ線図

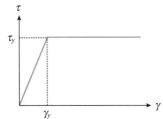

(b) せん断応力-せん断ひずみ線図

図 11.10 理想的な弾塑性材料の
応力-ひずみ線図

および圧縮に対する限界値と考え，それぞれの説に基づく降伏条件について説明する．

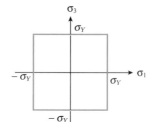

図 11.11　最大主応力説による降伏面

11・5・1 最大主応力説（maximum principal stress criterion）

　材料内の三つの主応力　$\sigma_1, \sigma_2, \sigma_3$　のうち，最大主応力値がその材料の限界値に達すると破壊するという説．この説に基づく降伏条件は，次のようになる，

$$\max(|\sigma_1|,\ |\sigma_2|,\ |\sigma_3|) = \sigma_Y \tag{11.22}$$

鋳鉄のような脆性材料では実験結果とよく一致するが，軟鋼のような延性材料には当てはまらないことが多い．

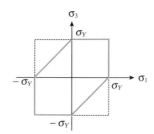

図 11.12　トレスカの降伏条件

11・5・2 最大せん断応力説（maximum shear stress criterion）

　材料内の三つの主せん断応力　τ_1, τ_2, τ_3　のうち，主せん断応力の最大値がせん断応力の限界値　τ_e　に達した時に破断するという説．降伏条件は，

$$\max(\tau_1,\ \tau_2,\ \tau_3) = \tau_e = \frac{\sigma_Y}{2} \tag{11.23}$$

この降伏条件は，延性材料の破断に対して実験とよく一致し，トレスカの降伏条件（Tresca yield criterion）と言われている．

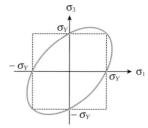

図 11.13　ミーゼスの降伏条件

11・5・3 最大せん断ひずみエネルギ説
（maximum shear strain energy criterion）

　せん断ひずみエネルギの値が，その材料の限界値に達すると破壊するという説．全ひずみエネルギから体積変化によるひずみエネルギを差し引く事により求められる．

$$(\sigma_1 - \sigma_2)^2 + (\sigma_2 - \sigma_3)^2 + (\sigma_3 - \sigma_1)^2 = 2\sigma_Y{}^2 \tag{11.24}$$

この降伏条件は，ミーゼスの降伏条件（von Mises yield criterion）と呼ばれている．延性材料が高い静水圧を受けても破壊が起こらないという実験結果と一致し，延性材料の破壊条件として最も広く用いられている．

注）図 11.11～13 は，３次元の曲面として得られる破壊に関する説に基づいた降伏曲面を　$\sigma_1 - \sigma_3$　平面において表したものである．それぞれの式で，$\sigma_2 = 0$ として得られる．

【例題 11.6】
　ミーゼスの降伏条件式(11.24)を導出せよ．

【解答】
　任意の応力状態における単位体積あたりのひずみエネルギー $\bar{U}$ は，式(9.8)より，

$$\bar{U} = \frac{\sigma_1 \varepsilon_1}{2} + \frac{\sigma_2 \varepsilon_2}{2} + \frac{\sigma_3 \varepsilon_3}{2} \tag{a}$$

ここで，応力とひずみの関係より，

$$\varepsilon_1 = \frac{\sigma_1}{E} - \frac{v}{E}(\sigma_2 + \sigma_3),\ \varepsilon_2 = \frac{\sigma_2}{E} - \frac{v}{E}(\sigma_3 + \sigma_1),\ \varepsilon_3 = \frac{\sigma_3}{E} - \frac{v}{E}(\sigma_1 + \sigma_2) \tag{b}$$

従って，式(a)は，

$$\bar{U} = \frac{1}{2E}(\sigma_1^2 + \sigma_2^2 + \sigma_3^2) - \frac{\nu}{E}(\sigma_1\sigma_2 + \sigma_2\sigma_3 + \sigma_3\sigma_1) \tag{c}$$

ここで，平均主応力（mean normal stress）を

$$\sigma_m = \frac{\sigma_1 + \sigma_2 + \sigma_3}{3} \tag{d}$$

と定義すれば，主応力 $\sigma_1, \sigma_2, \sigma_3$ は次のように 2 つの成分に分けられる．

$$\sigma_1 = \sigma_1' + \sigma_m \ , \ \sigma_2 = \sigma_2' + \sigma_m \ , \ \sigma_3 = \sigma_3' + \sigma_m \tag{e}$$

$\sigma_1', \sigma_2', \sigma_3'$ は偏差応力（stress deviation）と呼ばれている．式(d)の平均主応力によるエネルギー成分は，

$$\bar{U}_n = 3\frac{\sigma_m\varepsilon_m}{2} = 3\frac{\sigma_m}{2}\left(\frac{\sigma_m}{E} - \frac{2\nu}{E}\sigma_m\right) = \frac{1-2\nu}{6E}(\sigma_1 + \sigma_2 + \sigma_3)^2 \tag{f}$$

従って，せん断によるエネルギー成分 U_s は，式(c)より式(f)を差し引いて

$$\bar{U}_s = \bar{U} - \bar{U}_n = \frac{1+\nu}{6E}\left\{(\sigma_1 - \sigma_2)^2 + (\sigma_2 - \sigma_3)^2 + (\sigma_3 - \sigma_1)^2\right\} \tag{g}$$

となる．ここで，単純引張り状態における降伏の場合，式(g)において，$\sigma_1 = \sigma_Y$, $\sigma_2 = \sigma_3 = 0$ とおけば，このときのせん断ひずみエネルギーは，

$$\bar{U}_e = \frac{1+\nu}{6E}(2\sigma_Y^2) \tag{h}$$

$\bar{U}_s = \bar{U}_e$ を降伏条件とすると，ミーゼスの降伏条件式が得られる．

ミーゼス応力（von Mises stress）：
ミーゼスの降伏条件（式(11.24)）は，

$$\sigma_{Mises} = \sqrt{\frac{(\sigma_1 - \sigma_2)^2 + (\sigma_2 - \sigma_3)^2 + (\sigma_3 - \sigma_1)^2}{2}}$$

で定義される応力が降伏応力に達すると考えることもできる．このため，ミーゼス応力は複雑な応力状態における降伏を考えるために広く用いられている．多くの有限要素法のシミュレーションソフトでは，特に指定せずに応力分布を表示させると，ミーゼス応力を表示する．材料力学で定義して来た垂直応力やせん断応力とは異なることに注意が必要である．

11・6 弾性設計と極限設計（elastic design and limit design）

　機械や構造物の設計には，外力に対して弾性変形している限界応力値である降伏点（yield point）に安全率を適用して許容応力を求め，この許容応力を越えることがないように設計する弾性設計（elastic design）が適用される場合が多い．一方，不静定な骨組み構造や内圧を受ける厚肉円筒などは，降伏領域が進行していきながら最終的に部材の全体が降伏したときの応力を基準強さにとるのが合理的である．このような考え方に基づく設計を極限設計（limit design）という．この極限設計法（limit design method）は，軟鋼のように顕著な降伏点を持つ構造物に適用される．ここでは，材料の構成則として 11.3 節で示した，理想的な弾塑性構成式(11.20)を用いる．

11・6・1 不静定トラス（statically indeterminate truss）

　図 11.14(a)のように，軟鋼部材からなる左右対称な不静定トラス（statically indeterminate truss）を考える．A，B，C，O 点は滑節で支持されており，AO，BO，CO の横断面積を A，縦弾性係数を E とし，すべて同じとする．O 点に荷重 P が作用した場合，鉛直方向の力の釣合いより

$$2X\cos\theta + Y = P \tag{11.25}$$

が得られる．

　極限設計法の考えを図11.14のモデルに適用する．荷重 P が増加していくと，まず CO 部材が降伏点 σ_Y に達し，$Y = \sigma_Y A$ の引張力に到達するが，AO，BO の部材はまだ降伏していない．更に荷重 P が増加していくと，AO，BO の部

注）構造部が実際に塑性崩壊する荷重を最終強度（ultimate strength）と呼ぶ．この最終強度を規準とした構造設計法を極限設計（limit design）と呼び，そのための崩壊荷重の解析を極限解析（limit analysis）という．

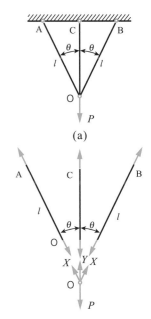

(b) フリーボディダイアグラム

図 11.14 不静定トラス

材も降伏点に達し

$$X = Y = \sigma_Y A \tag{11.26}$$

の引張力に到達し，これ以上荷重を増すことはできない．式(11.26)を式(11.25)に代入すれば，極限荷重（ultimate load）P_L が得られる．すなわち

$$P_L = \sigma_Y A (1 + 2\cos\theta) \tag{11.27}$$

$P = P_L$ においては各部材が無制限に塑性変形を生じることになるため，P_L は崩壊荷重（collapse load）ともいわれる．この場合の許容荷重は，安全率を S とすれば P_L / S で与えられる．

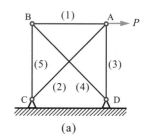

(a)

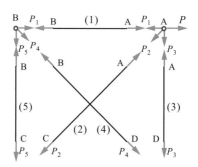

(b) FBD for the each member.

Fig.11.15 Statically indeterminate truss.

【Example 11.7】

　　As shown in Fig.11.15(a), the square frame with pin joints is subjected by the load P. The all members are made of steel and have the same cross-sectional area A. The external load P is gradually increased and finally reached a limit load P_L. Determine the limit load P_L if the yield stress of steel is σ_Y.

【Solution】

　　Each member suppose to be occurred the strength of $P_1 \sim P_5$. The vertical and horizontal equilibrium conditions of joints A and B can be given as follows.

$$P_3 = -\frac{P_2}{\sqrt{2}} \tag{a}$$

$$P_5 = -\frac{P_4}{\sqrt{2}} \tag{b}$$

$$P_1 = -\frac{P_4}{\sqrt{2}} \tag{c}$$

$$P = P_1 + \frac{P_2}{\sqrt{2}} \tag{d}$$

By Eq.(a) and (b), the diagonals (2) and (4) will be the first two members to reach the yield stress. Thus, setting $-P_4 = P_2 = \sigma_Y A$, P_1 can be given by Eq. (c) as

$$P_1 = -\frac{P_4}{\sqrt{2}} = \frac{\sigma_Y A}{\sqrt{2}} \tag{e}$$

Substituting Eq.(e) into Eq.(d) and setting $P_2 = \sigma_Y A$, the limit load P_L can be given as in the answer.

Ans. : $P_L = \sqrt{2}\sigma_Y A$

11・6・2 丸軸のねじり（torsion of circular shaft）

　　丸軸がねじりモーメント T でねじられた場合，T が増加して丸軸が降伏し始めると，せん断応力 τ とせん断ひずみ γ の間には比例関係が成立しなくなる．しかし，丸軸の横断面は塑性変形後も平面を保つ．したがって，γ は横断面の中心からの距離 r に比例すると考えられ

$$\gamma = \theta r \tag{11.28}$$

で表される．ここで θ は比ねじれ角（specific twisting angle）である．

この材料が理想的な弾塑性材料と仮定し，式(11.21)の構成式に従うとすれば，中実丸軸の横断面において，$a \leq r \leq b$ の部分が降伏した場合のせん断応力の分布は，図 11.16 に示すようになる．ただし，τ_Y は材料のねじりに対する降伏点である．弾性域 $(r \leq a)$ で負担するねじりモーメント T_1 は式(4.12)から

$$T_1 = \frac{\pi}{2}a^3\tau_Y \tag{11.29}$$

塑性域 $(a \leq r \leq b)$ で負担するねじりモーメント T_2 は

$$T_2 = \int_a^b r(2\pi r dr)\tau_Y = \frac{2\pi}{3}(b^3 - a^3)\tau_Y \tag{11.30}$$

ゆえに，全体のねじりモーメント T は

$$T = T_1 + T_2 = \frac{2\pi b^3}{3}(1 - \frac{a^3}{4b^3})\tau_Y \tag{11.31}$$

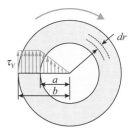

図 11.16 中実丸軸が降伏したときの
せん断応力分布

丸軸の横断面全体が塑性域に入るときの極限ねじりモーメント T_L は，上式で $a = 0$ とおいて

$$T_L = \frac{2\pi}{3}b^3\tau_Y \tag{11.32}$$

また，横断面の周辺で降伏が始まるときのねじりモーメントを T_Y とすれば，$a = b$ であるから

$$T_Y = \frac{\pi}{2}b^3\tau_Y \tag{11.33}$$

T_L と T_Y の関係は式(11.32)と式(11.33)より，以下となる．

$$T_L = \frac{4}{3}T_Y \tag{11.34}$$

弾性域における比ねじれ角 θ は，式(11.28)から

$$\theta = \frac{\gamma_Y}{a} = \frac{\tau_Y}{Ga} \tag{11.35}$$

横断面の周辺で降伏が開始するときの比ねじれ角 θ_Y は，上式より

$$\theta_Y = \frac{\tau_Y}{Gb} \tag{11.36}$$

したがって，図 11.16 のように，中実丸棒が降伏しているときの全体のねじりモーメントは，式(11.33)，(11.35)，(11.36)を式(11.31)に代入し，a, b, τ_Y を消去すれば，次のようになる．

$$T = \frac{4}{3}\left\{1 - \frac{1}{4}\left(\frac{\theta_Y}{\theta}\right)^3\right\}T_Y \tag{11.37}$$

式(11.37)は，降伏が開始するときのねじりモーメント T_Y および比ねじれ角 θ_Y を基準にとり，θ の変化と T との関係を表している．

【例題 11.8】

半径 b の丸軸をねじったところ，丸軸の横断面全体が塑性してねじりモーメントが T_L に達した後，ねじれ角が増大するにもかかわらず，ねじりモーメ

ントの大きさは一定であった．この丸軸に $(5/6)T_L$ のねじりモーメントを加えるとき，降伏点 τ_Y を越える部分は全体の何％になるか．

【解答】

　ねじりモーメントが T_L に達すると，丸軸の横断面全体が降伏するから，式(11.32)より

$$T_L = \frac{2}{3}\pi b^3 \tau_Y \tag{a}$$

よって丸軸の降伏点 τ_Y は

$$\tau_Y = \frac{3T_L}{2\pi b^3} \tag{b}$$

図 11.16 のように，半径 a の円で囲まれた中心部分だけが弾性域として残るとすれば，式(11.31)より

$$\frac{5}{6}T_L = \frac{2\pi b^3}{3}\left(1-\frac{a^3}{4b^3}\right)\tau_Y \tag{c}$$

式(c)に式(b)を代入すれば

$$\left(\frac{a}{b}\right)^3 = \frac{2}{3} \tag{d}$$

したがって，降伏点を越えた部分の全体に対する割合は

$$\frac{\pi b^2 - \pi a^2}{\pi b^2} = 1-\left(\frac{a}{b}\right)^2 = 1-\left(\frac{2}{3}\right)^{\frac{2}{3}} \cong 0.237 \cong 0.24 \tag{e}$$

答：塑性域に達している領域は約24％である．

11・7　塑性曲げと極限荷重 (plastic bending and ultimate load)

　5.3 節で示したように，曲げによるはりの応力 σ を考えるとき，応力がはりの断面において直線的に分布することから，σ は式(5.12)で与えられる．

$$\sigma = E\varepsilon = E\frac{y}{\rho} \tag{11.38}$$

　応力が材料の降伏点（yield point）を超えたはりの曲げは，塑性曲げ（plastic bending）と呼ばれる．

　はりの塑性曲げの理論においては，はりの変形前の平面断面が，曲げの後も依然として平面を保つ点は変わらないから，ひずみは常に中立軸からの距離に比例し $\varepsilon = y/\rho$ の関係が成り立つ．応力－ひずみ関係は，11.4 節で示した，理想的な弾塑性構成則に従うとする．

　はりの断面における応力の分布は，その最大応力が降伏点 σ_Y を超えるかどうかによって図 11.17 に示す3種類の異なる状態をとる．

(a) **弾性状態**（$M \leq M_e$）：最大曲げ応力が降伏点となるときのモーメントを M_e で表す．曲げモーメント M が M_e より小さい場合，断面上における曲げ応力の分布は直線となる．

(b) **部分降伏状態**（$M_e < M < M_p$）：最大応力が降伏点に達してからさ

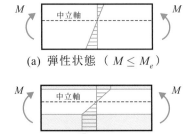

(a) 弾性状態 （$M \leq M_e$）

(b) 部分降伏状態 （$M_e < M < M_p$）

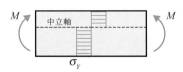

(c) 全面降伏状態 （$M_p \leq M$）

図 11.17 塑性曲げ

らにモーメント M を増やすと，内側の影を付けないはりの部分は弾性領域であるが，影を付けた外側は塑性領域になる．

(c) **全面降伏状態**（$M_p \leq M$）：さらに曲げモーメントが増大すると，はりの断面全体が塑性領域となる．この時の曲げモーメントは極限曲げモーメント（ultimate bending moment）あるいは全塑性曲げモーメント（totally plastic bending moment）と呼ばれ M_p で表す．材料の加工硬化を無視すれば，これ以上の曲げモーメントの増大はない．そのときの荷重を崩壊荷重（collapse load）あるいは極限荷重（ultimate load）という．

完全な塑性状態になったとき，図11.17(c)に示すように，中立軸の上の部分は $-\sigma_Y$ の圧縮応力，下の部分は $+\sigma_Y$ の引張応力となる．この断面上の軸方向の合力が 0 でなければならないことから，次式が得られる．

$$-A_1\sigma_Y + A_2\sigma_Y = 0 \tag{11.39}$$

ここで，A_1 および A_2 は，図11.18に示すように，中立軸の上側および下側の面積である．式(11.39)から次の関係が得られる．

$$A_1 = A_2 = \frac{A}{2} \tag{11.40}$$

ここで A は断面の全面積である．したがって，中立軸は断面の全面積を二つの等しい面積に分ける．

図11.18のような応力分布によるモーメントは

$$M_p = A_1 y_1 \sigma_Y + A_2 y_2 \sigma_Y = \sigma_Y A \frac{y_1 + y_2}{2} \tag{11.41}$$

となる．ここで y_1 および y_2 は，それぞれ中立軸から上側および下側での断面の図心までの距離である．

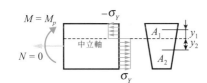

図 11.18 完全な塑性状態

注）塑性曲げの中立軸は，一般に弾性曲げの場合の位置と異なる．

(1) 長方形断面の弾性モーメントと塑性モーメント

長方形の断面に対しては，$A = bh, y_1 = y_2 = h/4$ であり，

$$M_p = \sigma_Y \left(\frac{bh^2}{4} \right) \tag{11.42}$$

となる．同じ断面に対する最大弾性モーメントM_e は

$$M_e = \sigma_Y Z = \sigma_Y \left(\frac{bh^2}{6} \right) \tag{11.43}$$

したがって，長方形断面に対しては

$$\frac{M_p}{M_e} = 1.5 \tag{11.44}$$

となり，塑性モーメントは最大弾性モーメントの1.5倍である．

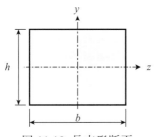

図 11.19 長方形断面

(2) 円形断面の弾性モーメントと塑性モーメント

半径 r の円形断面に対しては $A = \pi r^2$，$y_1 = y_2 = \dfrac{4r}{3\pi}$ であり，式(11.41)は

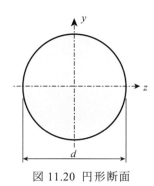

図 11.20 円形断面

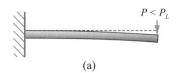

(a)

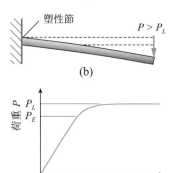

(b)

(c)

図 11.21 集中荷重を受ける
片持ちはり

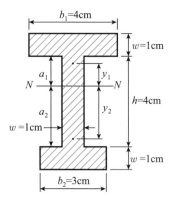

図11.22 上下非対称の I 形断面

$$M_p = \sigma_Y \left(\frac{4r^3}{3} \right) \tag{11.45}$$

となる．同一の断面に対する最大の弾性モーメントM_eは

$$M_e = \sigma_Y Z = \sigma_Y \left(\frac{\pi r^3}{4} \right) \tag{11.46}$$

したがってこの場合には比が

$$\frac{M_p}{M_e} = \frac{16}{3\pi} \cong 1.70 \tag{11.47}$$

となり，塑性モーメントは最大弾性モーメントの70％増しであることがわかる．

　はりの実際の設計において，許容荷重（allowable load）を，断面の塑性モーメントに基づいて選定する手法，すなわち極限設計（limit design）が用いられる．例えば，図 11.21(a)に示す自由端に集中荷重 P を受ける片持ちはりの場合，先端のたわみと荷重 P の関係は，図 11.21(c)のようになる．荷重 P を増して行くと，断面の最大応力が σ_Y に達する点（$P = P_E$）で，グラフは直線（弾性変形）から曲線に変化する．さらに荷重を増すと，固定端の曲げモーメントが極限曲げモーメント M_P に達し，たわみに対して一定となる．この荷重 P_L を極限荷重（ultimate load）と呼び，全面降伏した部分を塑性節（plastic hinge）と呼ぶ．図 11.21(a)の片持ちはりの場合，極限荷重 P_L は次式より得られる．

$$P_L \cdot l = M_p \tag{11.48}$$

【例題 11.9】
　図 11.22 のような上下非対称の I 形断面に対する塑性モーメント M_P を求めよ．ただし，材料は理想弾塑性材で，その降伏点は20MPaである．

【解答】
　図に示すように中立軸を N-N とすると，上側の面積と下側の面積は

$$A_1 = b_1 w + w(h - a_2), \quad A_2 = b_2 w + w a_2 \tag{a}$$

$A_1 = A_2$ に式(a)を代入すれば，

$$a_2 = \frac{1}{2}(b_1 - b_2 + h), \quad a_1 = h - a_2 \tag{b}$$

が得られる．また中立軸 N-N から上側の図心と下側の図心までのそれぞれの距離 y_1 と y_2 は，式(5.22)より

$$y_1 = \frac{\frac{1}{2}a_1^2 + b_1(a_1 + \frac{w}{2})}{a_1 + b_1} = 1.659 \times 10^{-2} \mathrm{m} \tag{c}$$

$$y_2 = \frac{\frac{1}{2}a_2^2 + b_2(a_2 + \frac{w}{2})}{a_2 + b_2} = 2.205 \times 10^{-2} \mathrm{m} \tag{d}$$

よって，塑性モーメント M_p は，式(11.41)より

$$M_p = \sigma_Y A \frac{y_1 + y_2}{2}$$

$$= 20 \times 10^6 \times 11 \times 10^{-4} \times \frac{1.659 \times 10^{-2} + 2.205 \times 10^{-2}}{2} = 425 \text{N} \cdot \text{m} \qquad \text{(e)}$$

答： $M_p = 425 \text{N} \cdot \text{m}$

【Example 11.10】

As shown in Fig.11.23, a cantilever beam has a span l and carries a concentrated load P at its free end. The cross-section of the beam is a rectangular section with dimension being $b \times h$. The beam is made of ideal elastic-plastic material with yield stress being σ_Y. Find the ultimate load P_L for P and determine the elastic-plastic boundary when $P = P_L$.

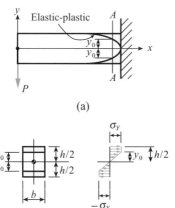

Fig.11.23 A cantilever beam.

【Solution】

The plastic moment M_p for the given cross-section is

$$M_p = \sigma_Y \left(\frac{bh^2}{4} \right) \qquad \text{(a)}$$

The moment at the fixed end is

$$M = Pl \qquad \text{(b)}$$

Thus

$$P_L = \frac{M_p}{l} = \sigma_Y \left(\frac{bh^2}{4l} \right) \qquad \text{(c)}$$

If the applied force is large enough to cause yielding, plastic zone will be formed and is shown by shaded area in Fig.11.23(a). At an arbitrary section A-A, the corresponding stress distribution will be shown in Fig.11.23(c). The elastic zone extends over the depth of $2y_0$. Noting that within the elastic zone, the stresses vary linearly and that everywhere in the plastic zone the longitudinal stress is σ_Y, the resisting moment M is

$$M = 2 \int_0^{y_0} \left(\frac{y}{y_0} \sigma_Y \right) (b dy) y + 2 \int_{y_0}^{h/2} (\sigma_Y)(b dy) y = \sigma_Y \left(\frac{bh^2}{4} - \frac{by_0^2}{3} \right) \qquad \text{(d)}$$

In this general equation, if $y_0 = 0$, the moment capacity becomes equal to the ultimate plastic moment. However, if $y_0 = h/2$, the moment reverts to the limiting elastic case, where $M_e = \sigma_Y bh^2/6$. By using the Eq.(c) and (d), the elastic-plastic boundary can be determined by solving the following equation.

$$\sigma_Y \left(\frac{bh^2}{4} - \frac{by_0^2}{3} \right) = P_L x = \sigma_Y \left(\frac{bh^2 x}{4l} \right) \qquad \text{(e)}$$

from Eq.(e), we obtain

$$y_0 = \frac{h}{2} \sqrt{3 \left(1 - \frac{x}{l} \right)} \qquad \left(\frac{2}{3} \le \frac{x}{l} \le 1 \right) \qquad \text{(f)}$$

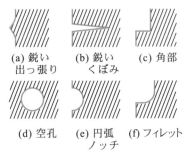

図 11.24　急激に形状が変化する部分

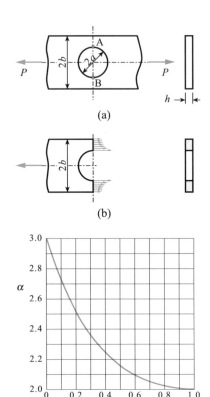

(c)

図 11.25　円孔を有する帯板の
応力集中係数

11・8　応力集中（stress concentration）

　一般の機械や構造材料は複雑な形状をしている．図 11.24(a)のように鋭い出っ張りの角部先端では応力は零であるが，図 11.24(b), (c)のように鋭いくぼみの角部先端近傍の応力は非常に大きくなる．そのため，鋭いくぼみの角部は図(e), (f)のように滑らかにすることにより応力を低減する工夫が必要である．このような工夫により，応力の低減はできるが，円弧ノッチ，フィレット部，空孔部近傍の応力は，他の部分に比べて大きくなる．形状が急激に変化する局部の応力が大きくなる現象は応力集中（stress concentration）と呼ばれている．

　応力集中を正確に求めるためには，複雑な計算が必要であるが，円弧や楕円などの一般的な形状については，近似式や図表を用いて求めることができる．通常，応力集中を表す尺度として，応力集中係数（stress concentration factor）α が用いられる．応力集中係数とは，応力集中が生じないとして最小断面積などに基づいて計算される公称応力（nominal stress）σ_0 に対する最大応力の増加割合を示す．従って，応力集中係数 α が求まれば，応力集中，すなわち最大応力 $\sigma_{\max}$ は次式から算出することができる．

$$\sigma_{\max} = \alpha\sigma_0 \quad (\alpha：応力集中係数，\sigma_0：公称応力) \tag{11.49}$$

11・8・1　円孔の応力集中（stress concentration of a circular hole）

　図 11.25(a)のように，幅 $2b$ 厚さ h の帯板の中央に，直径 $2a$ の円孔（circular hole）が開いている．帯板の両端に荷重 P を加えた．このとき，円孔の中心を通る断面に生じる応力は，図 11.25(b)のように，円孔縁で最大になる．すなわち，応力集中が，図 11.25(a)の点 A, B で示す円孔縁に生じる．図 11.25(c)に，帯板の幅と円孔直径の比 a/b と応力集中係数 α の関係を示す．$a/b = 0$ すなわち，無限板に孔が開いている場合，孔の直径にかかわらず $\alpha = 3$，すなわち 3 倍の応力が加わる．また，この問題の公称応力 σ_0 は，図 11.25(b) の断面に生じる平均応力として次のようになる．

$$\sigma_0 = \frac{P}{2h(b-a)} \tag{11.50}$$

【例題 11.11】

　幅 20mm，厚さ 5mm の帯板に直径 10mm の円孔が開いている．この帯板に加えることができる最大引張荷重を求めよ．ただし，許容応力 $\sigma_a = 90\text{MPa}$ とする．

【解答】

　帯板の幅と円孔直径の比 $a/b = 0.5$ であるから，図 11.25(c)より，応力集中係数 $\alpha = 2.16$ と読める．最大荷重を $P_{\max}$ とすれば，式(11.49)と(10.50)より，最大応力は

$$\sigma_{\max} = \alpha \frac{P_{\max}}{2h(b-a)} \tag{a}$$

ここで，最大応力は許容応力以下になるように設計しなければならないから，

$$\sigma_{\max} \leq \sigma_a \quad \Rightarrow \quad P_{\max} \leq \sigma_a \frac{2h(b-a)}{\alpha} = 2.08\text{kN} \tag{b}$$

答：2.08kN

11・8・2　円弧切欠きの応力集中（stress concentration of a circular notch）

図 11.26(a)のように，幅 $2b$ 厚さ h の帯板の側面に，半径 a の円弧切欠
（circular notch）がある．帯板の両端に荷重 P あるいはモーメント M を加え
た．このとき，切欠底を通る断面に生じる応力は，図 11.26(b)のように，切欠
底で最大になる．すなわち，応力集中が，図 11.26(a)の点 A, B で示す切欠底
に生じる．図 11.26(c)に，帯板の幅 $2b$ と円弧の直径 $2a$ の比 a/b と応力集中
係数 α の関係を示す．公称応力 σ_0 は，図 11.26(b)の断面に生じる平均応力
として次のようになる．

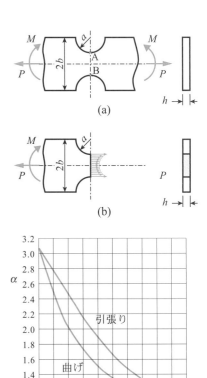

$$\sigma_0 = \frac{P}{2h(b-a)} \quad \text{（引張り）}, \quad \sigma_0 = \frac{3M}{2h(b-a)^2} \quad \text{（曲げ）} \tag{11.51}$$

【Example 11.12】

As shown in Fig.11.26, the tensile load is applied to the thin plate with the
circular notch at the both side. Determine the maximum tensile load. The radius of
the notch is 5mm. The width and thickness of the plate are 20mm and 5mm,
respectively. The allowable stress is $\sigma_a = 90$MPa.

【Solution】

The stress concentration factor $\alpha = 1.65$ by using Fig.11.26(c), since the ratio
of the width and the diameter of the circular notch is $a/b = 0.5$. The maximum stress
$\sigma_{\max}$ can be given with respect to the maximum load $P_{\max}$ by using Eq.(11.51) and
(11.49) as follows.

図 11.26　円弧切欠きを有する帯板の
応力集中係数

$$\sigma_{\max} = \alpha \frac{P_{\max}}{2h(b-a)} \tag{a}$$

The maximum stress $\sigma_{\max}$ cannot exceed the allowable stress σ_a. Therefore, the
maximum load $P_{\max}$ can be determined as follows.

$$P_{\max} \leq \sigma_a \frac{2h(b-a)}{\alpha} = 2.73\text{kN} \tag{b}$$

答：2.73kN

【練習問題】

【11.1】　As shown in Fig.11.27(a), the two steel bars AB and BC are pinned at
each end and support the load of $P = 10$kN. These bars are annealed cast steel,
having a yield point of $\sigma_Y = 300$MPa. Safety factors of 2 for tensile members and 3
for compressive members are adequate. Determine the required cross-sectional areas
A_{AB} and A_{BC} of these steel bars AB and BC. Take $E = 206$GPa as the Young's
modulus of steel bars.

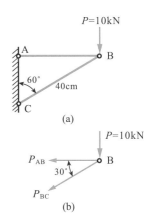

Fig.11.27 Statically indeterminate
truss.

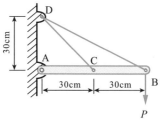

図 11.28 不静定トラス

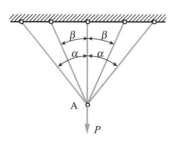

図 11.29 不静定トラス

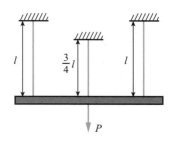

Fig.11.30 The rigid member subjected by the three bars.

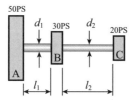

図 11.31 回転運動による動力の
伝動軸

[Ans. $A_{AB} = 115 \text{mm}^2$, $A_{BC} = 200 \text{mm}^2$]

【11.2】　図 11.28 のように，剛体棒 AB は壁と 2 本の鋼線によって水平に滑節支持されている．鋼線の降伏点は $\sigma_Y = 300$MPa, 鋼線の断面積は $A = 2 \text{mm}^2$ である．先端に垂直荷重 P が作用したときの極限荷重 P_L を求めよ.

[答　$P_L = 480$N]

【11.3】　図 11.29 のように，天井から断面積 $A = 5 \text{mm}^2$ で対称に配置した 5 本の鋼線で滑節支持されているトラスにおいて，鉛直荷重 P を A 点に作用させた．$\sigma_Y = 300$MPa および $\alpha = 45°$, $\beta = 30°$ のとき，この不静定トラスに対する極限荷重 P_L を求めよ.

[答　$P_L = 6.22$kN]

【11.4】　Consider the system composed of three vertical bars as indicated in Fig.11.30. The outer bars of length l are equally spaced from the central bar and the external load P is applied to the rigid horizontal member. Using limit design method, determine the load P_Y when the central bar begins to yield and the limit load P_L if the yield stress of three bars is σ_Y. The values of cross-sectional area A and Young's modulus E are identical in all three bars.

[Ans. $P_Y = 2.5\sigma_Y A$, $P_L = 3\sigma_Y A$]

【11.5】　図 11.31 のように，プーリーA に供給される 50PS の動力が，直径 d_1, d_2 の鋼製伝動軸を介してプーリーB と C にそれぞれ 30PS および 20PS ずつ取り出される．このとき，直径 d_1, d_2 の鋼製伝動軸に生じる最大せん断応力が等しくなるような直径の比 d_1/d_2, および各プーリー間の長さ l_1, l_2 に生じるねじれ角の比 ϕ_1/ϕ_2 を決めよ．ただし，鋼製伝動軸の横弾性係数は G とする.

[答　$\dfrac{d_1}{d_2} = 1.36$, $\dfrac{\phi_1}{\phi_2} = 0.74\dfrac{l_1}{l_2}$]

【11.6】　A と B の 2 種類のコイルばねがあり，A のコイルばねは半径 $R_A = 15$cm ，有効巻き数 $n_A = 15$, 線径 $d_A = 1.5$cm であり，B のコイルばねは $R_B = 10$cm, $n_B = 10$, $d_B = 1$cm である．また，A と B のコイルばねの横弾性係数は $G = 80$GPa である．これらのばねを直列につなぎ，上端を固定し下端に荷重 P を加えると全体で 10cm 伸びた．P の大きさ，および A と B のコイルばねに生じる最大せん断応力 τ_A, τ_B を求めよ.

[答　$P = 62.5$N, $\tau_A = 14.2$MPa, $\tau_B = 31.8$MPa]

【11.7】　同じ長さの A と B の 2 種類のコイルばねがあり，A のコイルばねは半径 $R_A = 15$cm, 有効巻き数 $n_A = 15$, 線径 $d_A = 1.5$cm であり，B のコイルばねは $R_B = 10$cm, $n_B = 15$, $d_B = 1.5$cm である．また，A と B のコイルばねの横弾性係数は $G = 80$GPa である．A のコイルばねの内側に B のコイルばねを入れ，両端に剛体板を介して 500N の荷重を加えた．A と B のコイルばねに加わる荷重 P_A, P_B, および A と B のコイルばねに生じる最大せん断応力 τ_A, τ_B を求め

よ.

【11.8】 As shown in Fig.11.32, a steel beam having a cross-section in the form of an isosceles triangle is subjected to pure bending in its longitudinal plane of symmetry. Locate the neutral axis NN for fully plastic bending and calculate the plastic moment M_p if the yield stress is σ_Y.

[Ans. $h_1 = \dfrac{h}{\sqrt{2}}$, $M_p = \dfrac{2-\sqrt{2}}{6}bh^2\sigma_Y$]

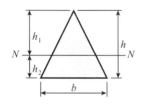

Fig.11.32 Steel beam of an isosceles triangle.

【11.9】 図 11.33 のように，幅 50mm，高さ 25mm の長方形断面をもった，スパンの長 l = 1.5m の単純支持はりが全長にわたって等分布荷重を受けるとき，中央に塑性節を生じるような荷重密度 q_L はいくらか. はりを構成する材料の降伏点は 250MPa である.

[答 $q_L = 6.94$N/mm]

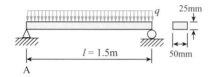

Fig.11.33 等分布荷重を受ける両端支持はり

【11.10】 As shown in Fig.11.34, a conical spring is subjected to a compressive load P. The shape of the spiral coil in plane view is defined by the following equation

$$R = R_1 + \frac{(R_2 - R_1)\alpha}{2\pi n_e} \tag{a}$$

where R is the radius at any point A on the spiral and α is the angle measured as shown. R_1 is the radius of the cone at the top of the spring and R_2 is the radius at the bottom. Determine the deflection of the spring δ, if the number of coils is n_e, the diameter of the spring is d and shear modulus of coils is G

[Ans. $\delta = \dfrac{16P}{d^4 G}n(R_1^2 + R_2^2)(R_2 + R_1)$]

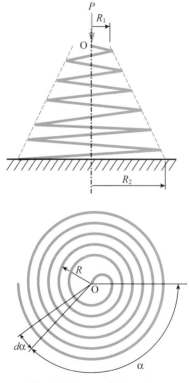

Fig.11.34 A conical spring.

－ メ モ －

第 11 章　材料力学と設計

－ メ モ －

Subject Index

索　引

214

JSME テキストシリーズ　　JSME Textbook Series

材 料 力 学　　Mechanics of Materials

2007年 8 月30日	初 版 発 行	
2021年 3 月31日	初 版 第12刷発行	
2023年 7 月18日	第 2 版第 1 刷発行	

著作兼発行者　一般社団法人　日本機械学会

（代表理事会長　伊藤　宏幸）

印刷者　栁　瀬　充　孝
昭和情報プロセス株式会社
東 京 都 港 区 三 田 5-14-3

発行所　東京都新宿区新小川町 4 番 1 号
KDX 飯田橋スクエア 2 階
郵便振替口座　00130-1-19018番
電話（03）4335-7610　FAX（03）4335-7618　https://www.jsme.or.jp

一般社団法人　日 本 機 械 学 会

発売所　東京都千代田区神田神保町2-17
神田神保町ビル
電話（03）3512-3256　FAX（03）3512-3270

丸善出版株式会社

Ⓒ 日本機械学会　2007　本書に掲載されたすべての記事内容は，一般社団法人日本機械学会の許可なく転載・複写することはできません。

ISBN 978-4-88898-335-8　C 3353

本書の内容でお気づきの点は　textseries@jsme.or.jp　へお知らせください。出版後に判明した誤植等は
http://shop.jsme.or.jp/html/page5.html　に掲載いたします。

代表的な断面形状と断面積，断面二次モーメント，断面係数

断面形状		断面積 A	断面二次モーメント I_z	断面係数 Z_z
円形		$\dfrac{\pi d^2}{4}$	$I_z = I_y = \dfrac{\pi d^4}{64}$	$Z_1 = Z_2 = \dfrac{\pi d^3}{32}$
円筒		$\dfrac{\pi(d_o{}^2 - d_i{}^2)}{4}$	$I_z = I_y = \dfrac{\pi(d_o{}^4 - d_i{}^4)}{64}$	$Z_1 = Z_2 = \dfrac{\pi(d_o{}^4 - d_i{}^4)}{32 d_0}$
正方形		a^2	$I_z = I_y = \dfrac{a^4}{12}$	$Z_1 = Z_2 = \dfrac{a^3}{6}$
長方形		bh	$I_z = \dfrac{bh^3}{12},\ I_y = \dfrac{hb^3}{12}$	$Z_1 = Z_2 = \dfrac{bh^2}{6}$
三角形		$\dfrac{bh}{2}$	$I_z = \dfrac{bh^3}{36}$	$e_1 = \dfrac{2}{3}h,\quad e_2 = \dfrac{1}{3}h$ $Z_1 = \dfrac{I}{e_1} = \dfrac{bh^2}{24},\ Z_2 = \dfrac{I}{e_2} = \dfrac{bh^2}{12}$
台形		$\dfrac{(b_1 + b_2)h}{2}$	$\dfrac{h^3(b_1{}^2 + 4b_1 b_2 + b_2{}^2)}{36(b_1 + b_2)}$	$e_1 = \dfrac{h(b_1 + 2b_2)}{3(b_1 + b_2)},\ e_2 = \dfrac{h(2b_1 + b_2)}{3(b_1 + b_2)}$ $Z_1 = \dfrac{h^2(b_1{}^2 + 4b_1 b_2 + b_2{}^2)}{12(b_1 + 2b_2)}$ $Z_2 = \dfrac{h^2(b_1{}^2 + 4b_1 b_2 + b_2{}^2)}{12(2b_1 + b_2)}$
I 型		$2b_1 h_1 + b_2 h_2$	$\dfrac{b_2 h_2{}^3 + 2b_1 h_1(h^2 + hh_2 + h_2{}^2)}{12}$	$e_1 = e_2 = \dfrac{h}{2}$ $Z_1 = Z_2$ $= \dfrac{b_2 h_2{}^3 + 2b_1 h_1(h^2 + hh_2 + h_2{}^2)}{6h}$
凸 型		$b_1 h_1 + b_2 h_2$	$\dfrac{b_1 h_1{}^3 + b_2 h_2{}^3}{3}$ $- \dfrac{(b_1 h_1{}^2 - b_2 h_2{}^2)^2}{4(b_1 h_1 + b_2 h_2)}$	$e_1 = \dfrac{b_1 h_1{}^2 + 2b_2 h_1 h_2 + b_2 h_2{}^2}{2(b_1 h_1 + b_2 h_2)}$ $e_2 = h_1 + h_2 - e_1$